花样的整理方法

钩针编织的基本技法

准备　钩针和线

任何一种线（从蕾丝线到粗毛线）都可以用做钩针编织的线材。本书的花样可采用不同材质、不同粗细的线材制作。使用不同的线材制作同种花样会出现不同的效果。钩针要使用线材上标示的针号。蕾丝钩针用“○”表示型号，钩针用“○/0”表示型号或粗细。蕾丝钩针型号越大越细，钩针型号越大越粗。

蕾丝钩针

（图示为实物大小）

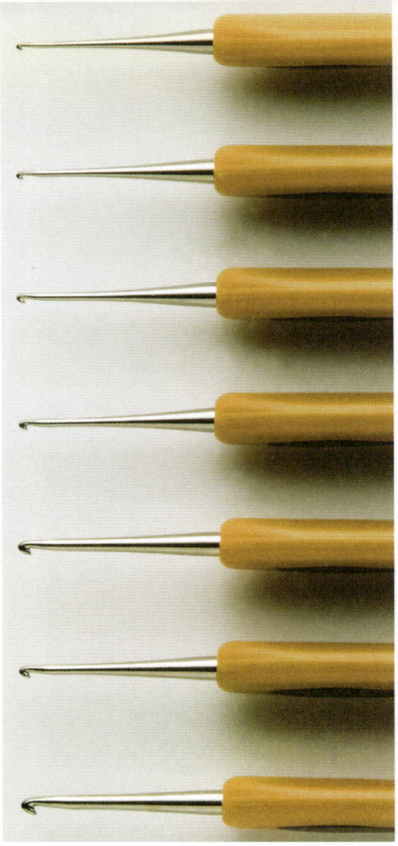

12号
10号
8号
6号
4号
2号
0号

蕾丝线（图示为实物大小）

40号
（6、8号）
强捻纱18号
（0、2/0号）

纱线（图示为实物大小）

极细线（2、4号）
细线（0、2/0号）
中细线（3/0、4/0号）
粗线（5/0、6/0号）

毛线（图示为实物大小）

极细线（0、2号）
细线（0～3/0号）
中细线（2/0～4/0号）
粗线（3/0～5/0号）
马海毛
（5/0号）
中粗线
（5/0、6/0号）
极粗线
（6/0～8/0号）
超粗线
（8/0～10/0号）

钩针

（图示为实物大小）

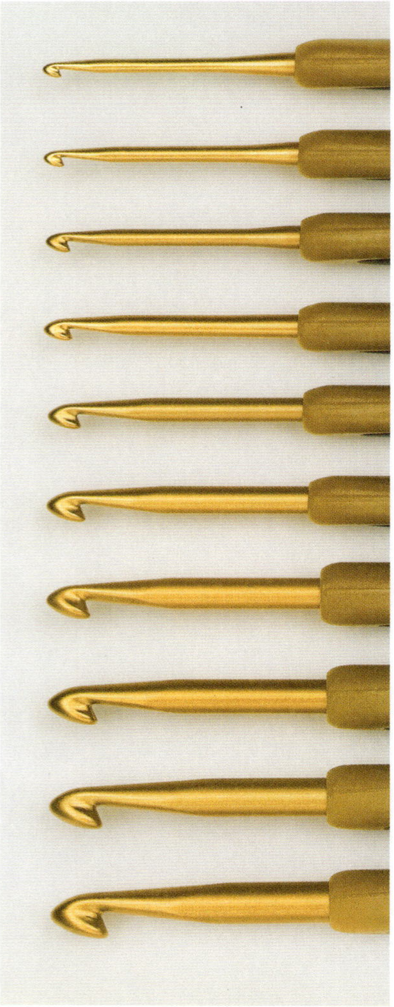

2/0号
3/0号
4/0号
5/0号
6/0号
7/0号
7.5/0号
8/0号
9/0号
10/0号

行计数环（图示为实物大小）

持续进行旋转编织时，挂在行与行之间做标记。

缝针（图示为实物大小）

配合线的粗细使用。

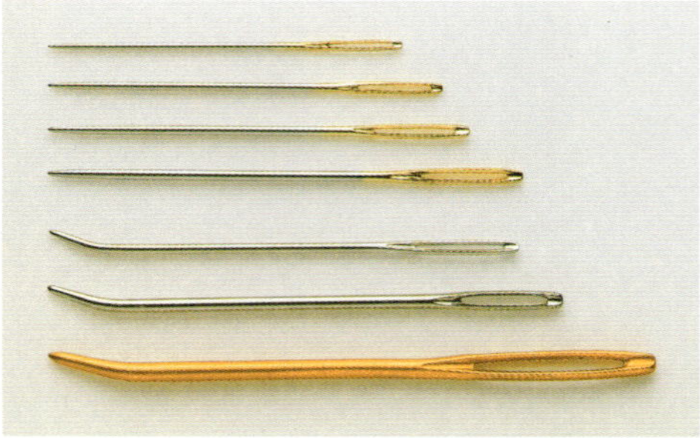

不同粗细的线钩出的花样大小不同

（图示为实物大小）

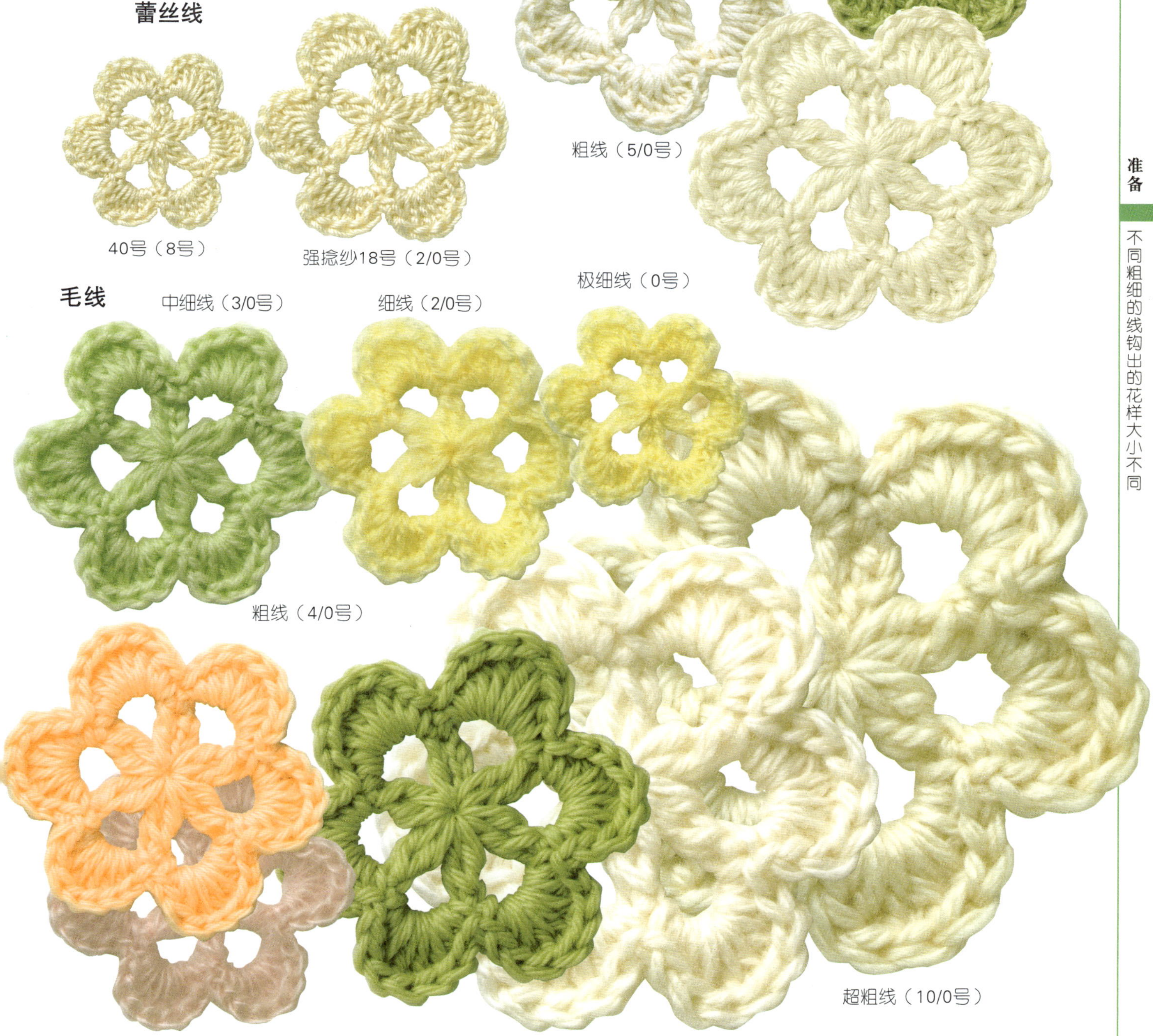

纱线

极细线（4号）

细线（2/0号）

中细线（3/0号）

粗线（5/0号）

蕾丝线

40号（8号）

强捻纱18号（2/0号）

极细线（0号）

毛线

中细线（3/0号）

细线（2/0号）

粗线（4/0号）

超粗线（10/0号）

马海毛（5/0号）

中粗线（6/0号）

极粗线（8/0号）

本书介绍的花样

※各花样均以粗线和4/0号钩针编织而成。
图片为实物大小的一半。

短针钩织圆形花样·有立针编织（10页）

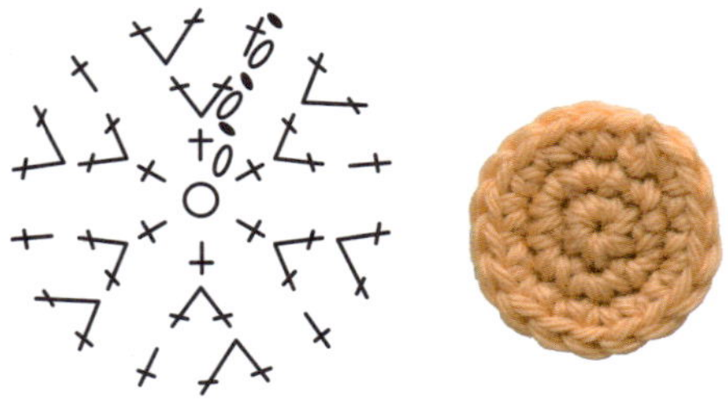

四边形花样（18页）

短针钩织圆形花样·无立针编织（12页）

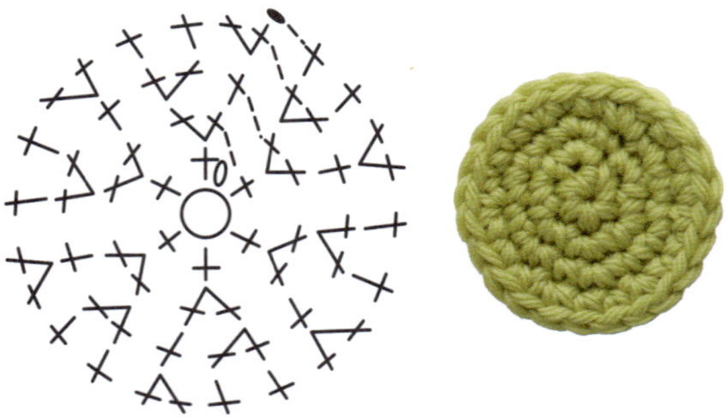

半个四边形的花样（22页）

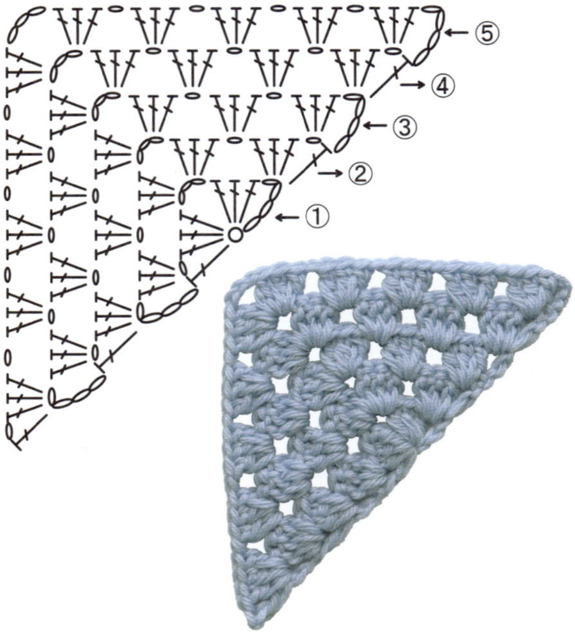

长针钩织圆形花样（14页）

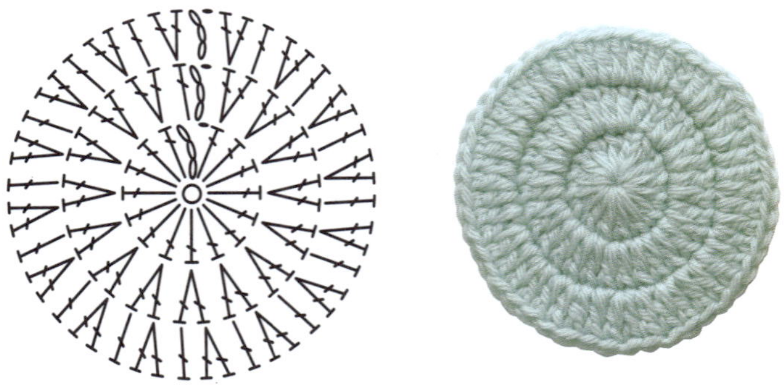

三角形花样（25页）

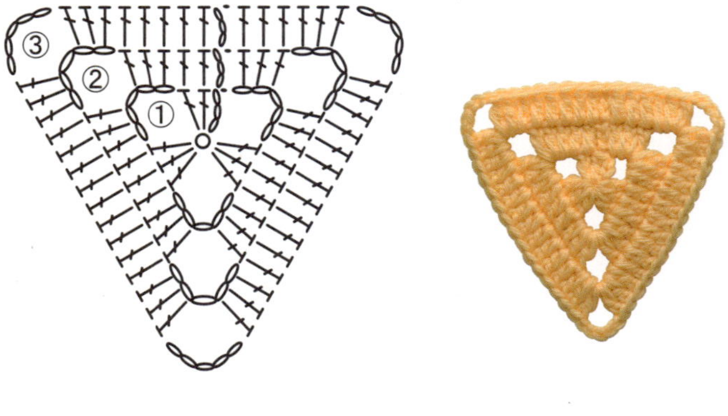

网状镂空的花样（28页）

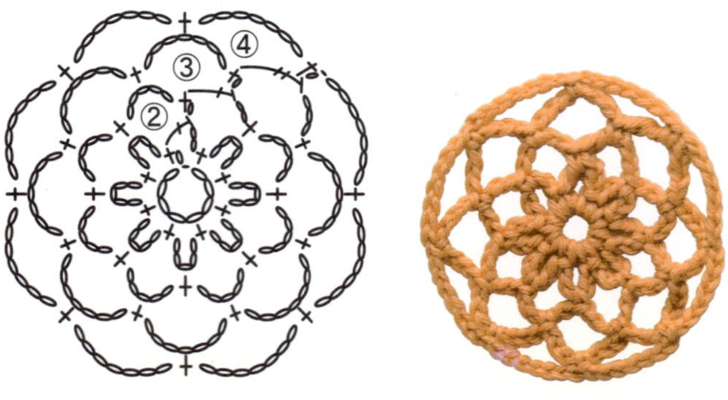

双层花样（33页）

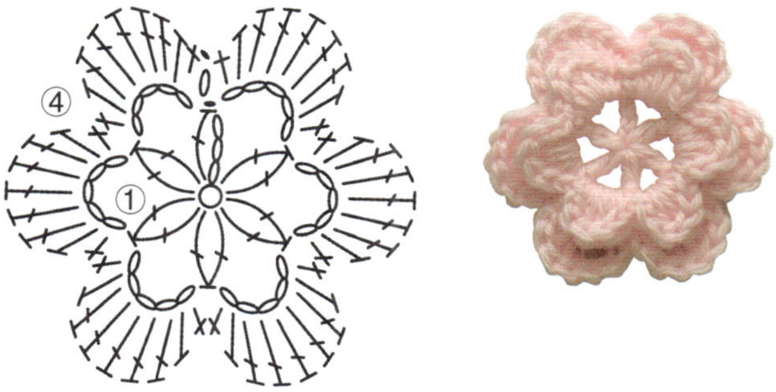

配色花样（38页）

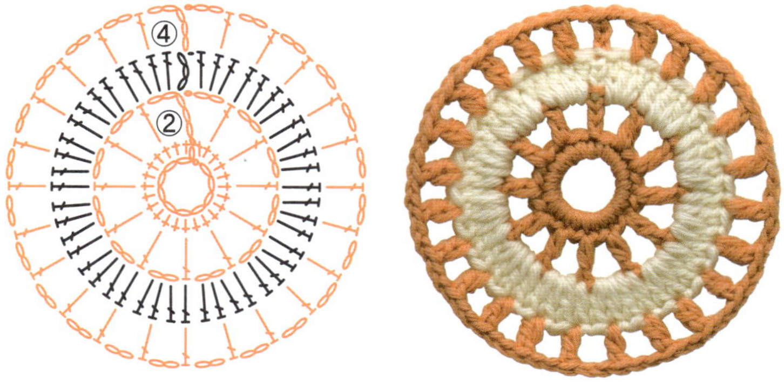

小叶花样（42页）

大叶花样（44页）

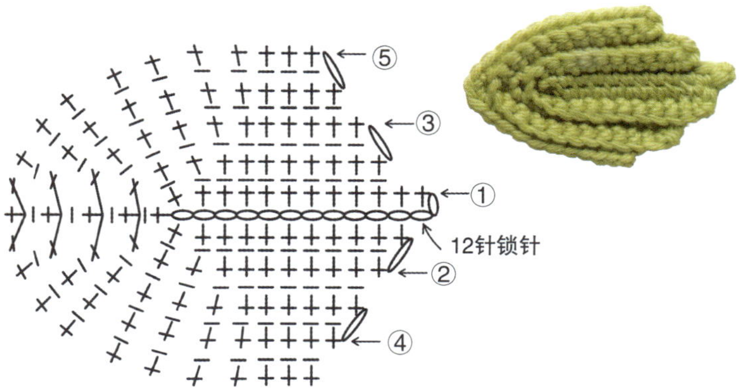

圆形花样（50页）

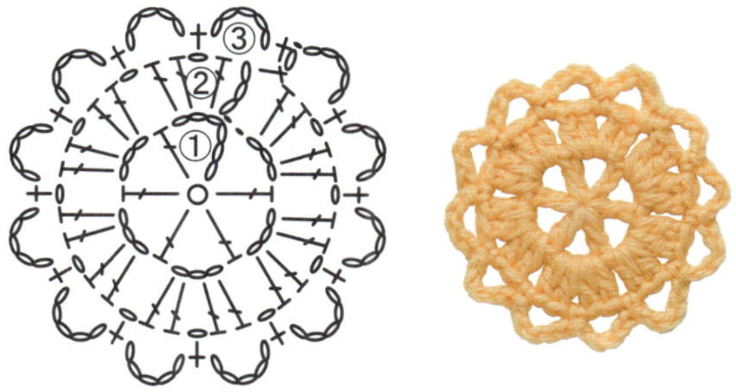

六边形花样（60页）

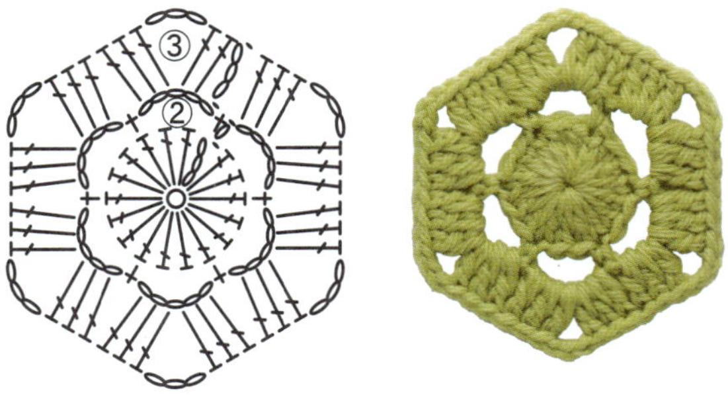

六瓣花样（62页）

四边形花样（64页）

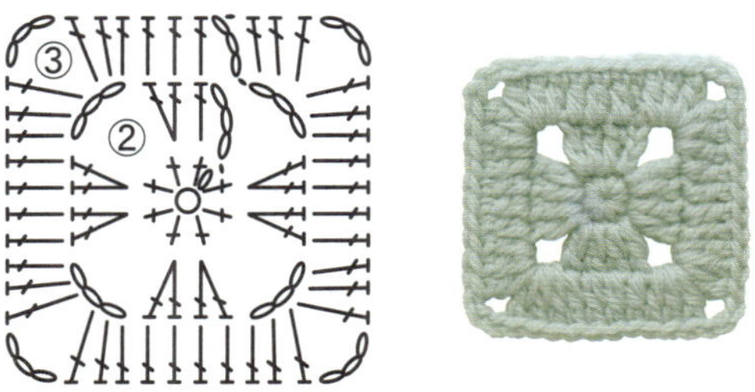

四边形花样（71页）

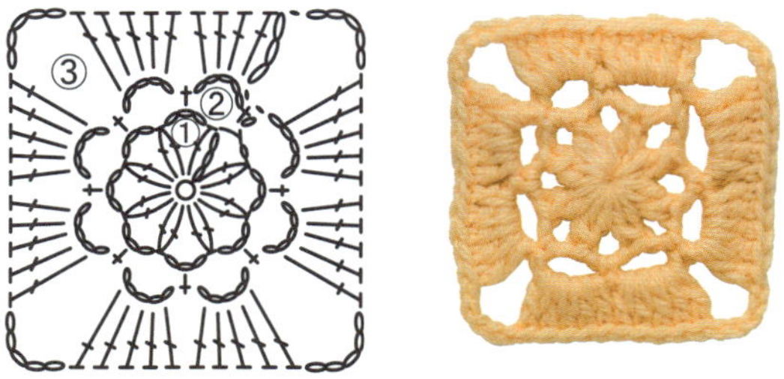

编织前的准备工作

抽线的方法

线不是从外面，而是从里面抽出来的。用手指把线头从线球里面拉出。但蕾丝线是从外面抽线头，最好带着包装塑料袋编织，这样不易弄脏。

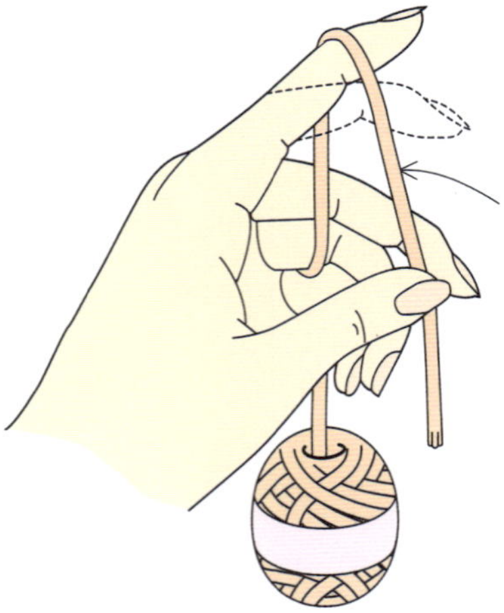

2 用拇指和中指捏住线头，立起食指，把线拉紧。

拿线的方法

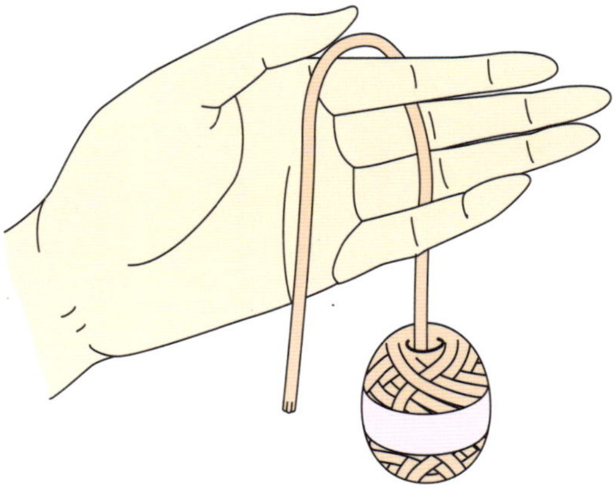

1 把线穿过中指、无名指内侧，线头放在前面。

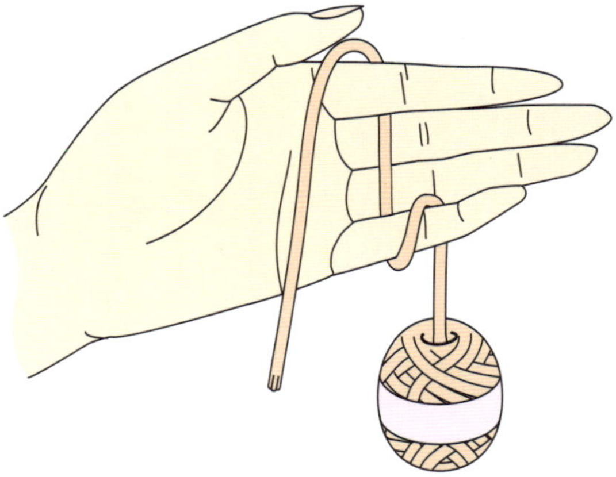

丝线和蕾丝线等比较光滑的线，可以在小拇指上绕一圈。

持针的方法

惯用左手的人

用左手拇指和食指拿针，中指搭在针上。

惯用右手的人

用右手拇指和食指拿针，中指搭在针上。

编织时的执针方法

惯用右手的人

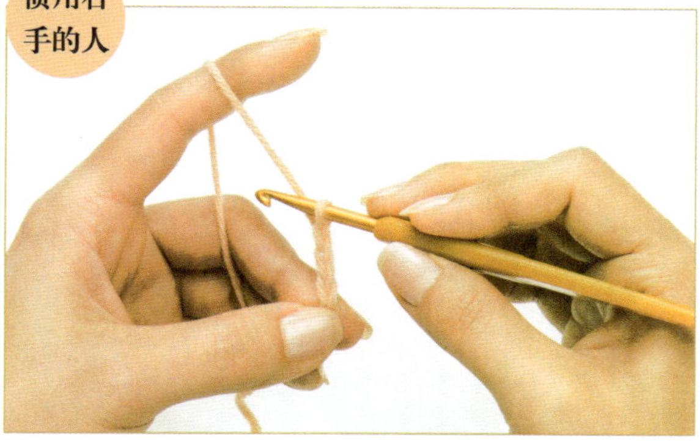

右手执针，左手绕线，左手拇指、中指和无名指拿织片。

惯用左手的人

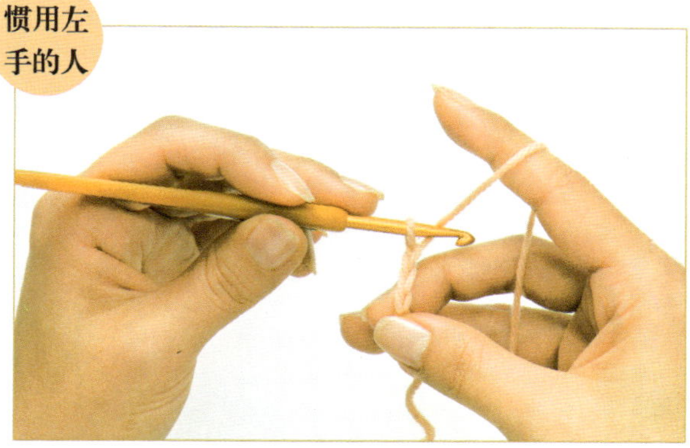

1 左手执针，右手绕线，右手拇指、中指和无名指拿织片。

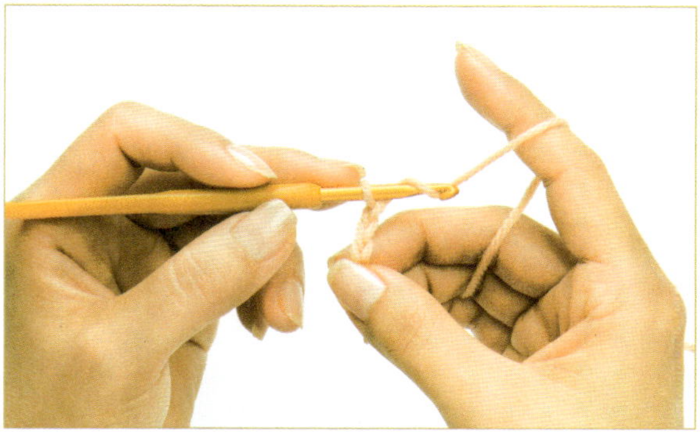

2 针上绕线后的样子。

锁针起针

起针的方法

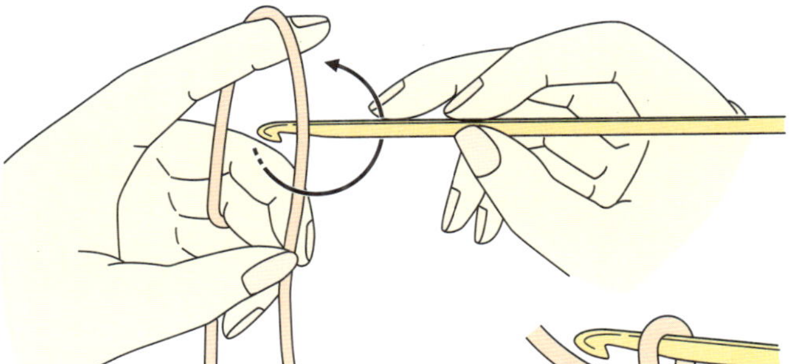

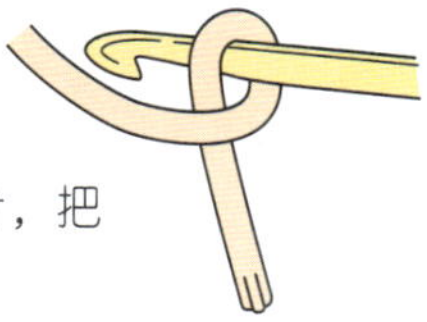

1 针靠在线的后面，如图所示旋转钩针，把线绕在针上。

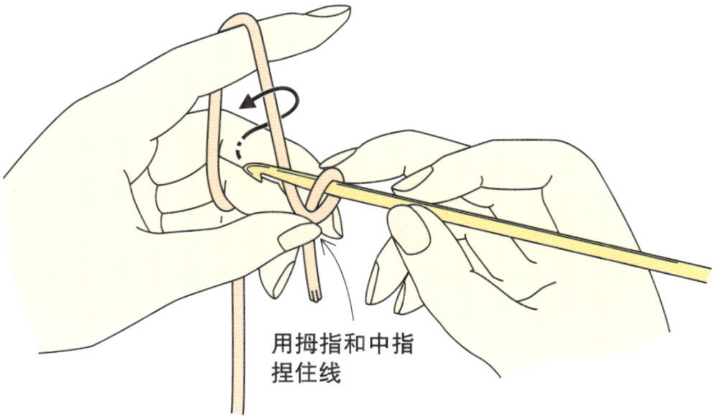

2 左手拇指和中指捏住交叉的线，如图中所示转动钩针将线钩住。

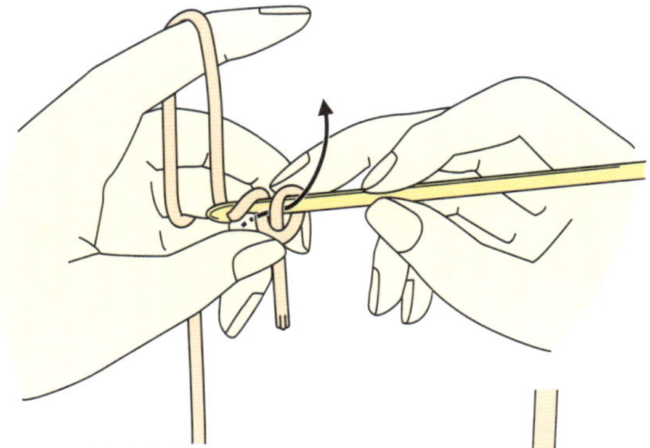

3 从挂在针上的线中钩出。

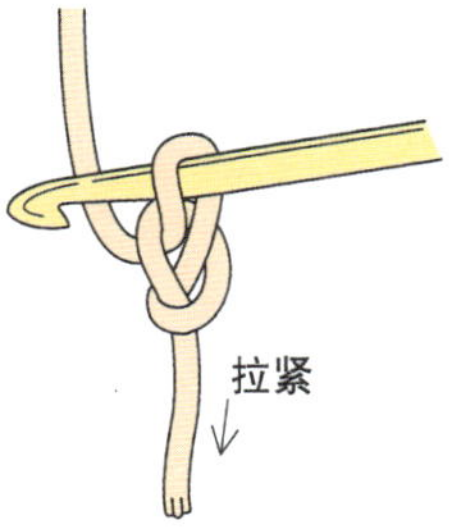

4 把线头拉紧。

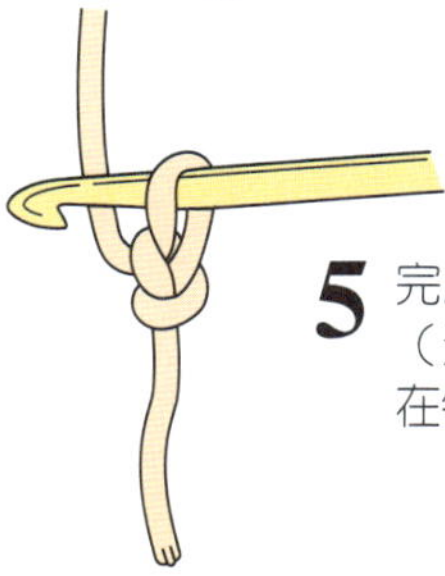

5 完成起始的一针（这一针不计算在针数内）。

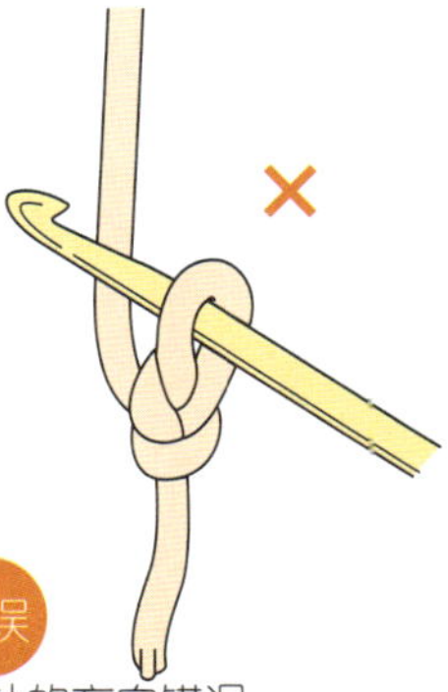

错误

走针的方向错误。

开始编织花样的准备工作

用锁针环形钩织的方法

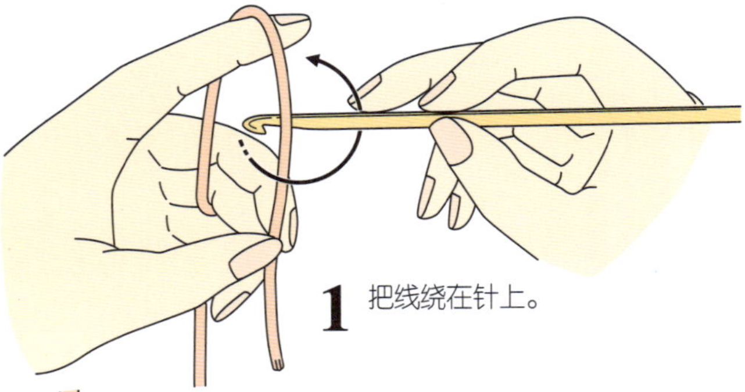

1 把线绕在针上。

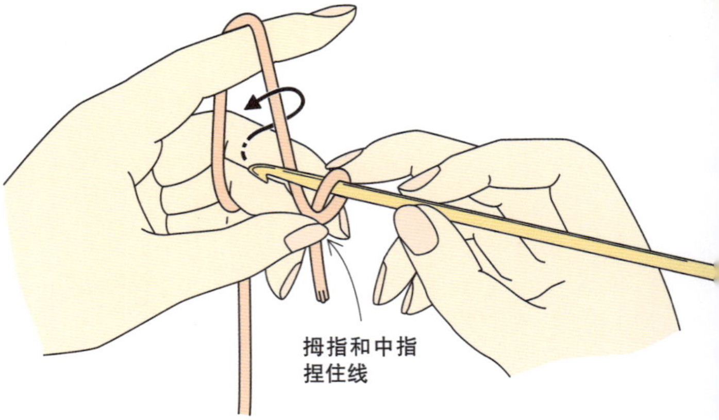

2 从绕成的线圈中把线拉出。

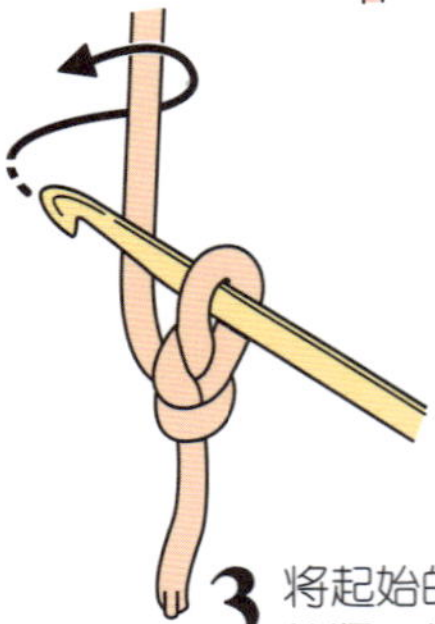

3 将起始的一针拉紧，如图所示转动钩针。

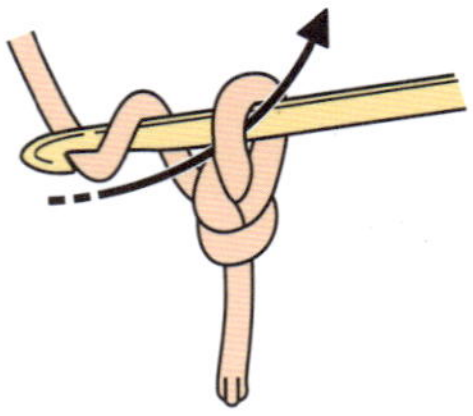

4 用针钩住线，并引拔出。

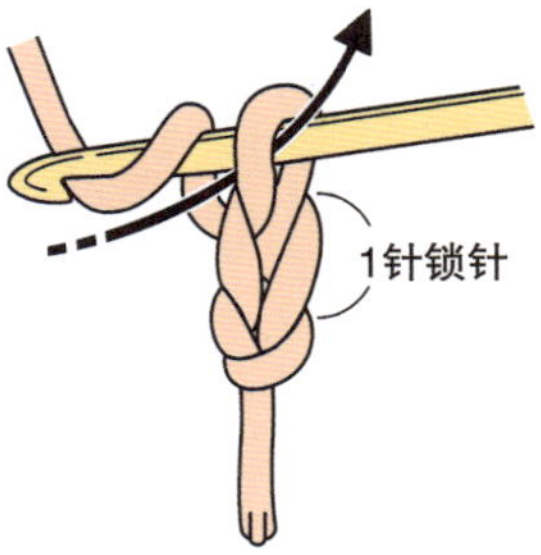

5 用同样的方法织第2针。

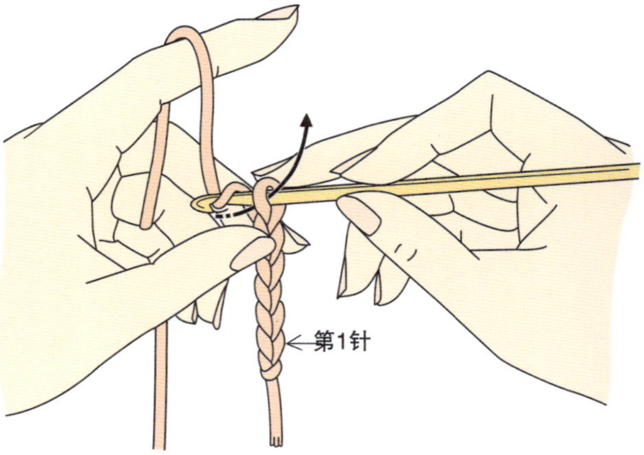

6 重复上面的步骤，织出所需针数。

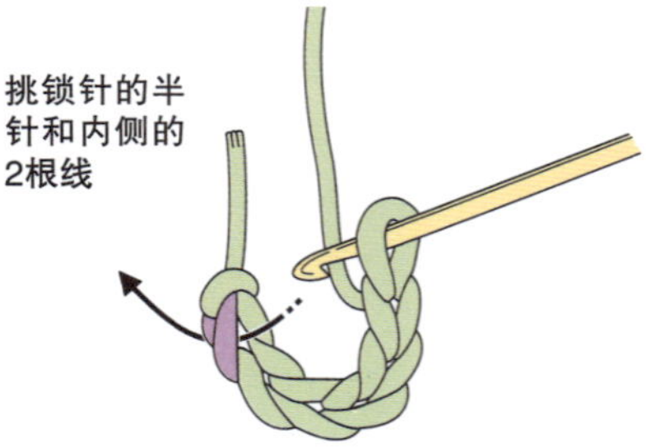

7 将钩针插入第1针锁针前面半针和内侧的1根线（后面看到的突出的线）中。

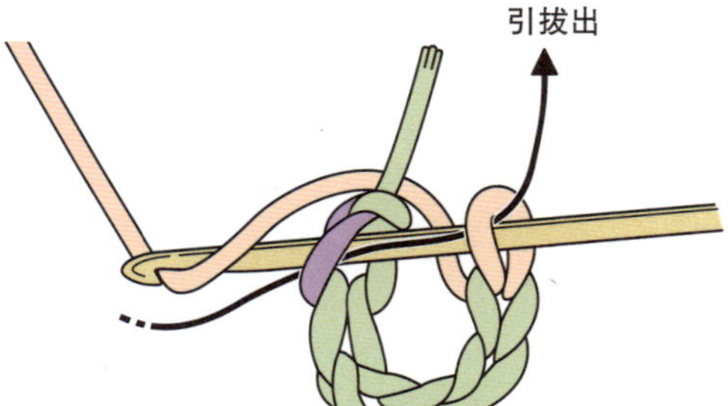

8 用钩针钩线并引拔出。

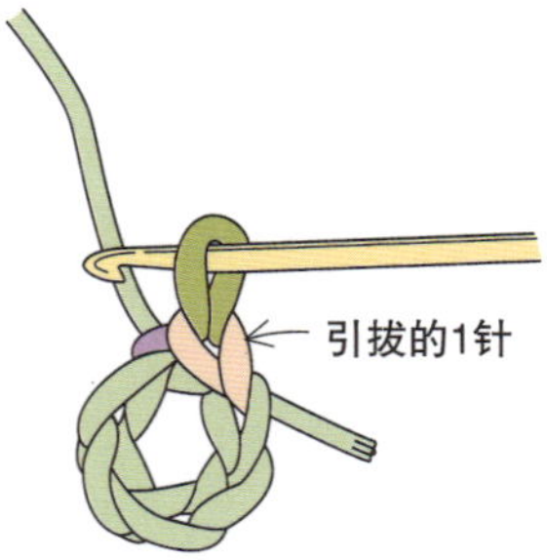

9 将挂在针上的一针看做是第1圈的立织针。

惯用左手的人

1 将钩针插入第1针锁针前面半针和内侧的1根线（后面看到的突出的线）中。

2 用钩针钩线并引拔出。

将线在手指上绕成环的方法

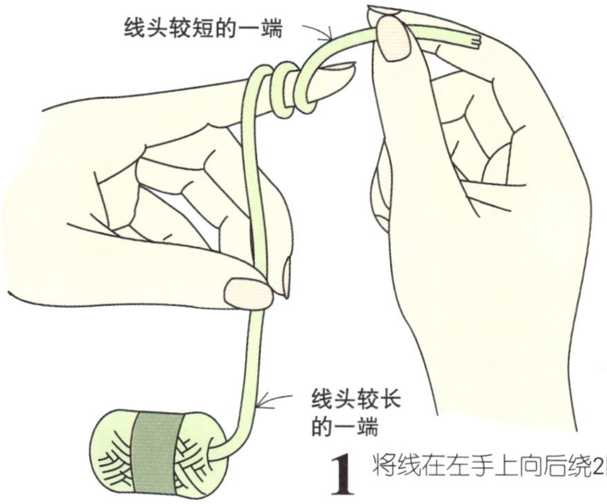

1 将线在左手上向后绕2圈。

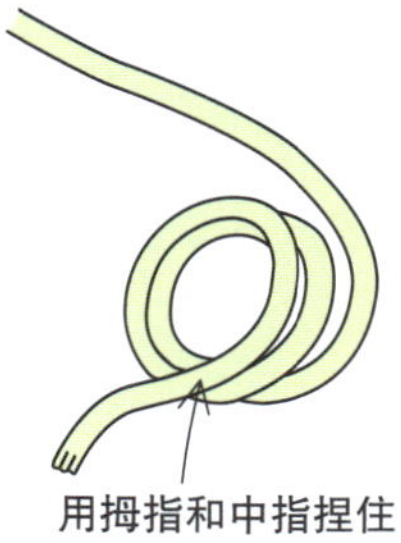

2 用拇指和中指捏住交叉点以避免刚做好的环变形，再从上面把左手手指抽出。

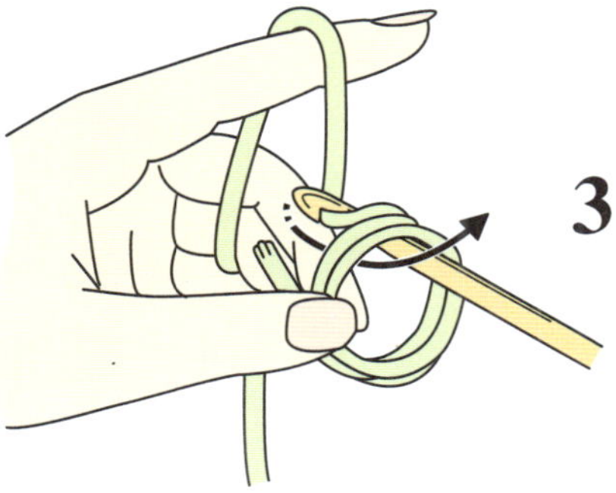

3 把环换到左手，将钩针插入环中，钩住线并从中拉出。

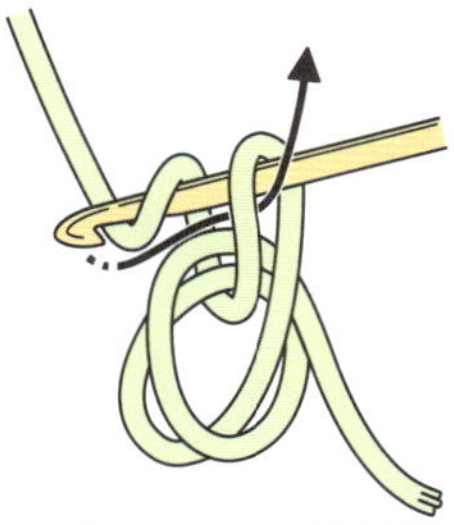

4 再一次用钩针钩住线引拔出。

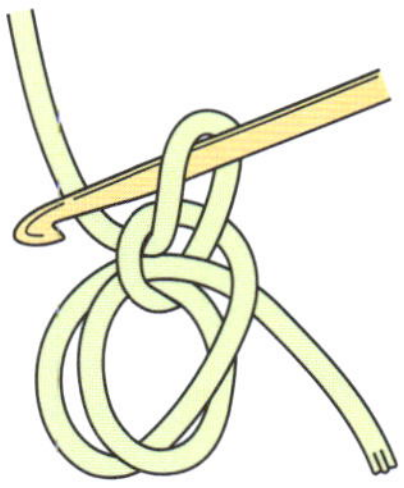

5 把线收紧以避免做成的环变形。

右手拇指和中指捏住环，左手用针引拔出。

在1针锁针上做环的方法

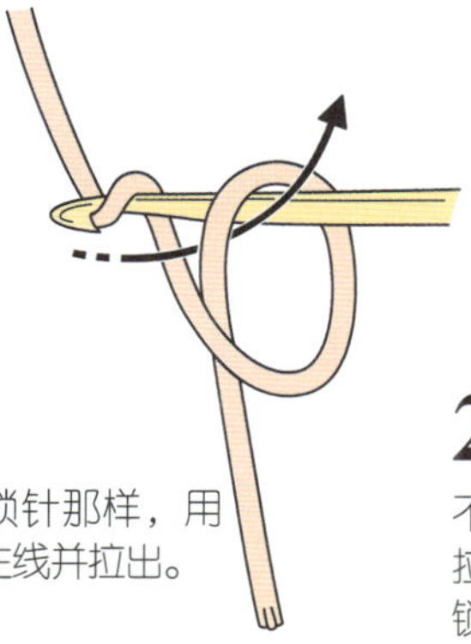

1 像织锁针那样，用针钩住线并拉出。

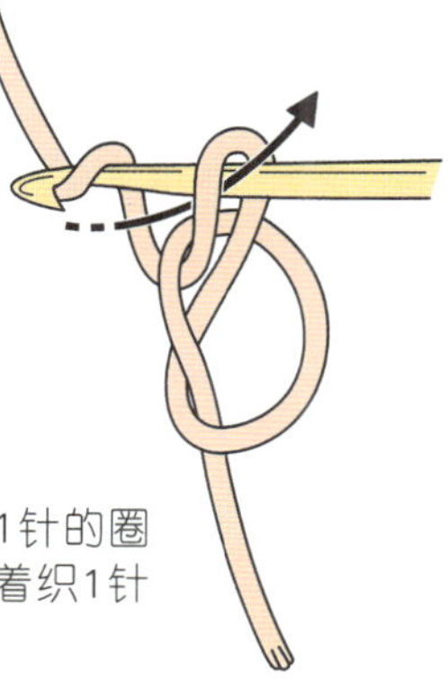

2 不要把第1针的圈拉紧，接着织1针锁针。

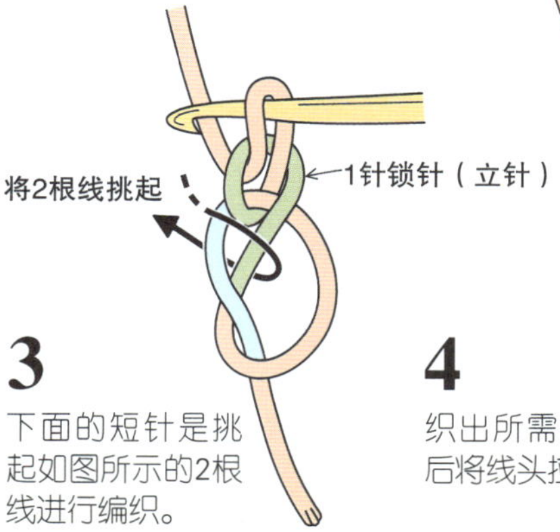

3 下面的短针是挑起如图所示的2根线进行编织。

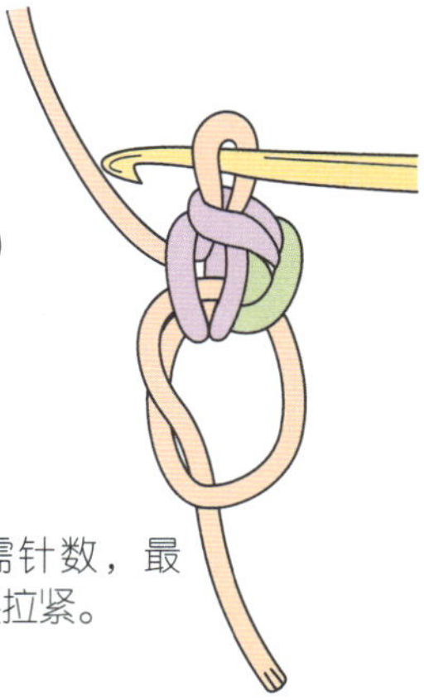

4 织出所需针数，最后将线头拉紧。

短针钩织圆形花样

先用环起针，然后从中间向外边编织边加大。中间的线头在织第2圈的时候要包住。

立织锁针的方法

在编织起始处用1针锁针作为立织针的方法。

第1圈

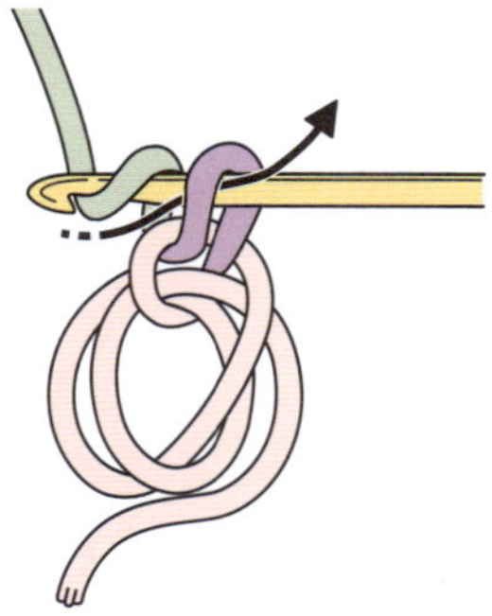

1 用手指绕线做环，将线拉出（参见第9页）。针钩住线并引拔出。

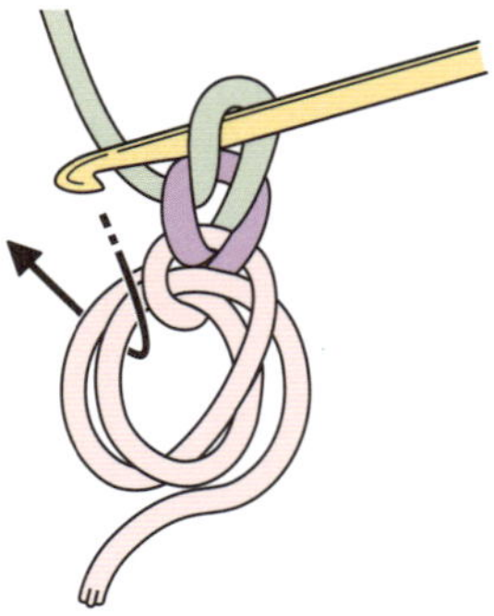

2 立织1针锁针。

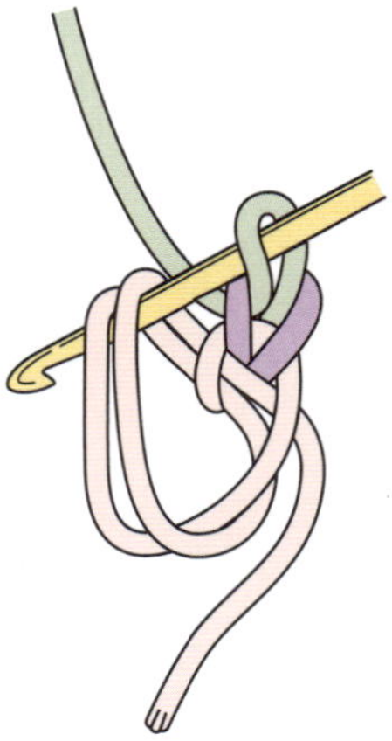

3 将针插入环中。

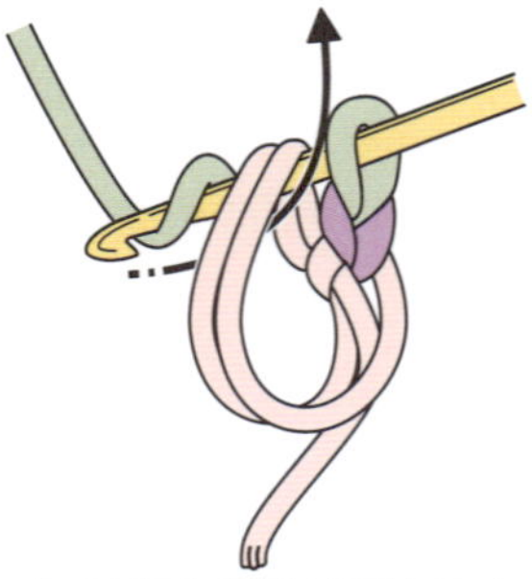

4 针钩住线并从环中拉出。

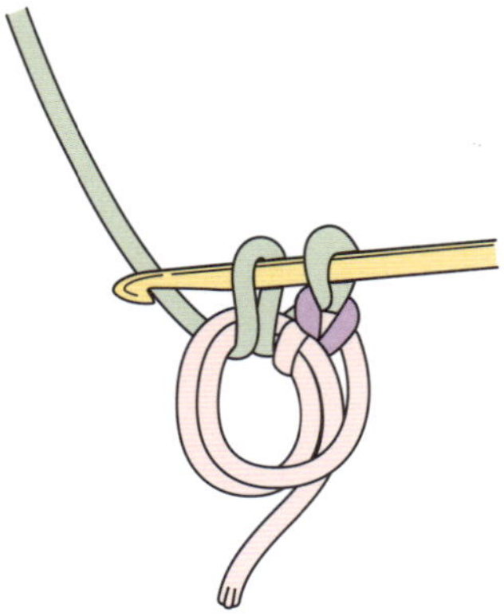

5 把线拉出后的样子。

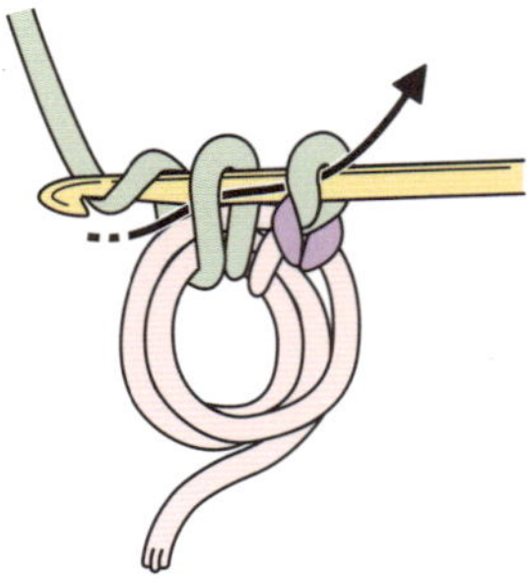

6 用针钩住线并引拔出。

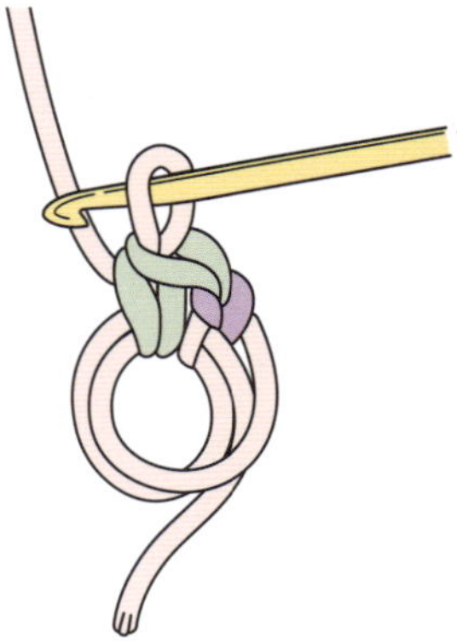

7 完成1针短针后的样子。

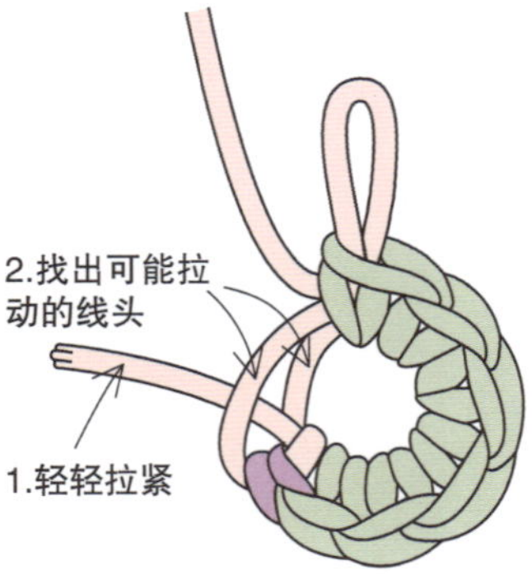

8 织出所需的针数，把线头轻轻拉紧。

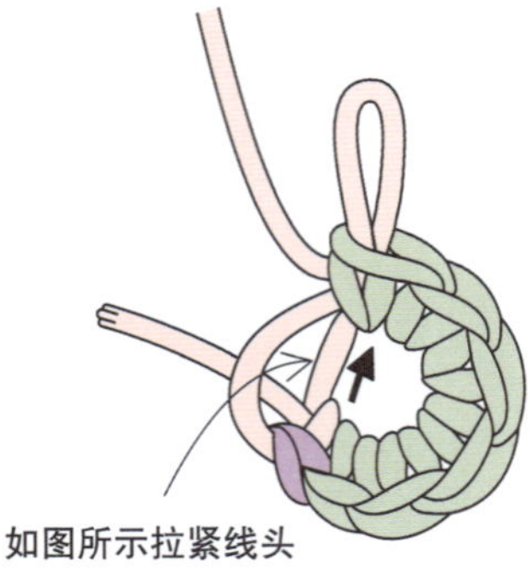

9 在双股线中找出可以拉动的线头，如图所示将其拉紧。

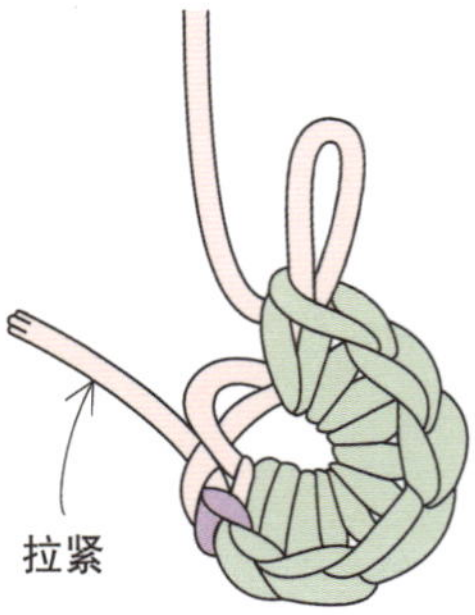

10 拉动线头，使环形收紧。

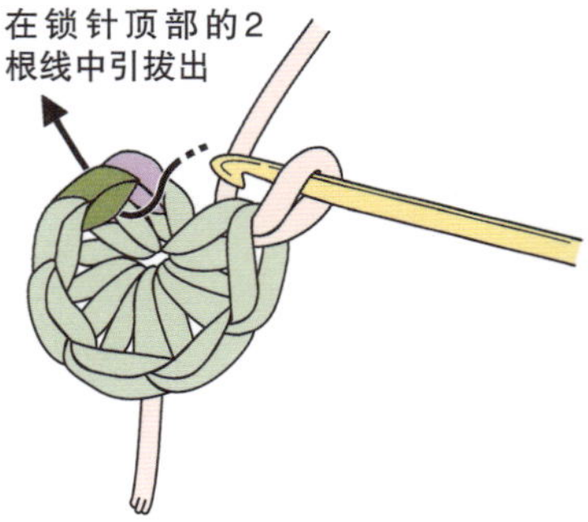

11 编织到本圈结束时，将针插入起始短针顶部的2根线中引拔出。

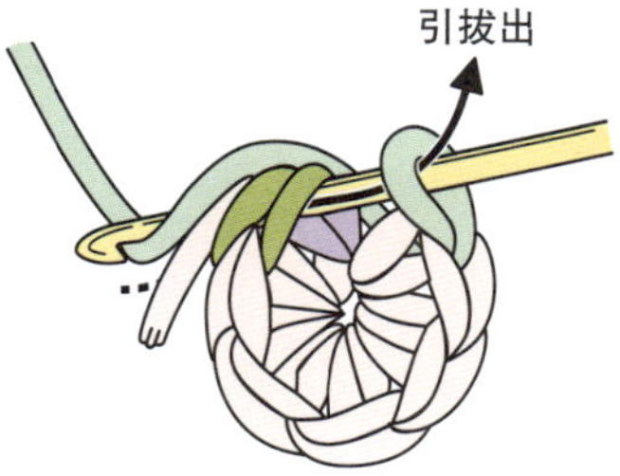

12 将线头放在左边，针钩住线后引拔出。

惯用左手的人

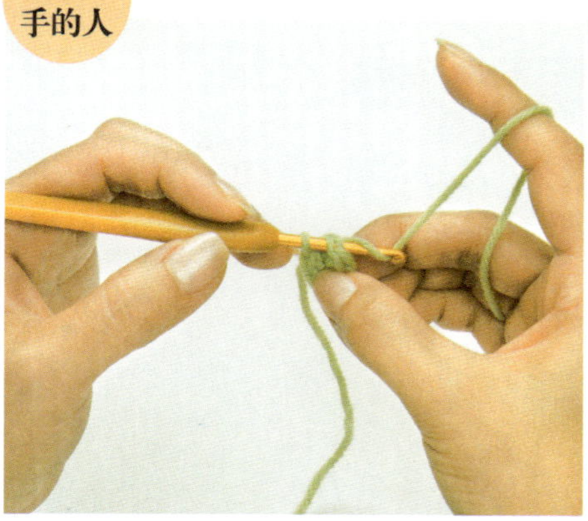

将针插入起始1针短针顶部中引拔出。

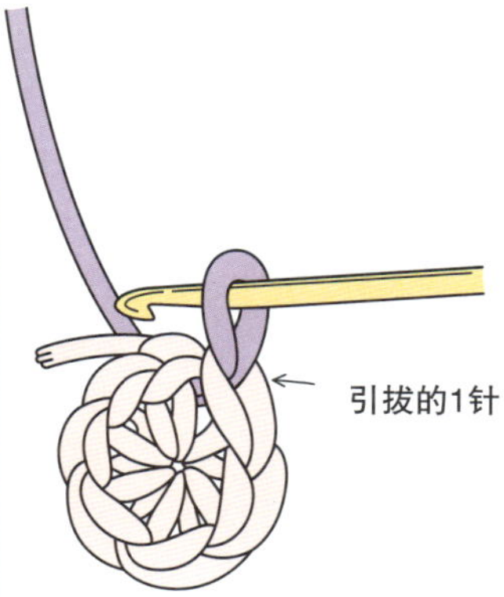

13 完成。

第2圈

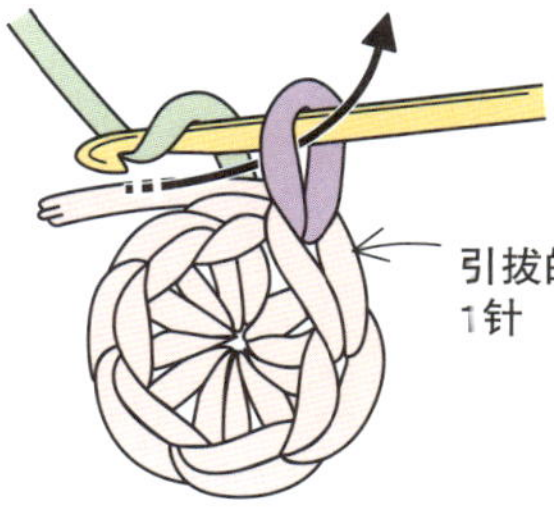

1 用针钩住线并引拔出。

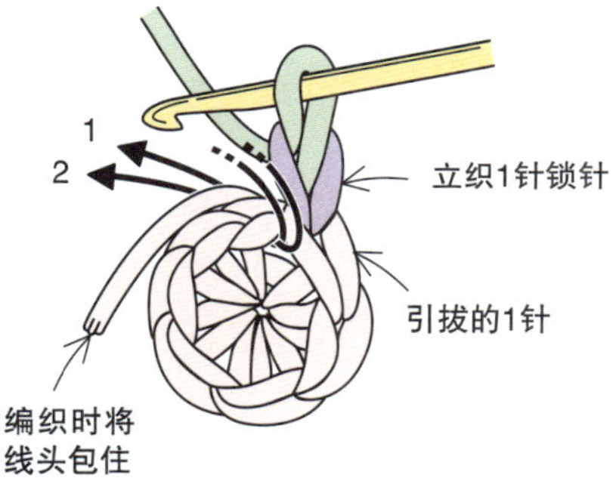

2 完成立织1针锁针的样子。

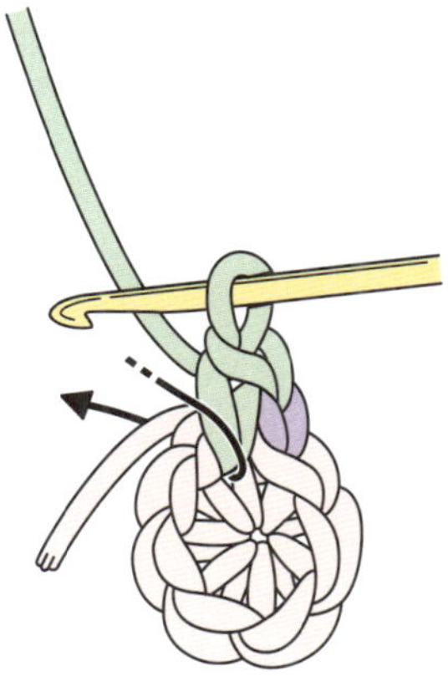

3 将线头放在第1圈第1针短针的顶部，然后织第2针短针。

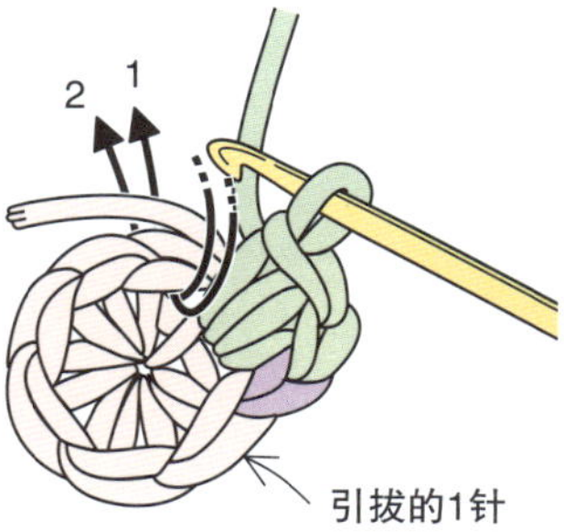

4 在下一针短针的顶部织入第2针短针。接下来的每一针中都织入2针短针。

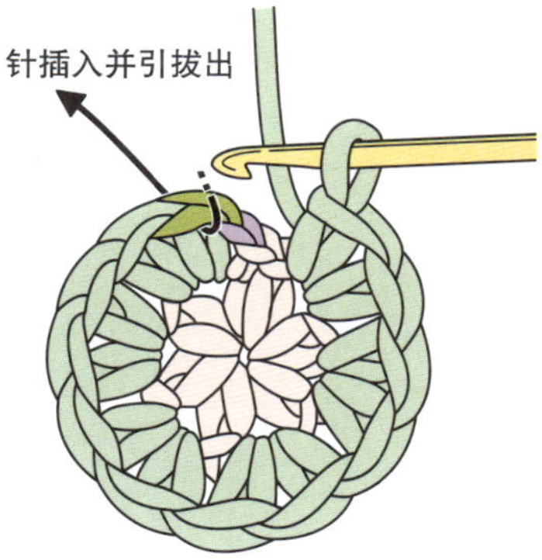

5 编织到本圈结束时，将针插入起始短针顶部的2根线中并引拔出。

第3圈

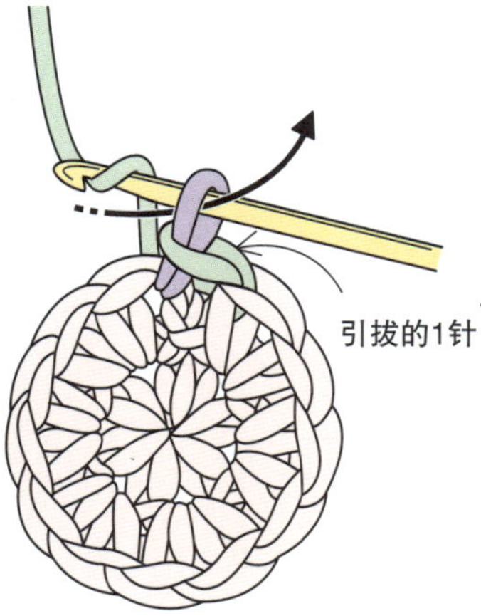

1 用针钩住线并引拔出（立织的1针锁针）。

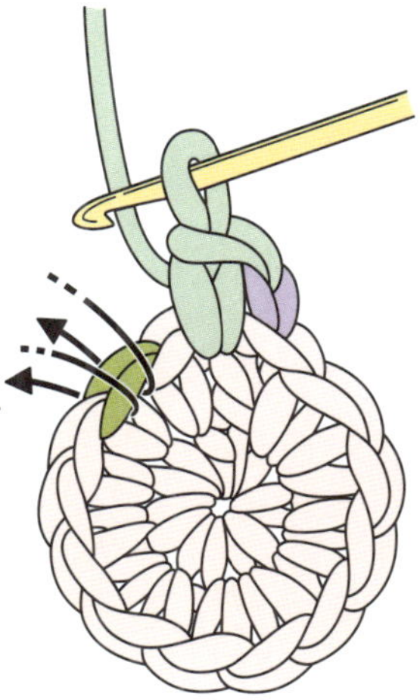

2 在同一针上织1针短针。在第2针上织2针短针。

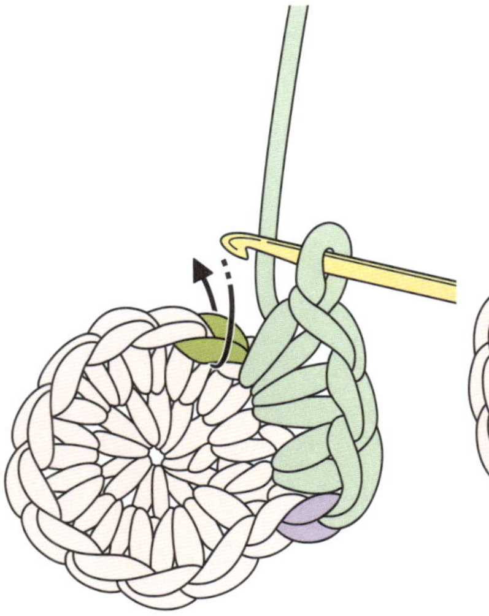

3 在第3针上织1针短针。

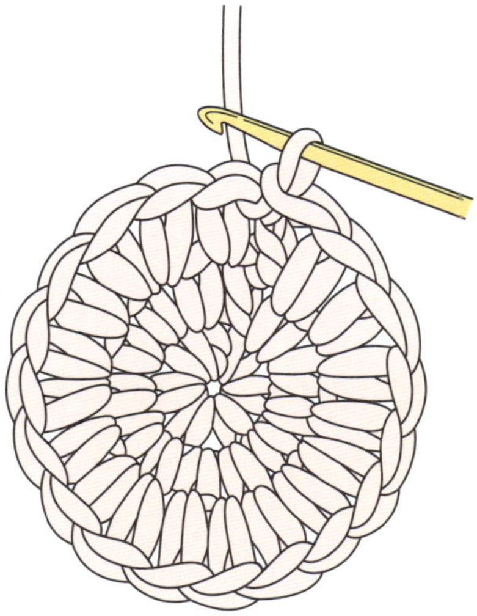

4 按2针、1针的步骤进行编织。织到本圈结束时，将针插入起始短针顶部的2根线中引拔出。

不钩立织锁针，转圈编织的方法

编织开始时不立织1针锁针，直接转圈编织。因为很难分清圈与圈的界限，所以编织时需要借助记号线或记数环。

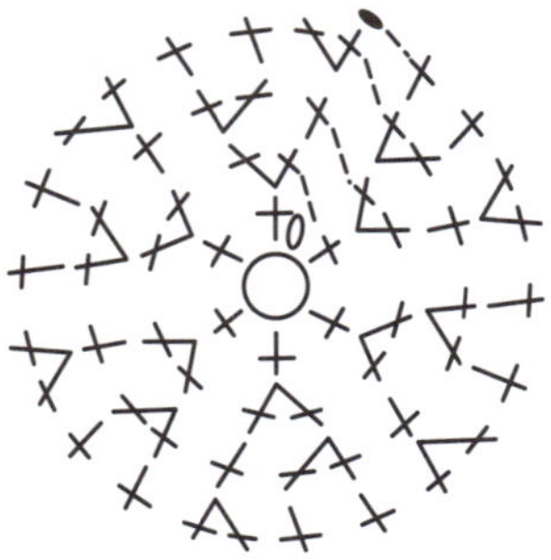

在圈间放置记号线的方法

第1圈

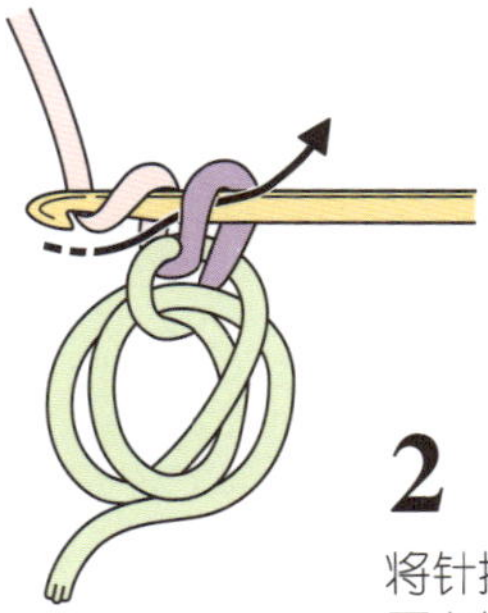

1 用手指绕线做环，织1针锁针（参见第9页）。

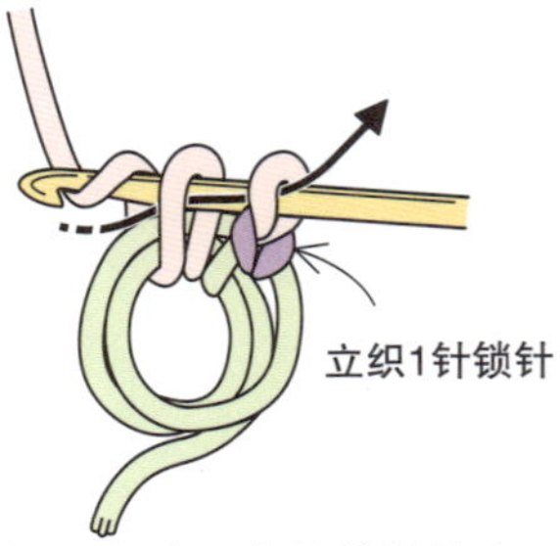

2 将针插入环形中，钩住线并拉出，再次钩住线，引拔出。

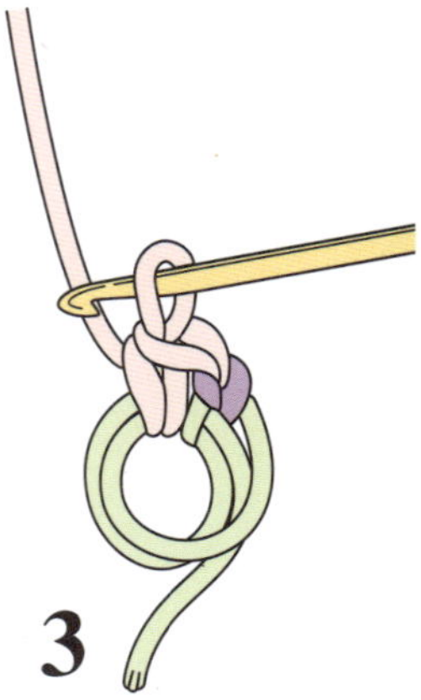

3 织1针短针。

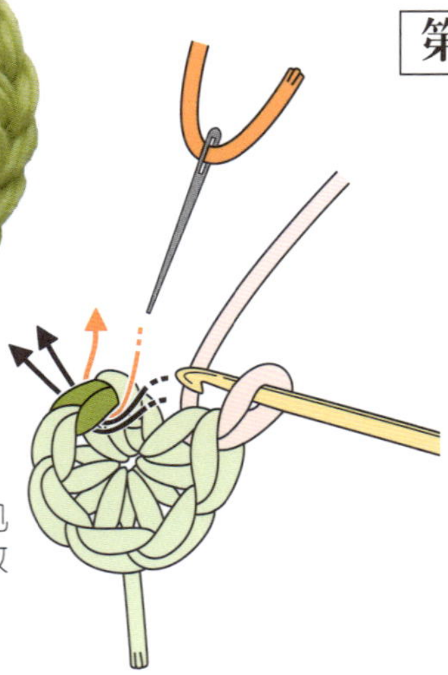

4 织所需针数，拉紧线头（参见第10页）。把做记号用的线放在起始处的第1针短针上。

第2圈

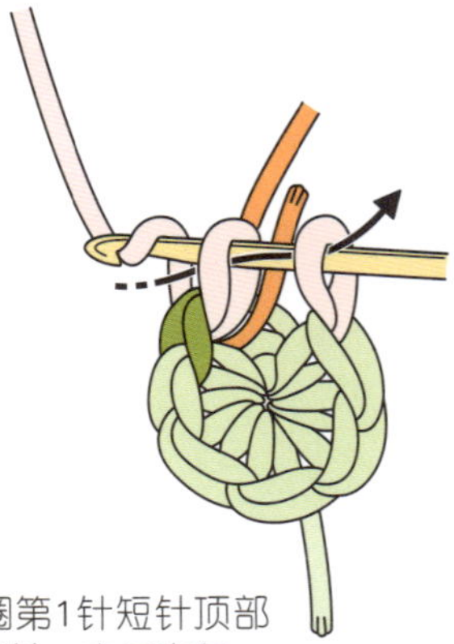

1 在第1圈第1针短针顶部织2针短针。之后在每一短针的顶部织入2针短针（线头留着不织）。

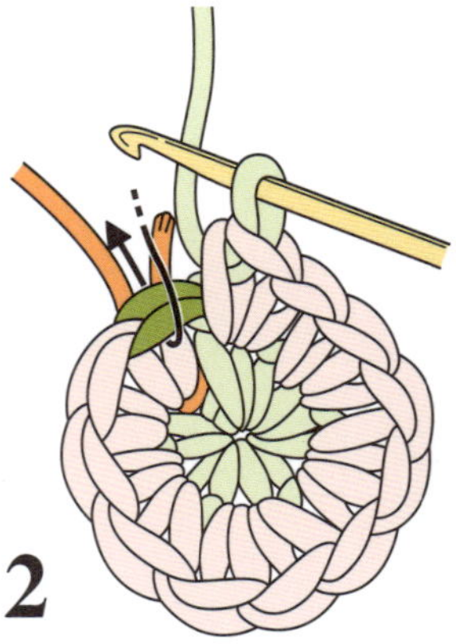

2 织好第2圈。如图中箭头所示，把针插入第3圈的第1针中。

第3圈

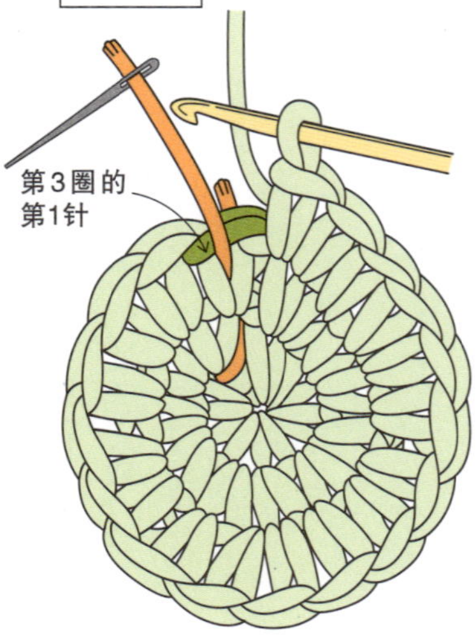

织1针短针，把记号线从后面拉到正面。按2针、1针的步骤重复编织。

第4圈

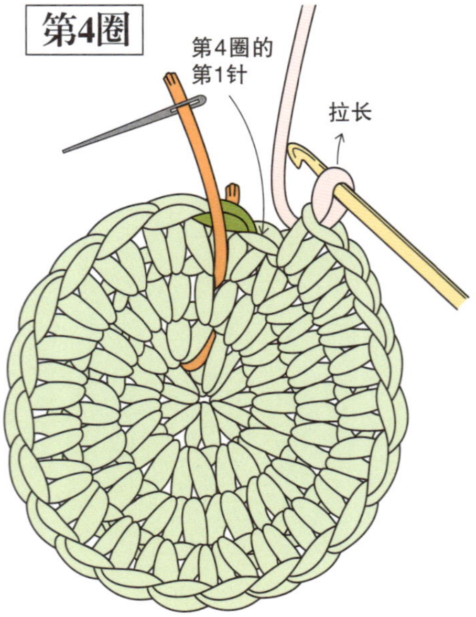

1 在记号线上面的锁针中钩2针短针，第2、3针各钩1针短针。把记号线放在第4圈的第1针上。

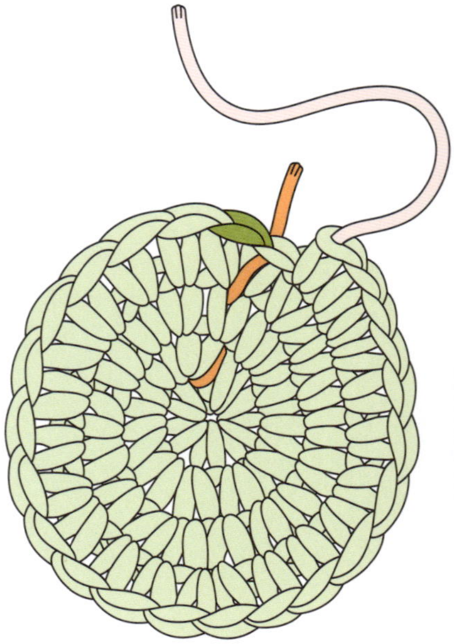

2 编织结束时最后一针拉出，留7～8cm的线头后剪断。

结束时的收尾方法

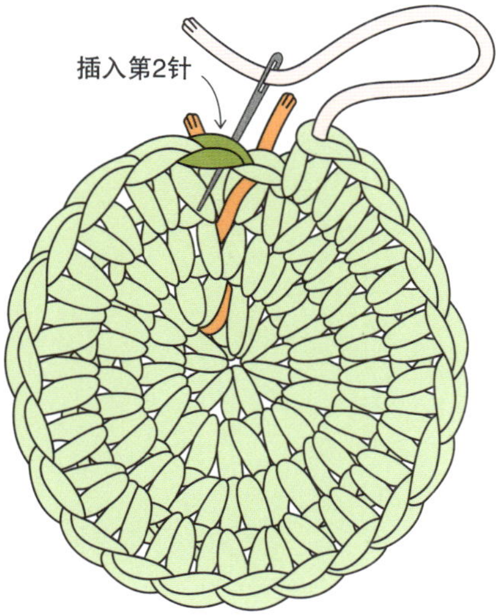

1 将线头穿入毛线缝针，从第4圈第2针短针的顶部2根线后面插入。

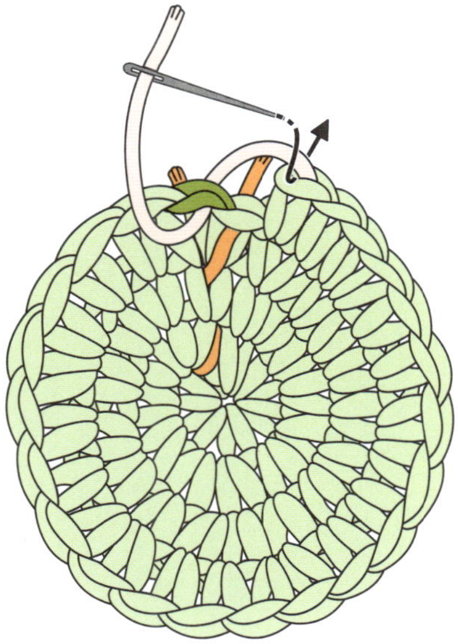

2 将线拉出，把针插入第4圈最后一针的中间。

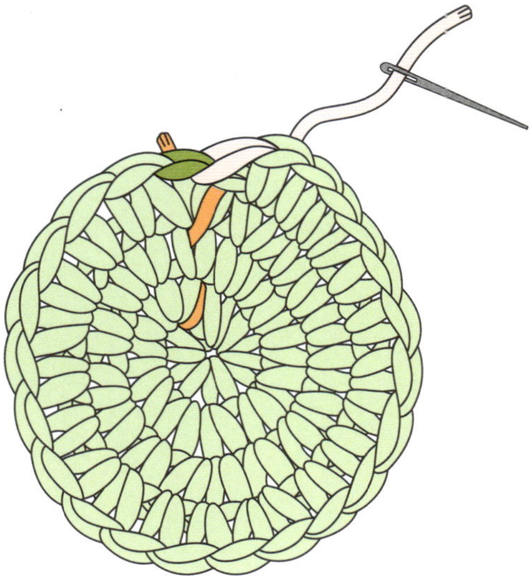

3 将线拉出约1针锁针长度，把线头藏在后面的短针针目里。

在圈间放置记数环的方法

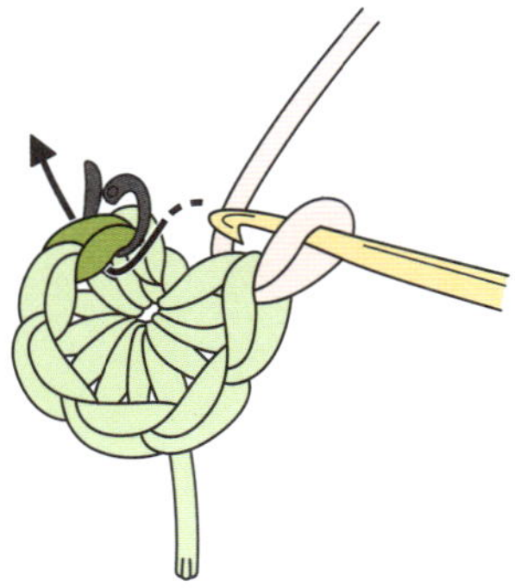

1 在编织起始点的第1针短针上，放置记数环。

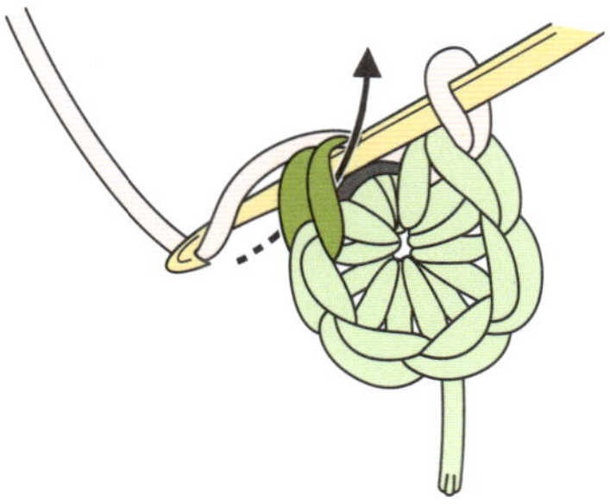

2 把针插入第1圈第1针短针，钩住线。

3 把线拉出，再引拔线圈。

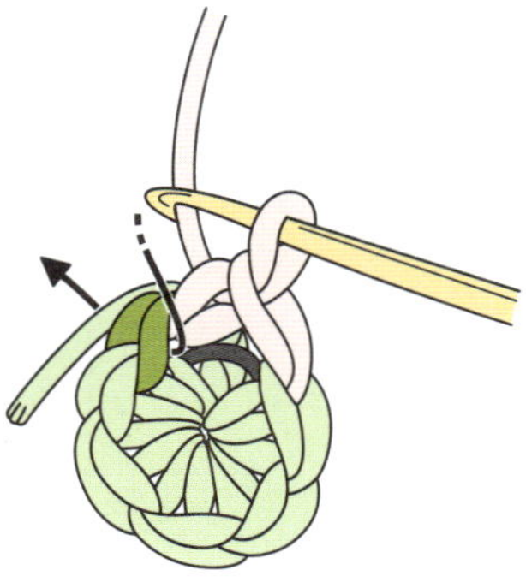

4 在同一针中织1针短针。

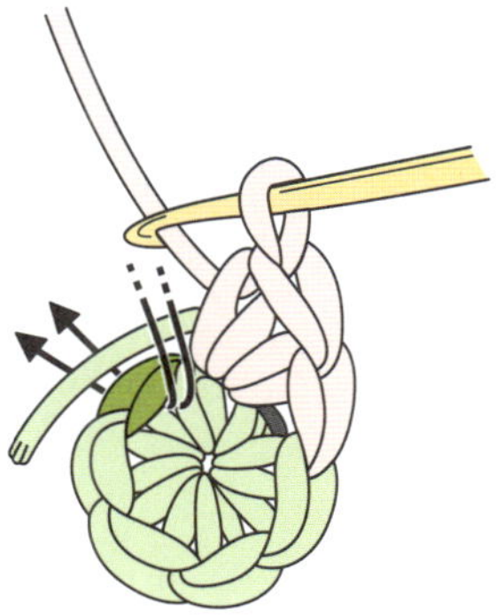

5 后面的每一针中织2针短针。

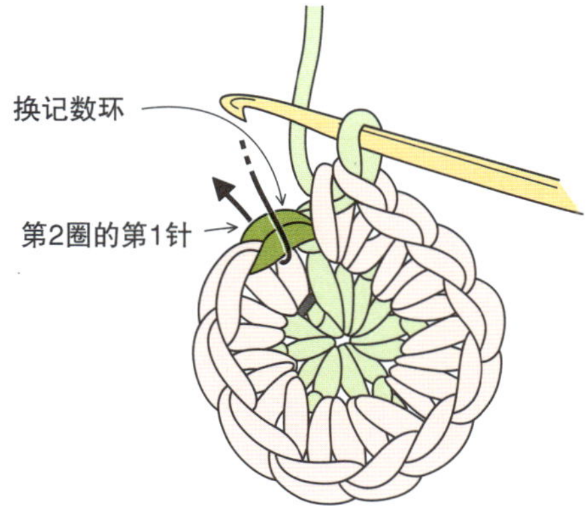

6 织好第2圈。把记数环移到第1针处继续编织。

长针钩织圆形花样

先用环起针，然后从中间向外边编边加大的基础花样。

第1圈

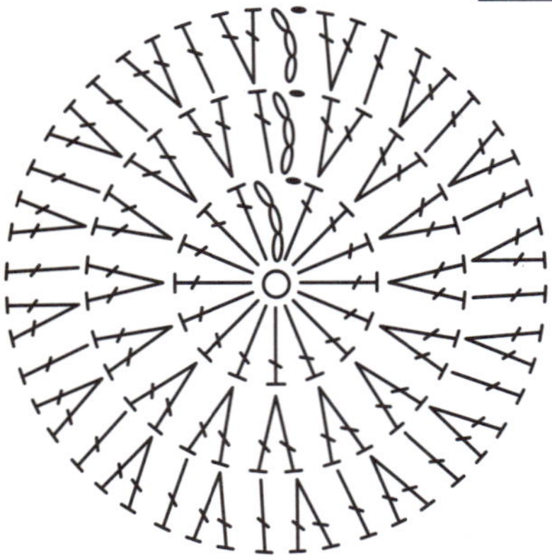

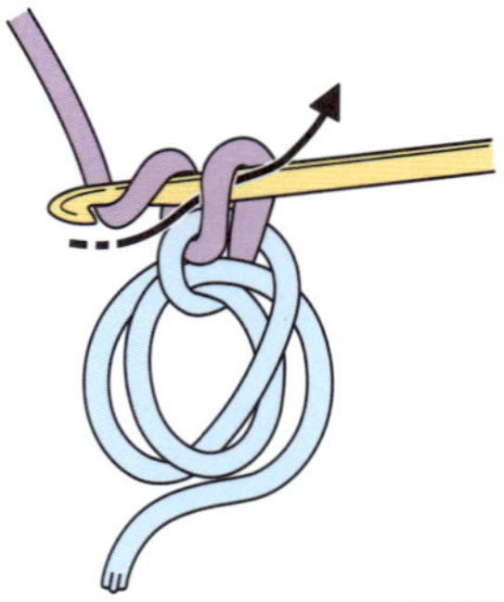

1 用手指绕线做环，把钩针插入环形，钩住线并拉出，针再次钩住线，引拔出（参见第9页）。

2 立织1针锁针。

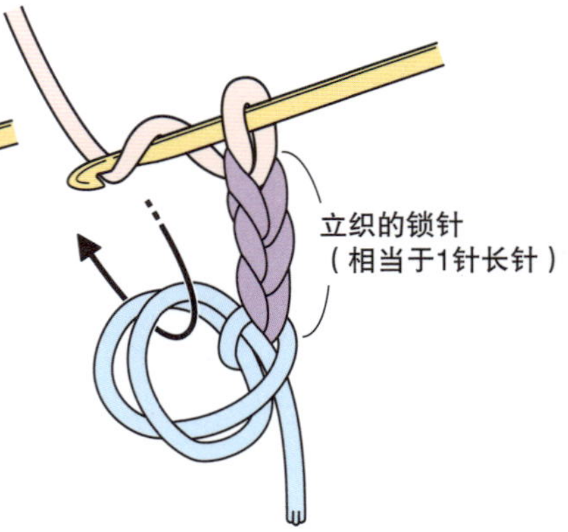

3 织2针锁针，和前一针形成3针立织针，然后钩住线，从环中插入。

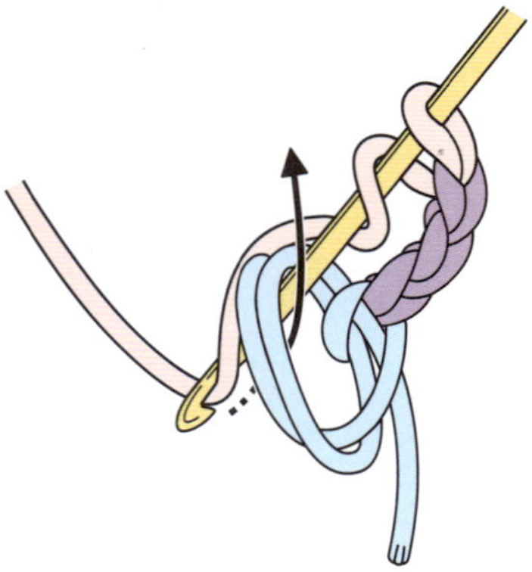

4 用针钩住线，从环中拉出。

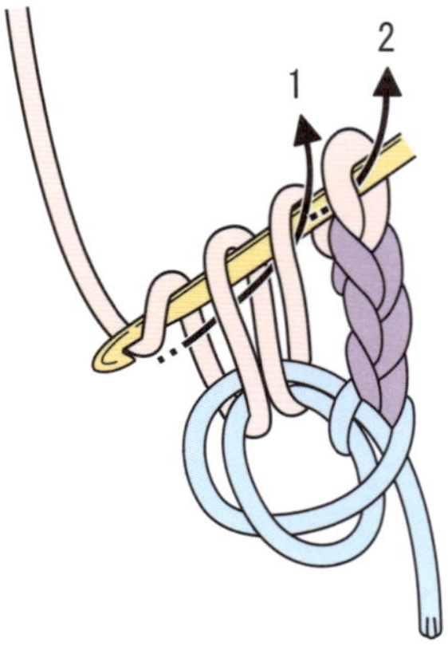

5 针钩住线，从2个圈中引拔出。再次钩线并引拔出。

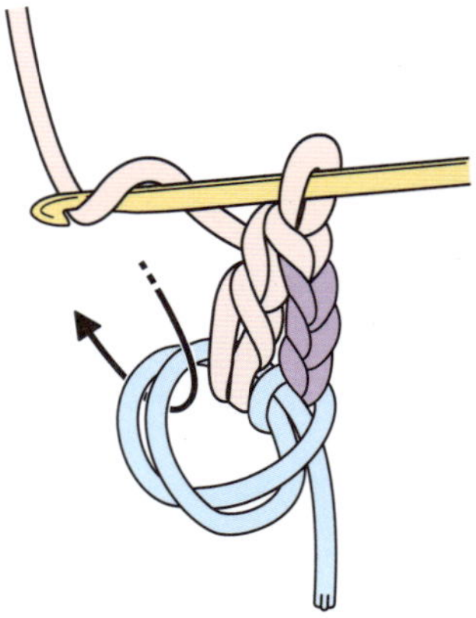

6 完成长针的编织。下一针也按相同的方法织长针。

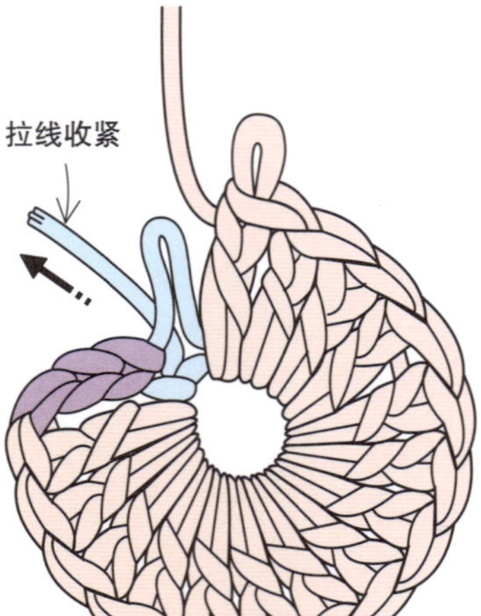

7 立织3针锁针和15针长针后，将线头轻轻拉紧。

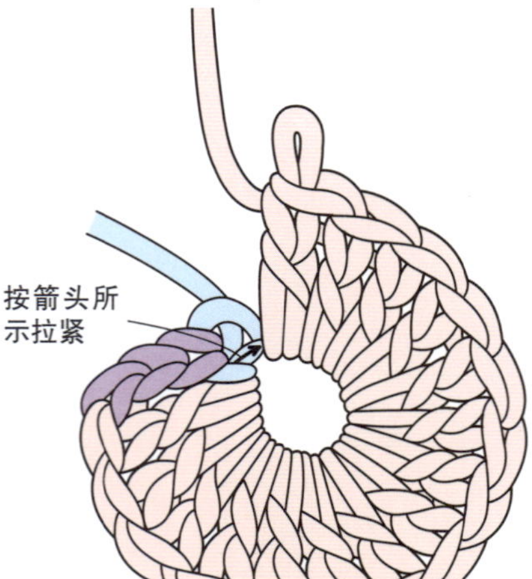

8 在双股线中，将可以拉动的一根如图中箭头所示收紧。

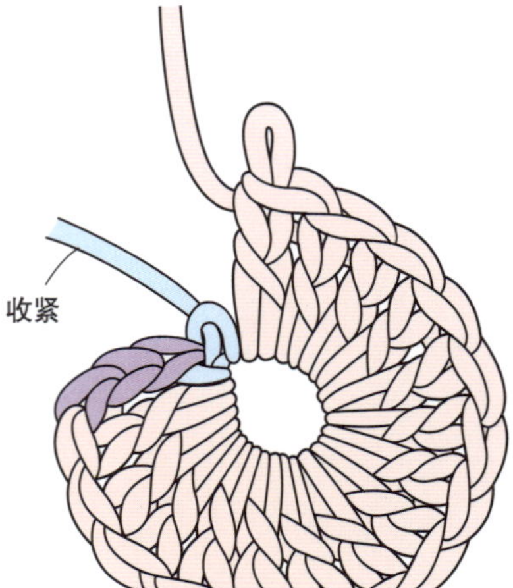

9 拉动线头收紧至环形消失。拉紧。

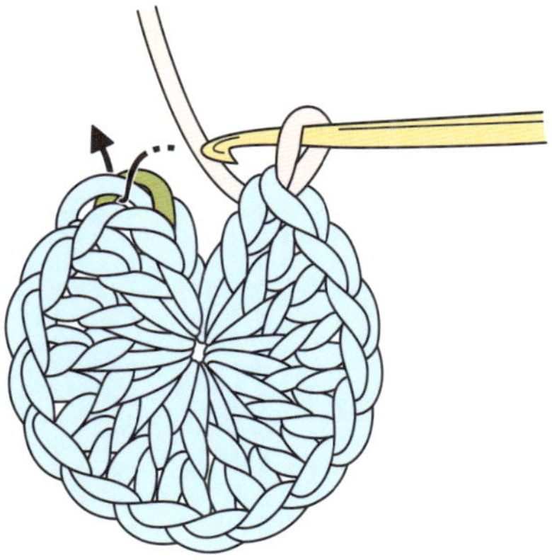

10 织到结束时，将针插入编织起始处立织的第3针锁针的半针和内侧线中。

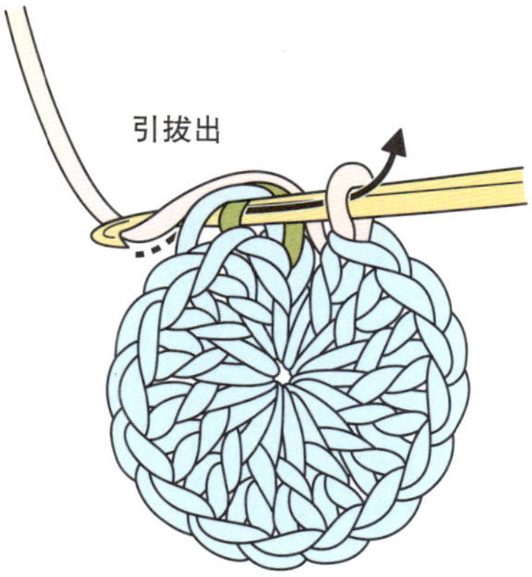

11 钩住线并引拔出。

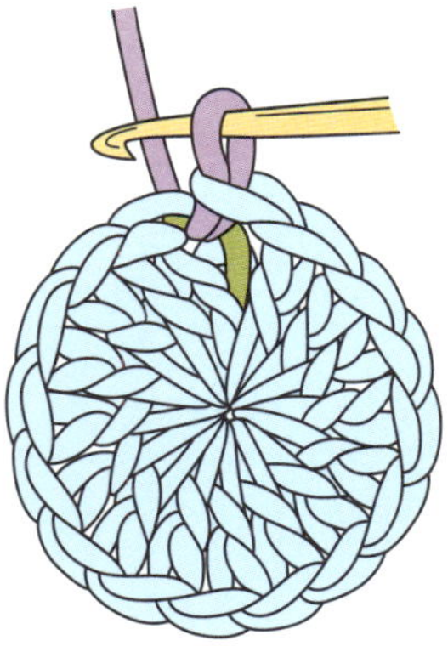

12 织完第1圈。

第2圈

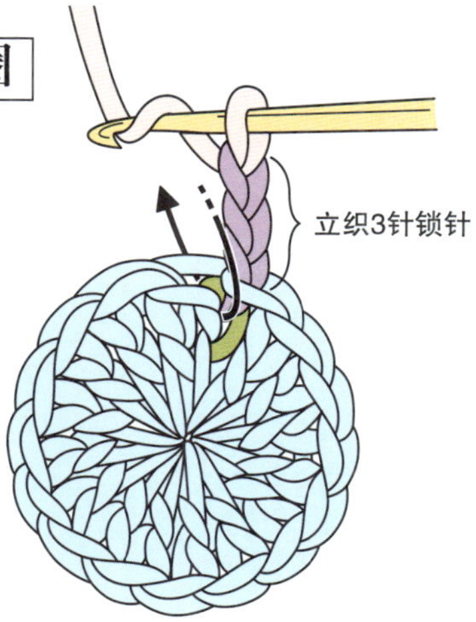

1 立织3针锁针，钩住线，把针插入上一圈立织的第3针锁针的半针和内侧线中。

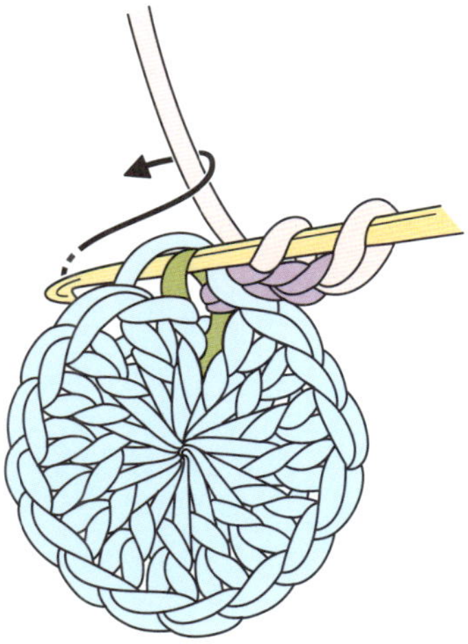

2 织长针。

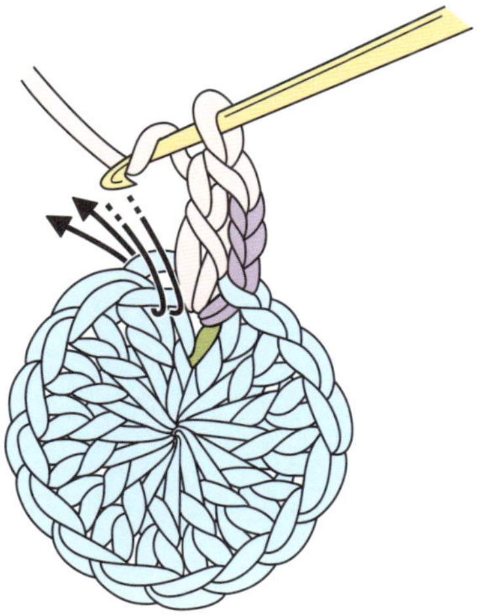

3 在第1圈下一针（长针）的顶部挑织2针长针。

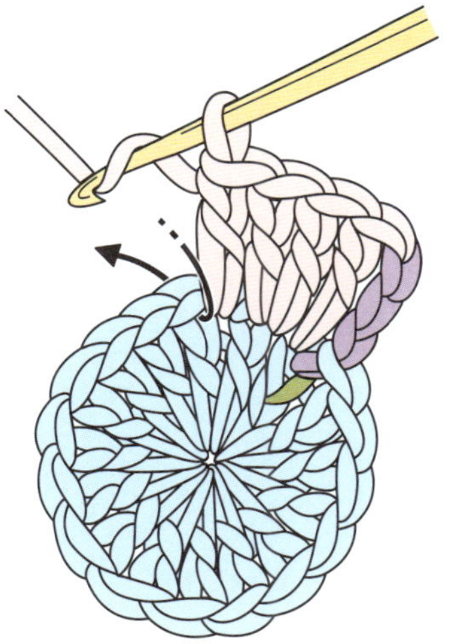

4 后面的每一针中织2针长针。

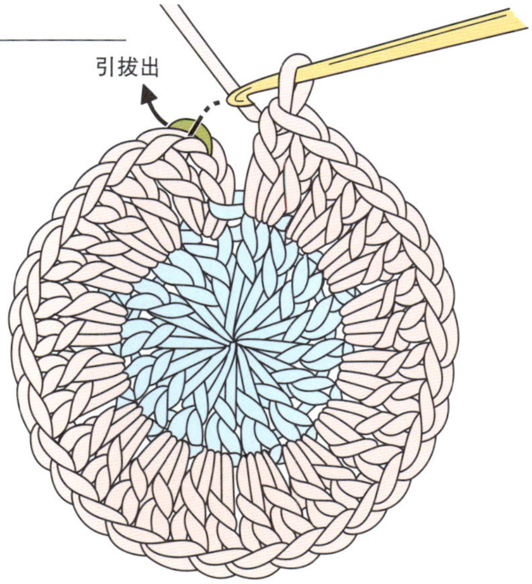

5 织到结束时，将针插入编织起始处立织的第3针锁针的半针和内侧引拔线圈。

第3圈

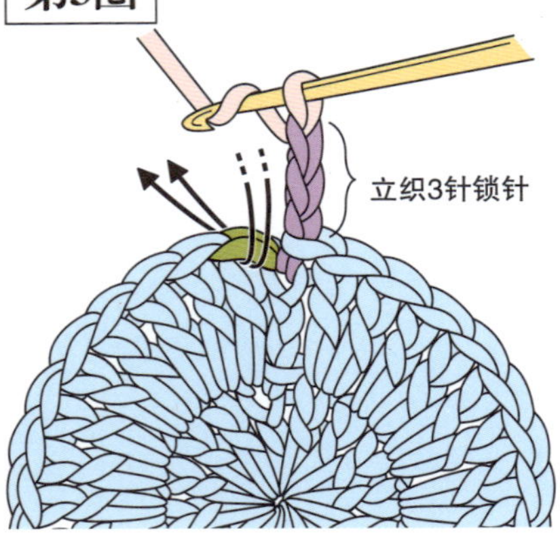

1 立织3针锁针，在下面的长针上织2针长针。

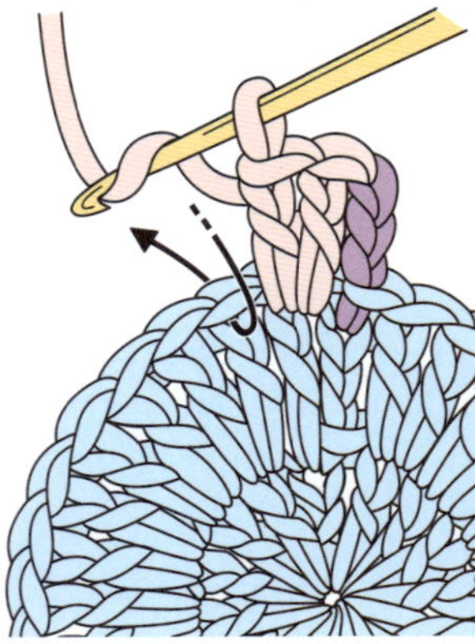

2 针钩住线，在下面的长针上织1针长针。

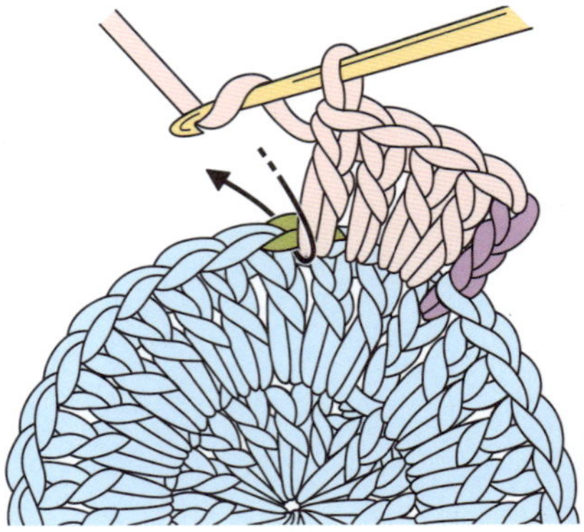

3 在下面的长针上织2针长针。然后交替按1针、2针的顺序织完一圈。

结束时的收尾方法

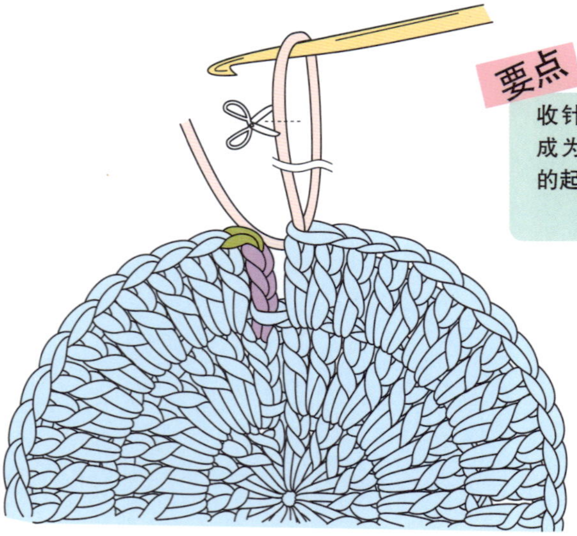

要点

收针时形成的1针将成为立织的3针锁针的起点。

1 将最后一针的线拉长至7～8cm剪断。

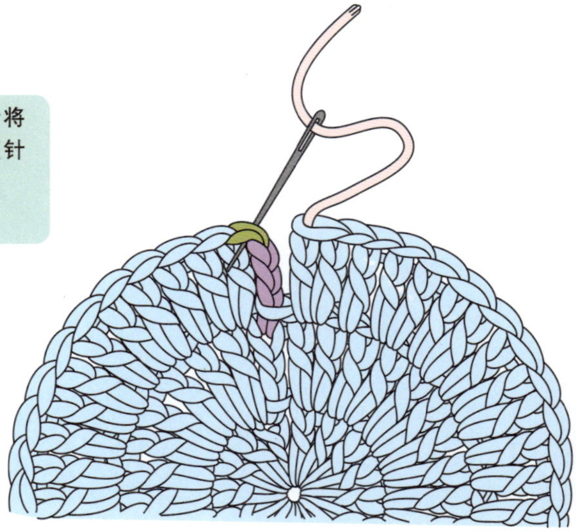

2 将线头穿上毛线缝针，从第3圈长针的后面插入，穿过第1针顶部的2根线。

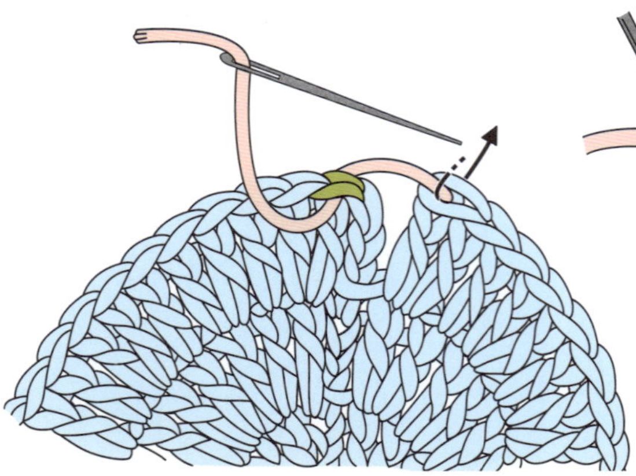

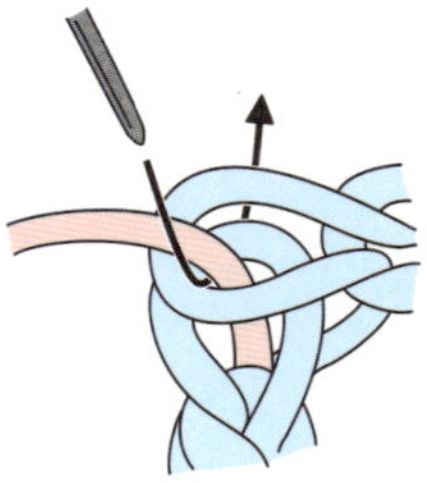

3 拉动线，从第3圈最后一针的中间插入。

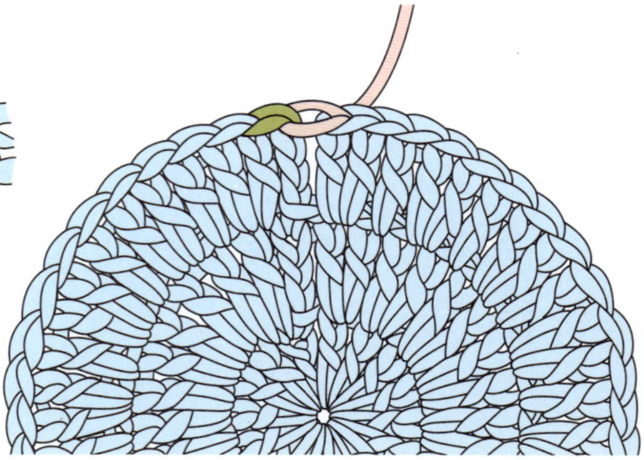

4 拉动线至1针锁针长度，然后将线藏在后面的针目里。

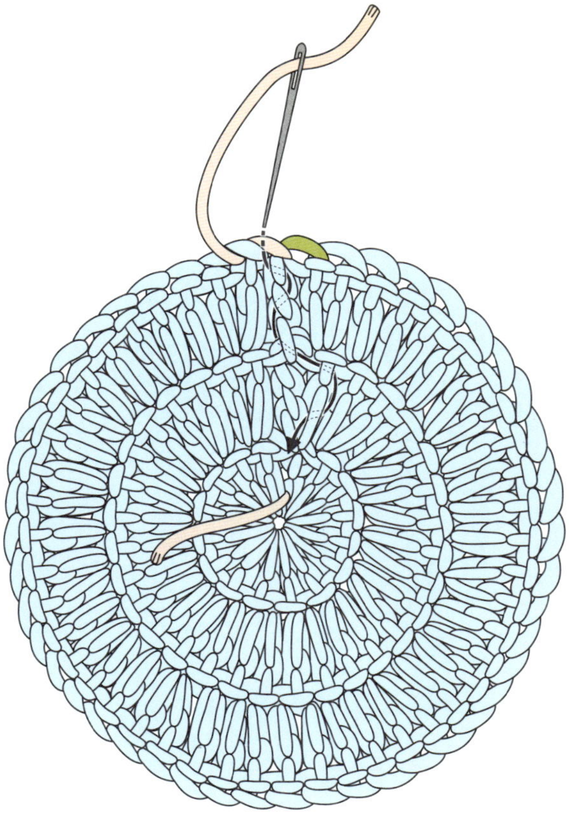

5 在花样的后面收线时要特别注意，不要影响到正面的花形。

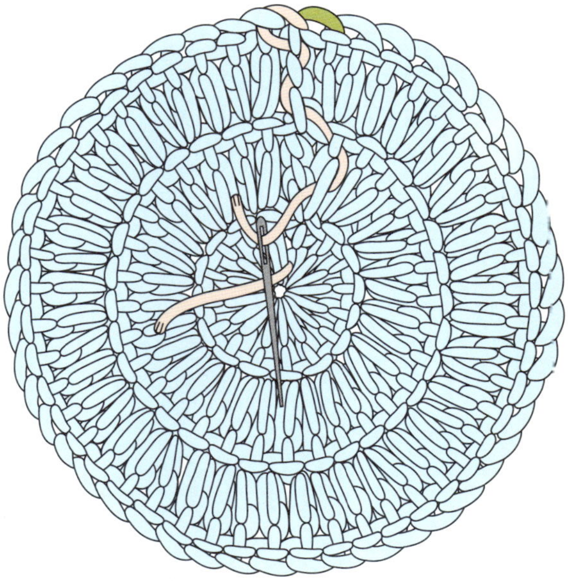

6 剪断线头时要紧贴织片。

编织起始处的收尾方法

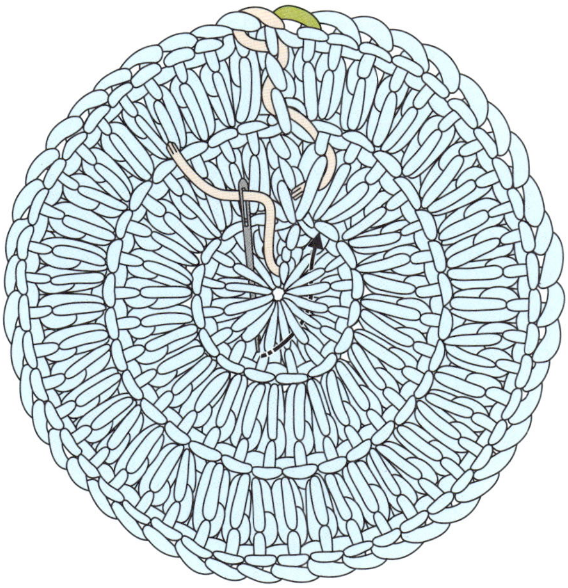

1 将线穿入毛线缝针，然后将线头藏在第1针长针的下面。

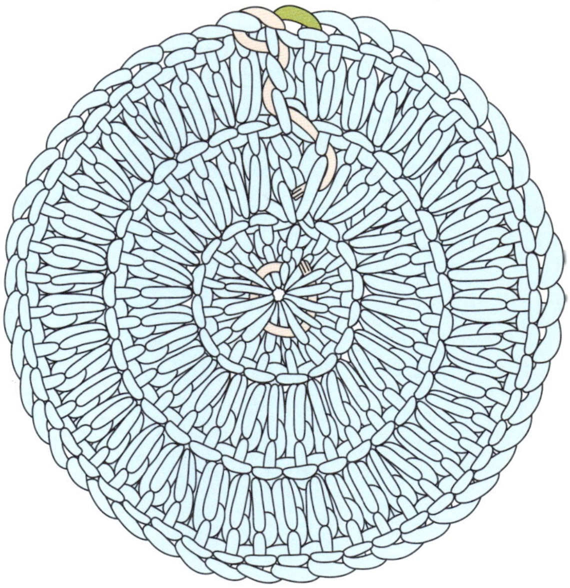

2 拉动线头，剪断的时候尽量向下剪。

要点

为了避免织片连接时线头外露，收线时要把线头藏在最后一圈。线头应该从外向中间拉动。为了避免过多线头缠在一起，每织完一片就要收一次线。

四边形花样

长针和锁针织出的基础花样。环形起针，四个转角加针。织长针时要将上一圈的锁针整段挑织，这种方法称为“整段挑起”。中间的线头可以最后再整理。

第1圈

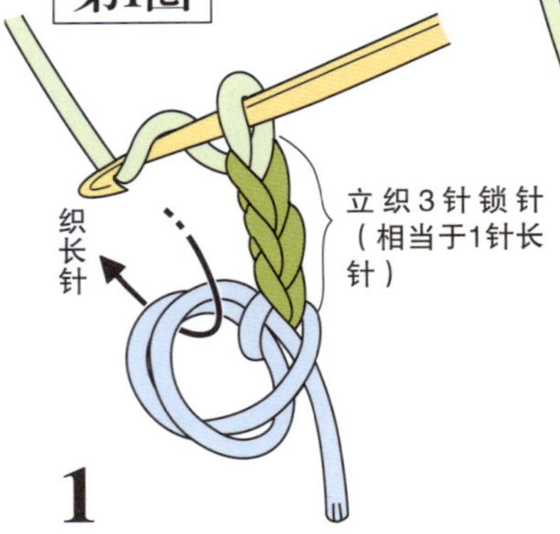

1 用环形起针（参见第9页），立织3针锁针。

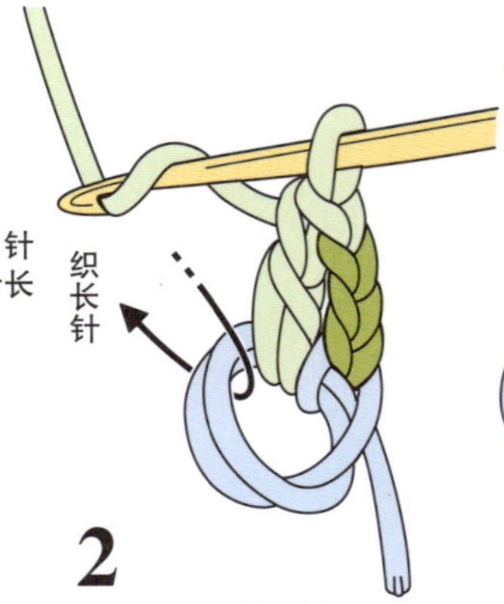

2 在环中织1针长针。

3 织好3针锁针（第1个转角）。

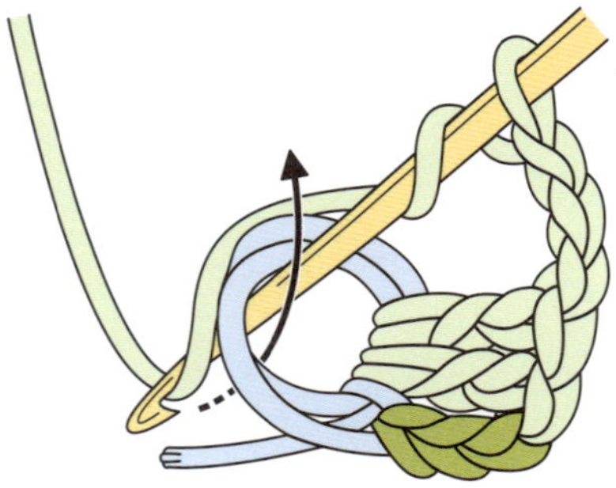

4 钩住线，将针插入环中，织长针。

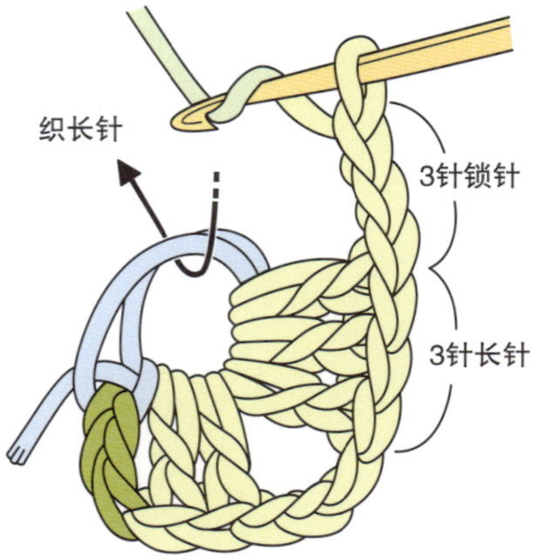

5 织第2个边的3针长针和3针锁针。针钩住线，再插入环中。

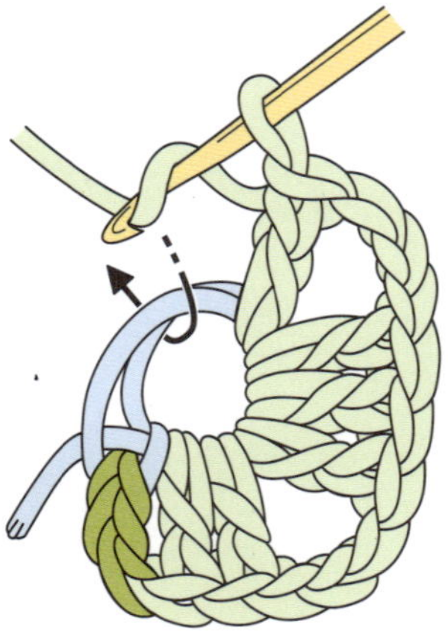

6 织长针。然后织第3个和第4个边的3针长针和3针锁针。

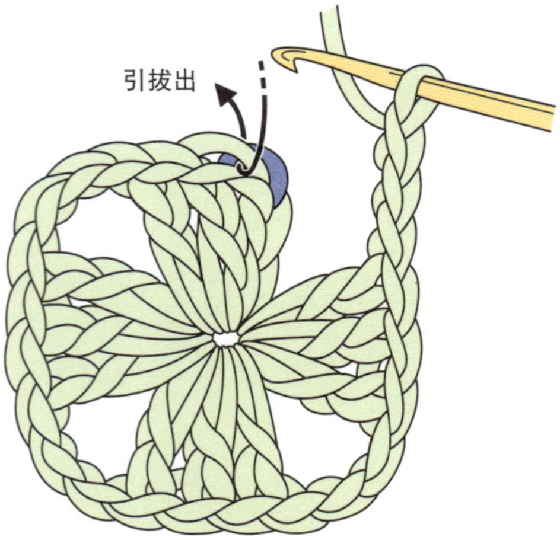

7 将线头拉紧（参见第14页）。编织结束时，把钩针插入编织起始处的立织的第3针锁针的半针和内侧线中。

8 钩住线并引拔出。

要点

编织时不包住起始的线头，是为了保留织片上的镂空部位。最后收线时可以避免正面露出线头，更美观。把线头藏在长针的后面，再剪断线头。

第2圈

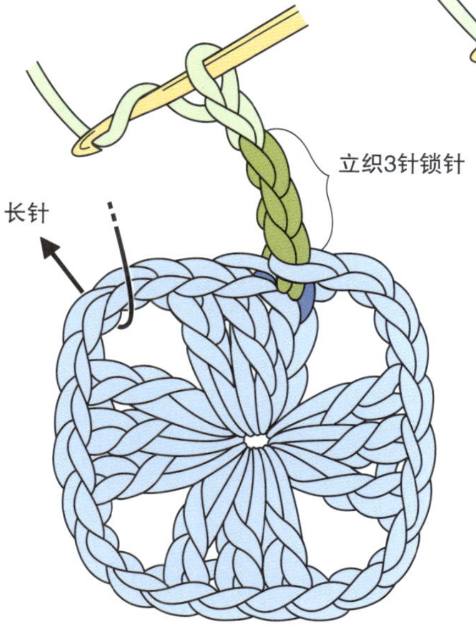

1 立织3针锁针和1针锁针。钩住线，如图所示把针插入第1段中。

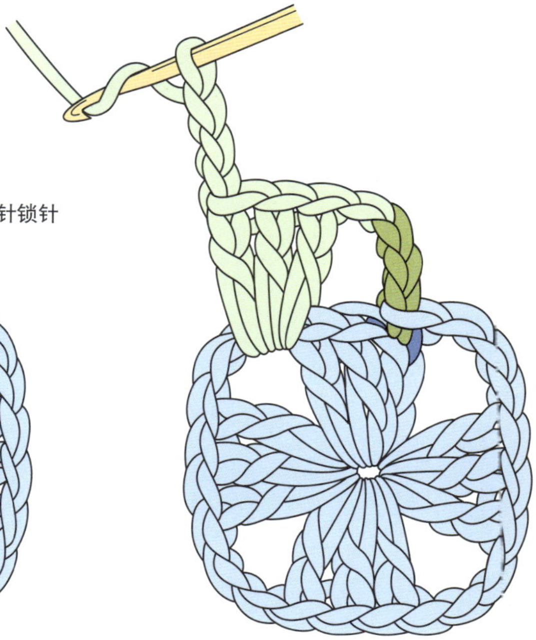

2 钩3针长针、3针锁针。

3 在整段中钩3针长针，形成第1个转角。

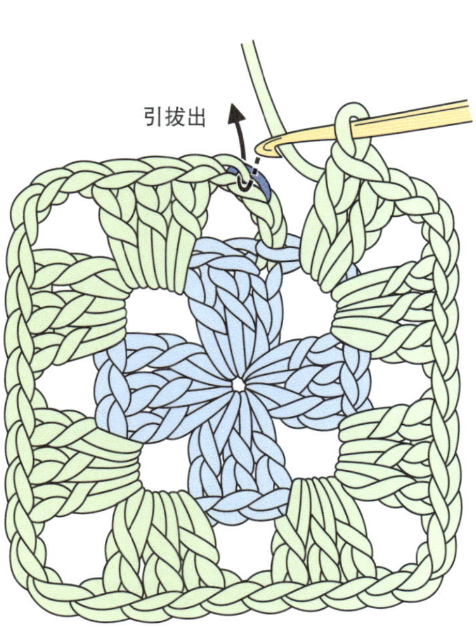

4 在每个转角上各织3针长针、3针锁针和3针长针。编织结束时，把针插入编织起始处立织的第3针锁针的半针和内侧线中，针钩住线并引拔出。

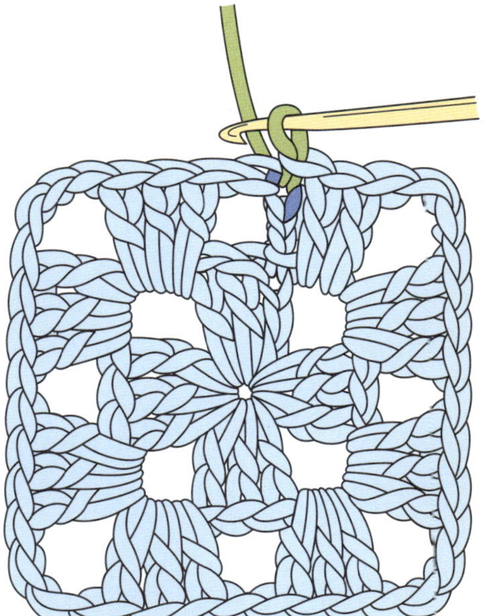

5 织完第2圈。

第3圈

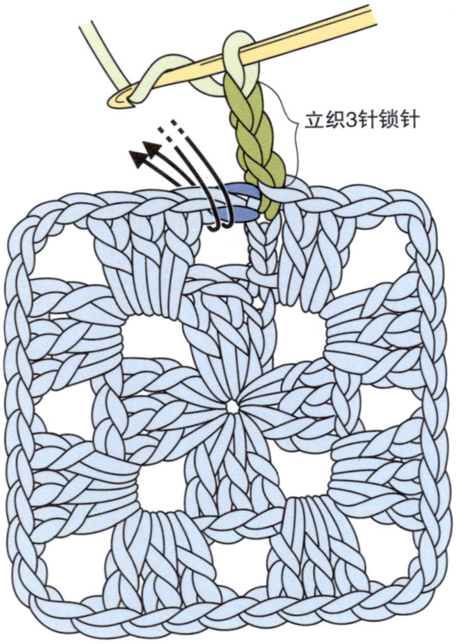

1 立织3针锁针，钩住线，把针插入前一圈整段的锁针中。

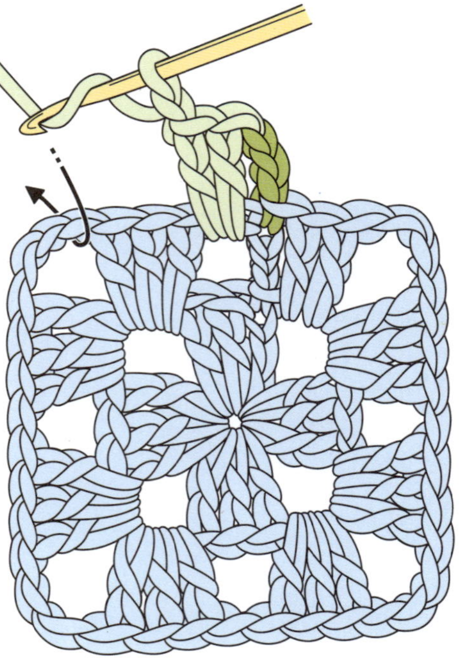

2 织2针长针、1针锁针，在下个转角处的整段中织3针长针、3针锁针和3针长针。

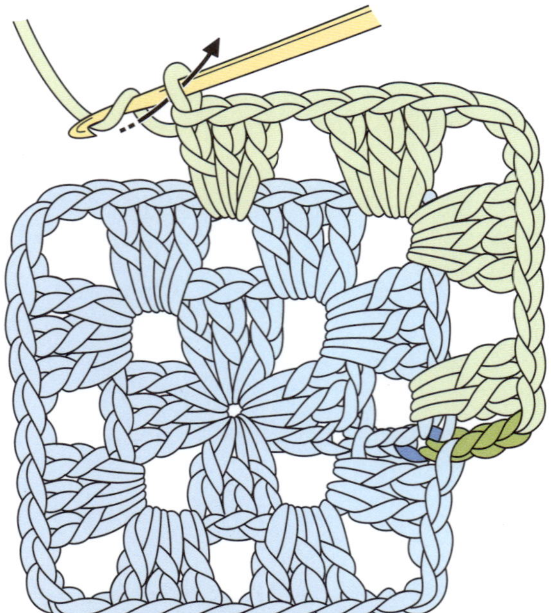

3 同第2圈，在转角的部位边加针边织。

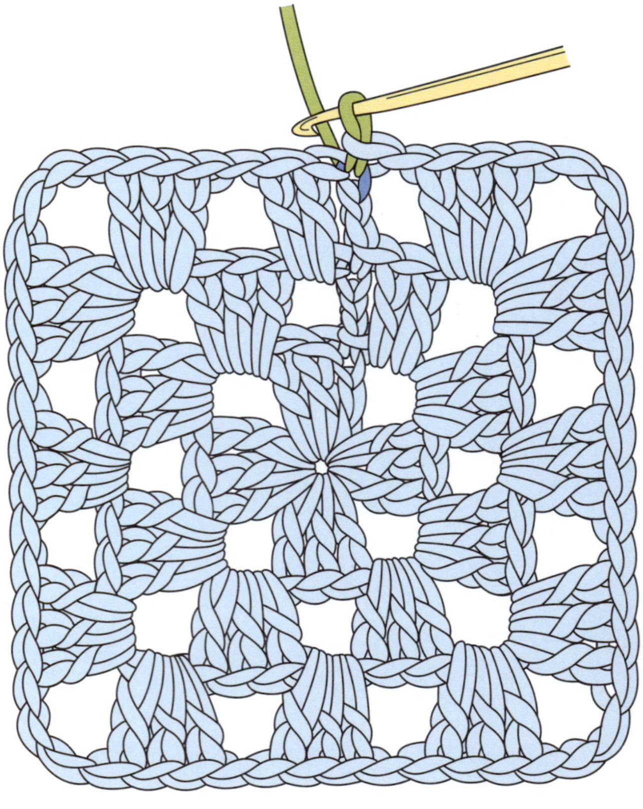

4 织到本圈结束时，将针插入编织起始处立织的第3针锁针的半针和内侧引拔线圈。第4圈也按同样的方法编织。

结束时的收尾方法

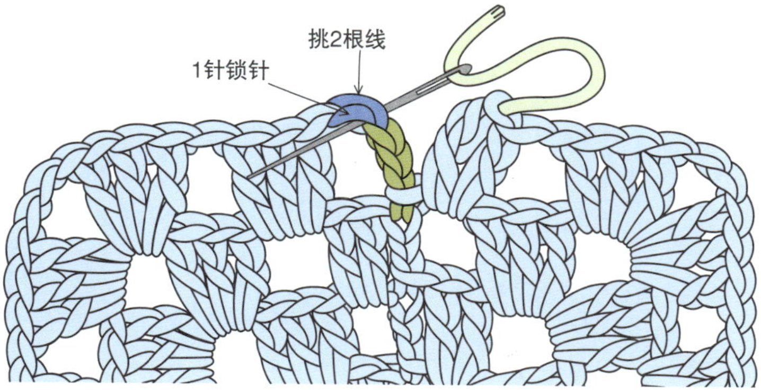

1 将第4圈的最后一针拉长，留7～8cm线头后剪断，穿上毛线缝针。从后面挑起第4圈起始处第1针锁针顶部的2根线。

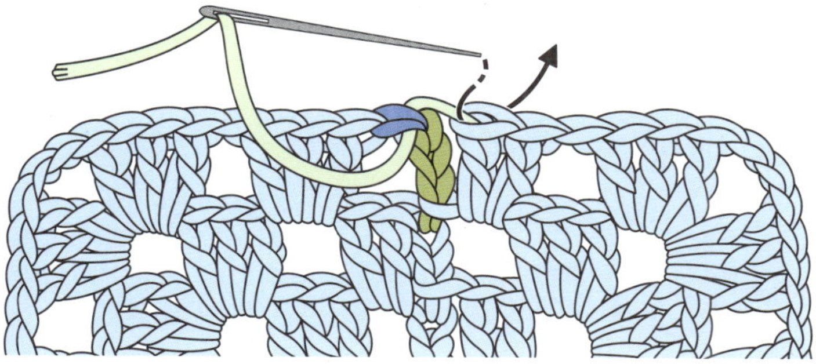

2 拉出线，把针插入第4圈最后一针的中间（参见第16页）。

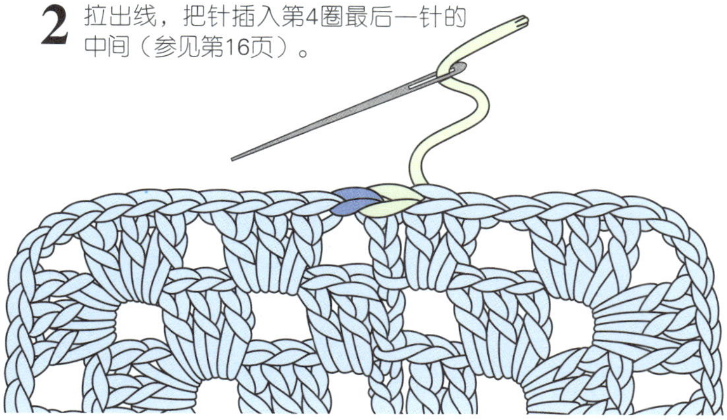

3 拉动线，使之形成1针锁针长度。

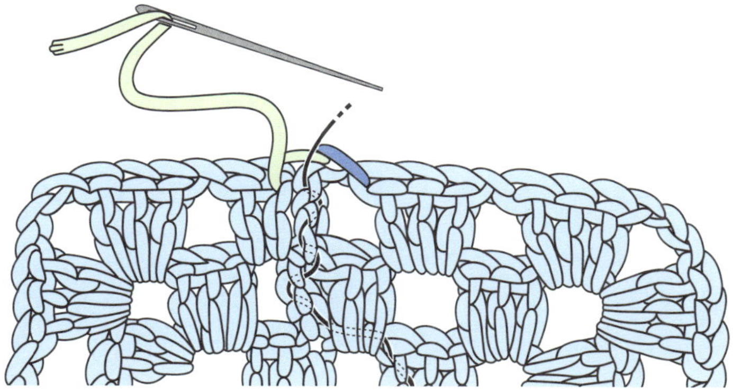

4 织片翻过来，把线头藏入下面的针目中，尽量剪短线头，避免线头露在正面。

1 从后面挑起第4圈起始处第1针锁针顶部的2根线。

2 拉出线。

3 把针插入第4圈最后一针中。

4 拉动线，使之形成1针锁针长度。

半个四边形的花样

这是长针和短针编织的基础花样，只钩半个花样。
因为是往返编织，所以最后一圈要在正面结束才美观。

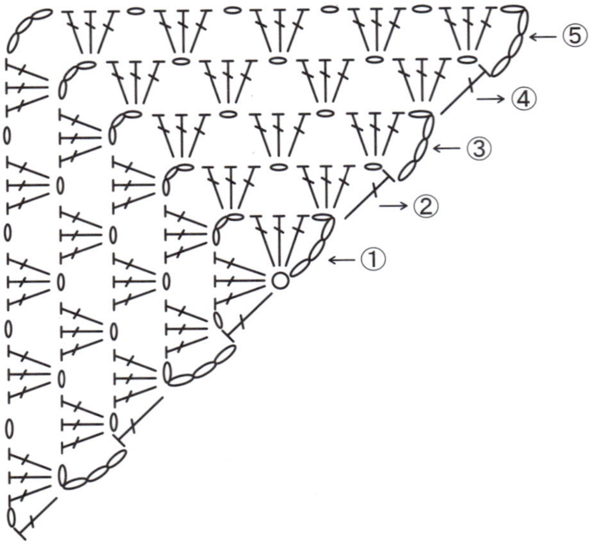

第1圈

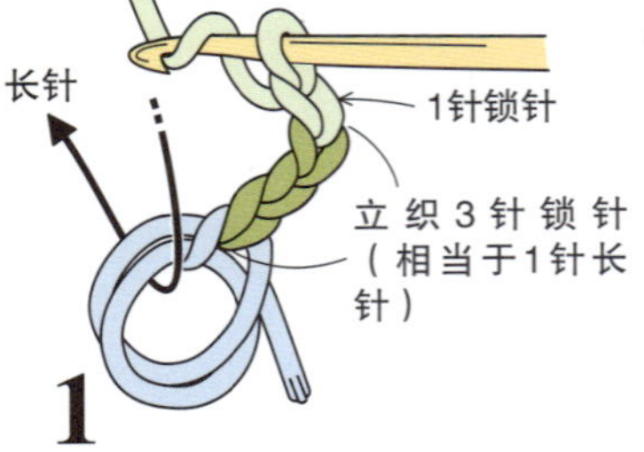

1 在环形起针（参见第9页）中立织3针锁针和1针锁针。针钩住线，再插入环中。

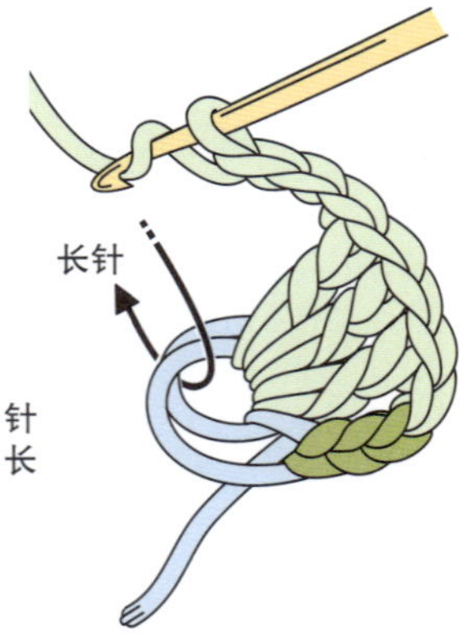

2 织3针长针、3针锁针。再织同样的3针长针和1针锁针。

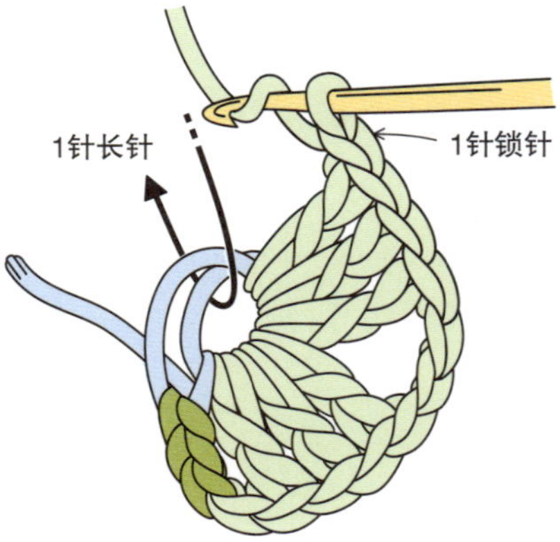

3 织1针边缘长针。

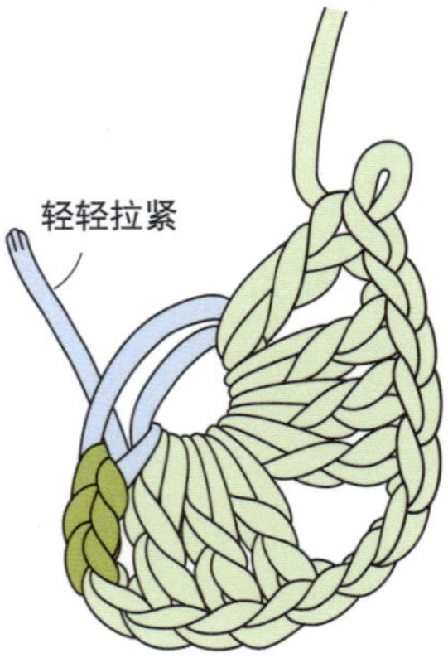

4 把线头轻轻拉紧。

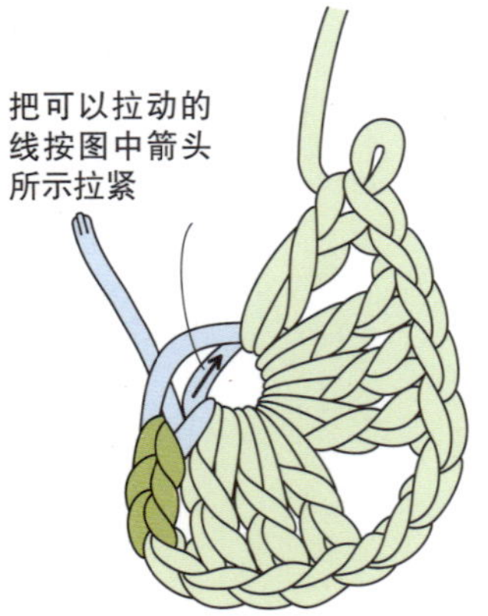

5 在双股线中找出可以拉动的那根线，按图中箭头所示拉紧。

6 将环形收紧至消失，再收紧线头。

7 织完第1圈。

第2圈

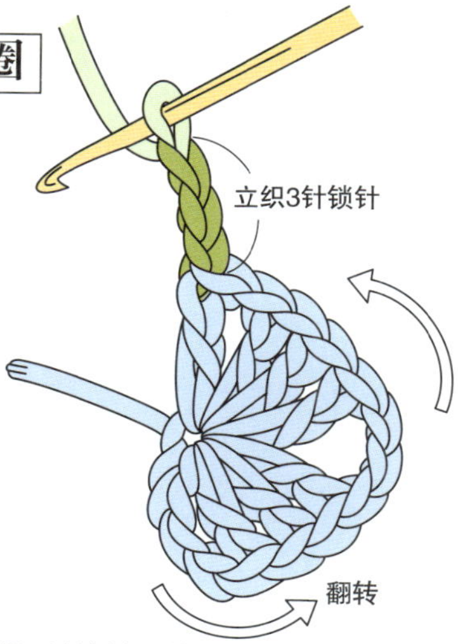

1 立织3针锁针，将织片翻转，使反面对着自己。

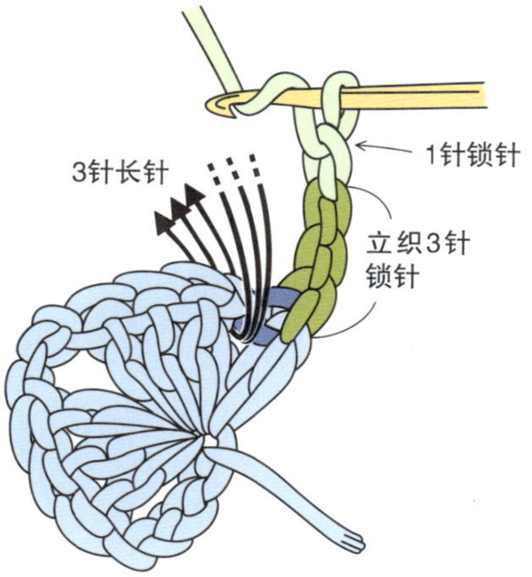

2 织1针锁针，针钩住线，在前一圈第1针锁针上织长针，挑起整段编织。

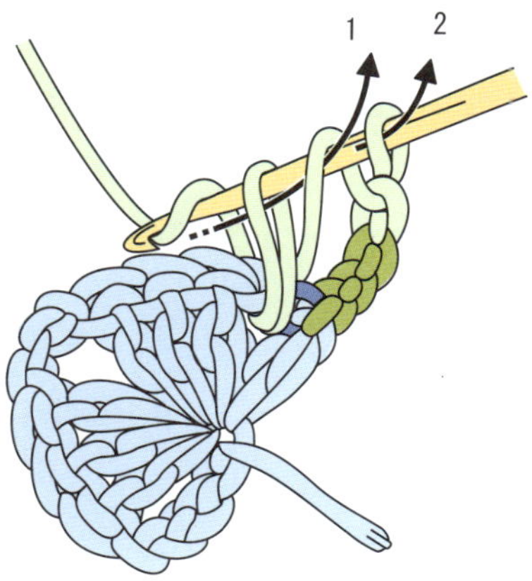

3 织第1针长针时的样子。

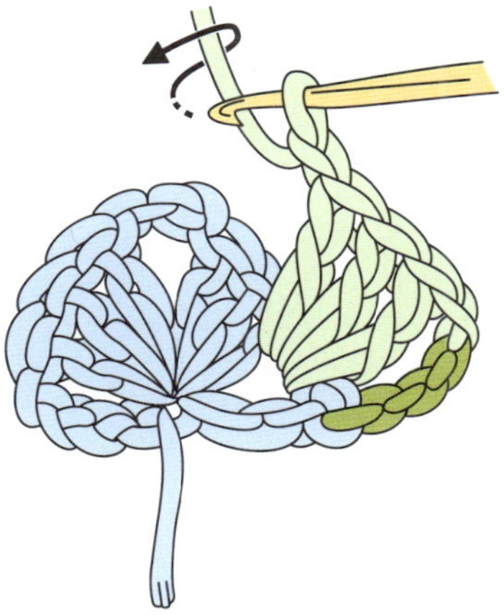

4 织3针长针和1针锁针。

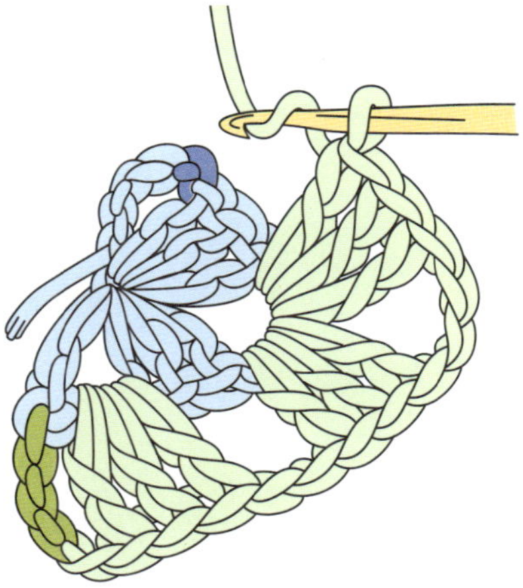

5 在中间的转角处织3针长针、3针锁针、3针长针、1针锁针。

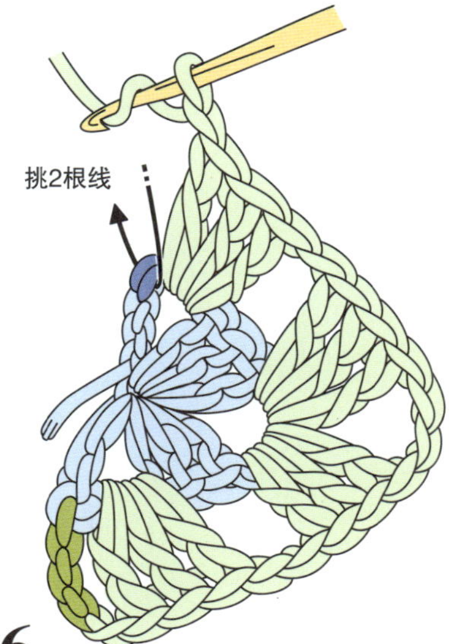

6 在1针锁针的整段中织3针长针，编织结束时，要挑起前一圈立织的第3针锁针的半针和内侧共2根线。

7 织1针边缘长针。

第3圈

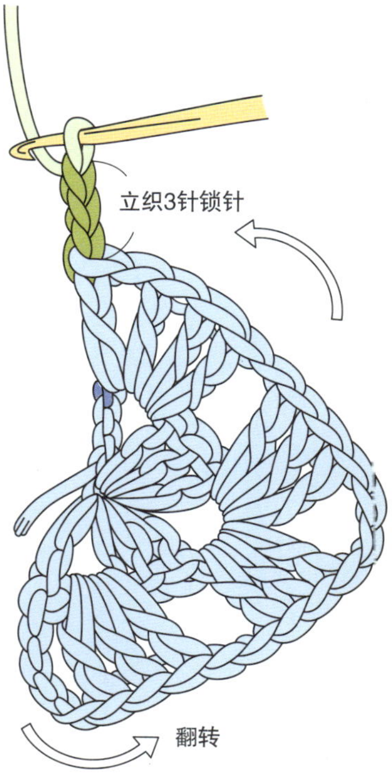

1 立织3针锁针，翻转织片，使正面对着自己。

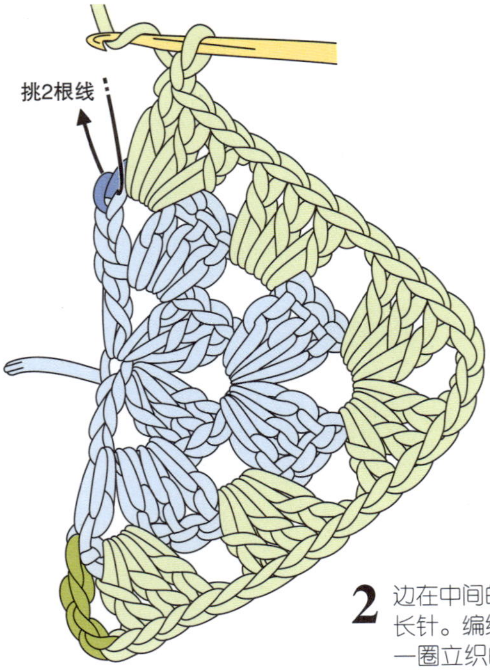

2 边在中间的转角处加针，边整段挑织长针。编织结束时织长针，要挑起前一圈立织的第3针锁针的半针和内侧共2根线进行编织。

3 织完第3圈。

第4圈

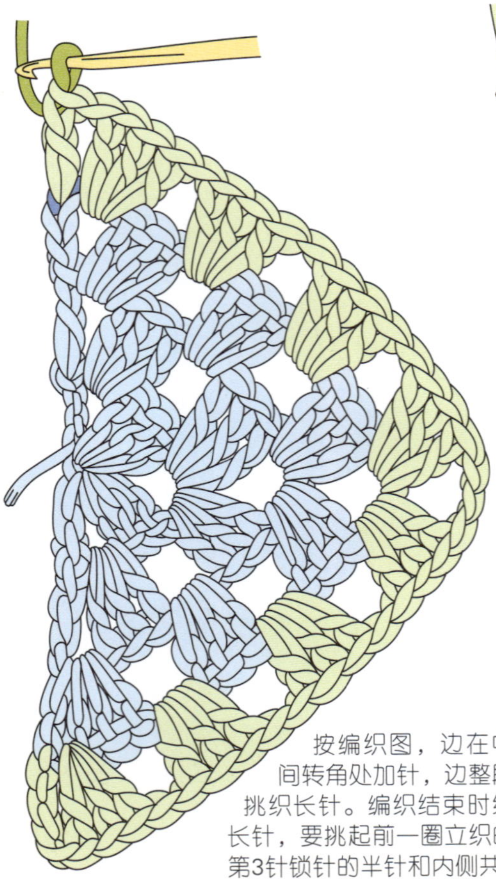

按编织图，边在中间转角处加针，边整段挑织长针。编织结束时织长针，要挑起前一圈立织的第3针锁针的半针和内侧共2根线进行编织。

结束时的收尾方法

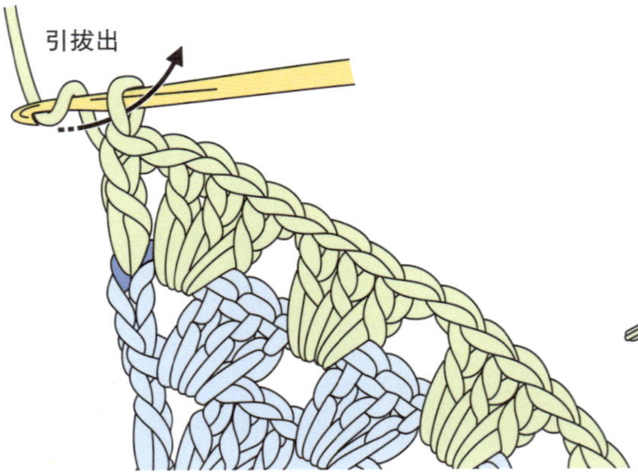

1 最后一针引拔出，把线拉长，留7～8cm剪断。

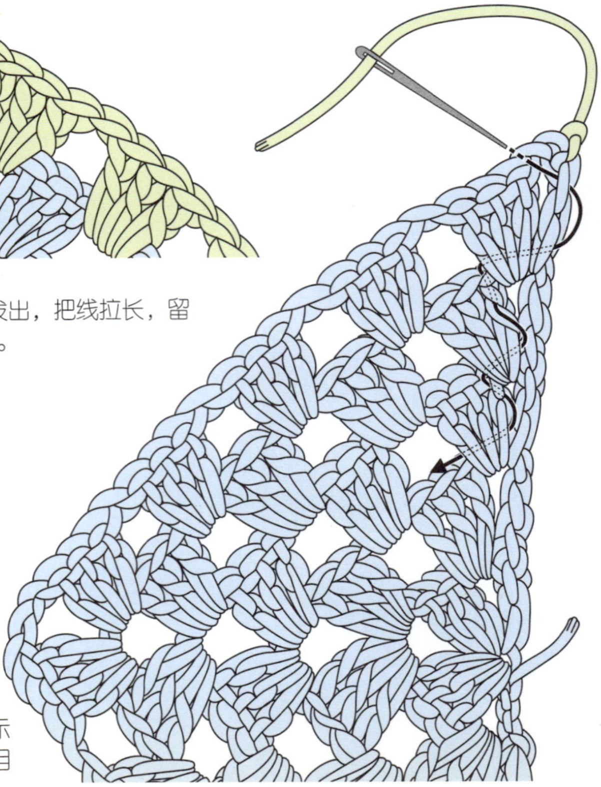

2 穿上毛线缝针，按图中箭头所示把线头藏在针目里。

三角形花样

这是长针和锁针钩织的基础三角形花样。三个转角处的长针要织得松一些。

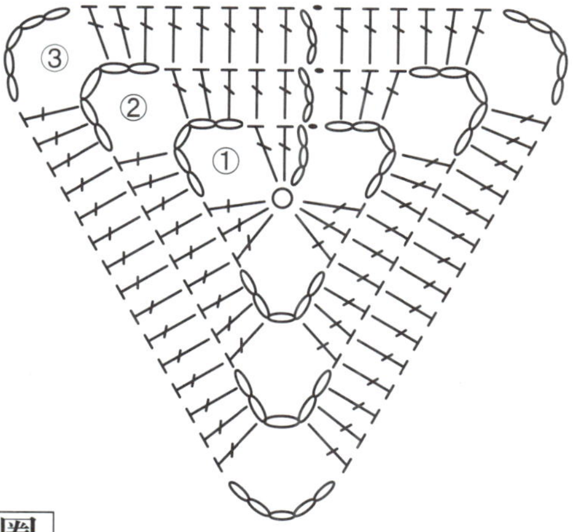

第1圈

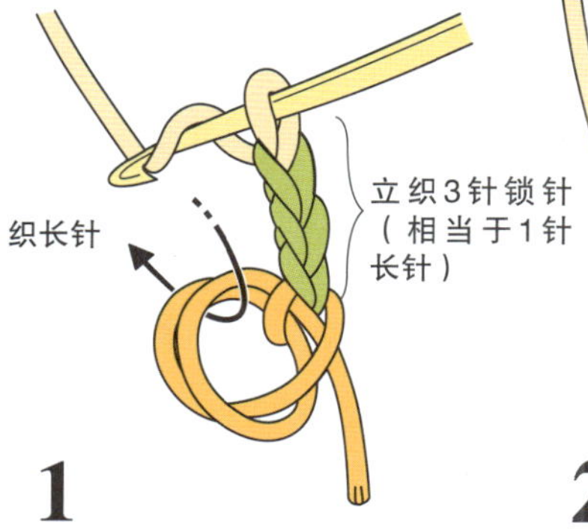

1
在环形起针（参见第9页）中立织3针锁针。针钩住线，再插入环中。

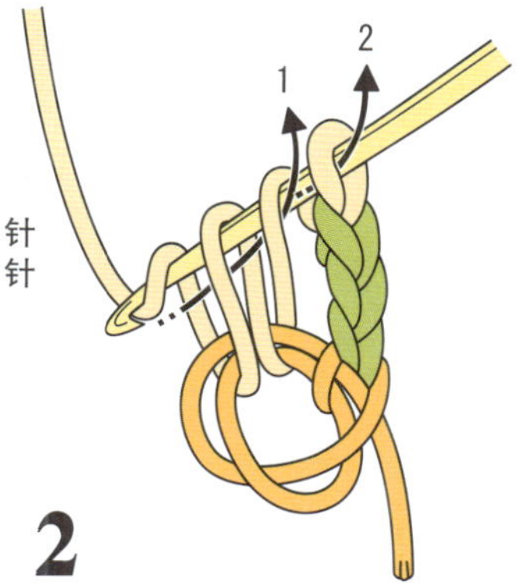

2
钩线并拉出，再次钩住线，从2个圈中引拔出。针挂住线，从2个圈中引拔出，织长针。

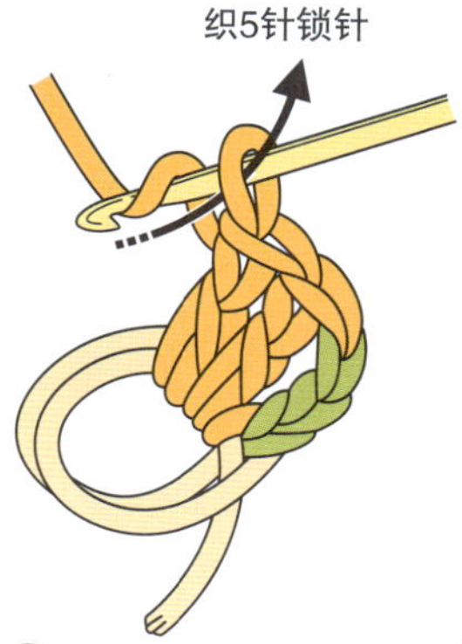

3
织好2针长针，针再次钩住线。

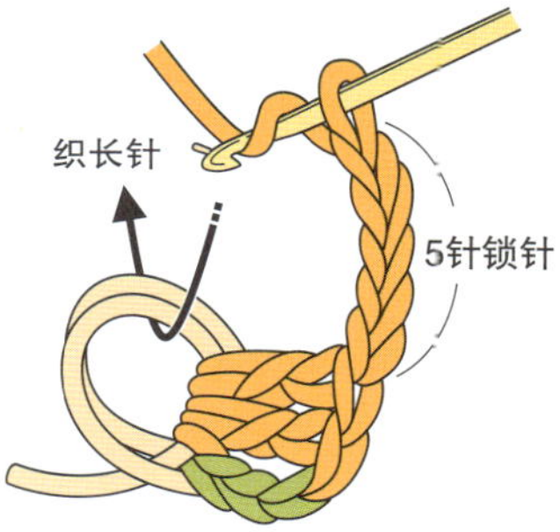

4 织5针锁针（第1个转角）。下面钩3针长针和5针锁针，重复2次。

5 收紧起针时的环形（参见第14页）。

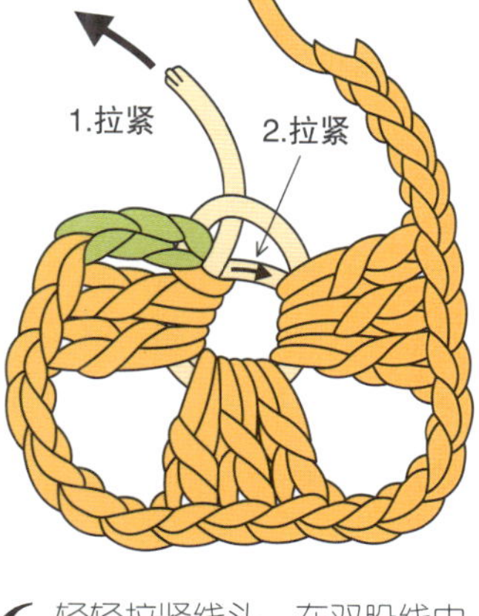

6 轻轻拉紧线头，在双股线中，找到可以拉动的那根线，然后按图中箭头所示拉紧。

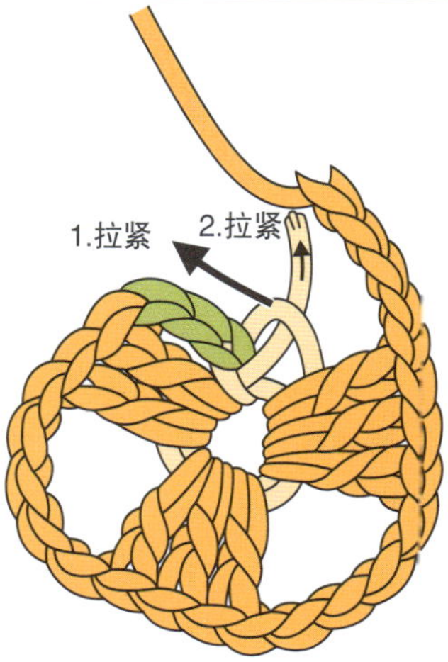

7 拉动线头，把环形收紧至消失。

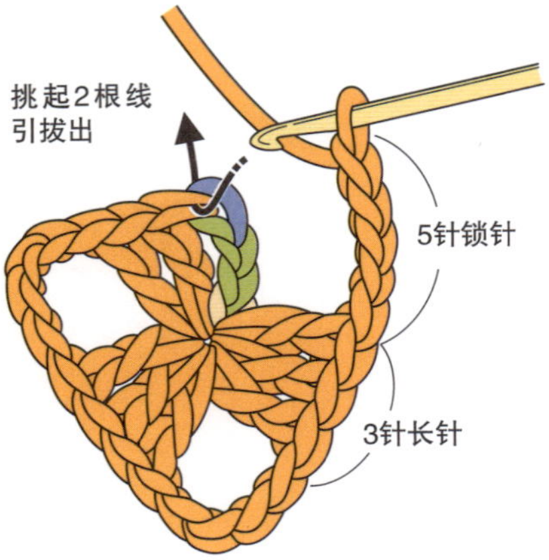

8 织到本圈结束时，将针插入编织起始处立织的第3针锁针的半针和内侧线中。

9 钩住线并引拔出。

第2圈

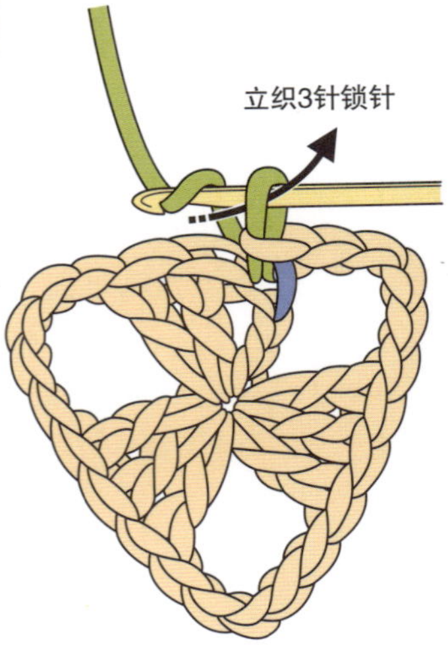

1 立织3针锁针。

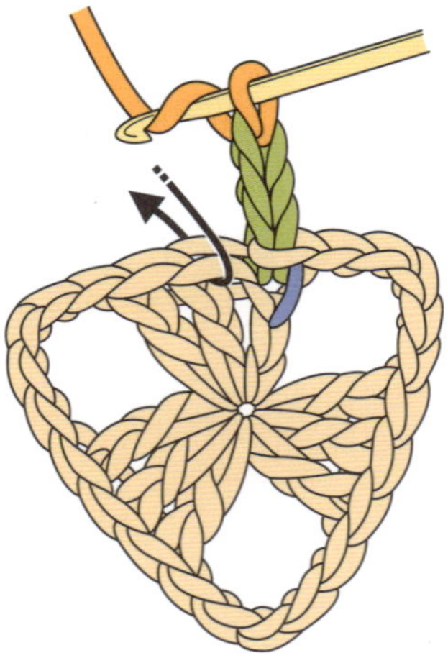

2 针钩住线，把针插入前一圈长针的顶部。

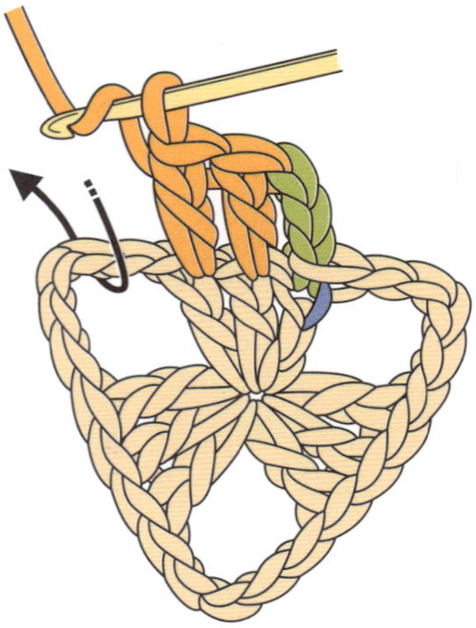

3 分别织1针长针(共2针)。针钩住线，把针插入整段锁针中。

4 织3针针目较长的长针（逐渐加长）。

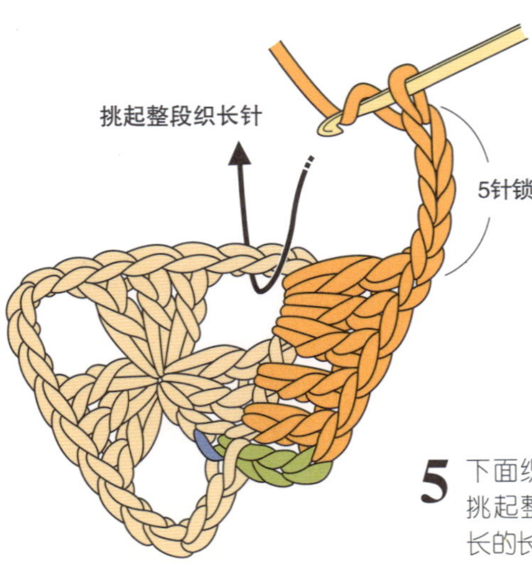

5 下面织5针锁针，然后挑起整段织3针针目较长的长针。

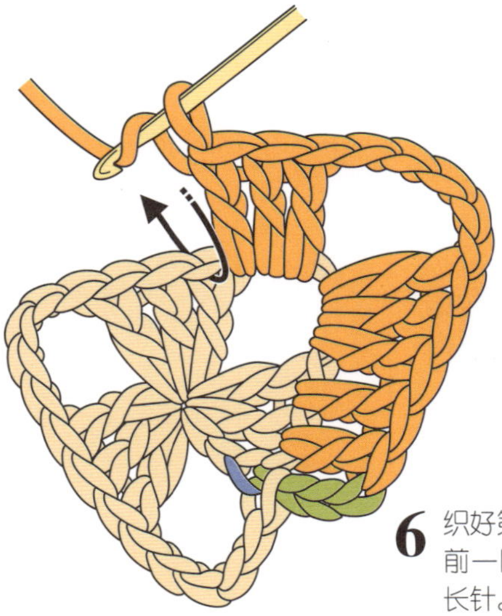

6 织好第1个转角。然后，在前一圈长针的顶部挑针织长针。

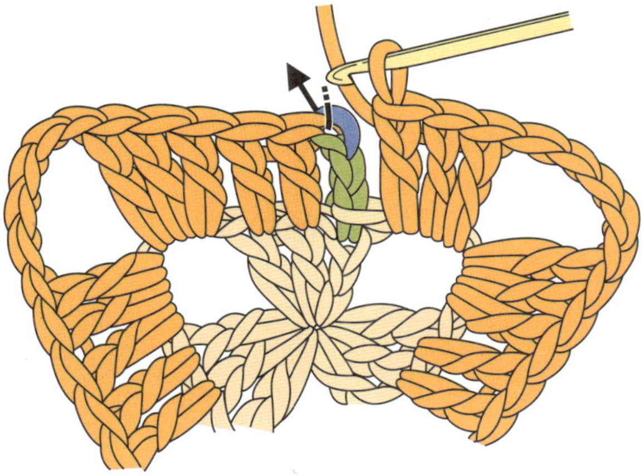

7 织到本圈结束时，将针插入编织起始处立织的第3针锁针的半针和内侧共2根线中。

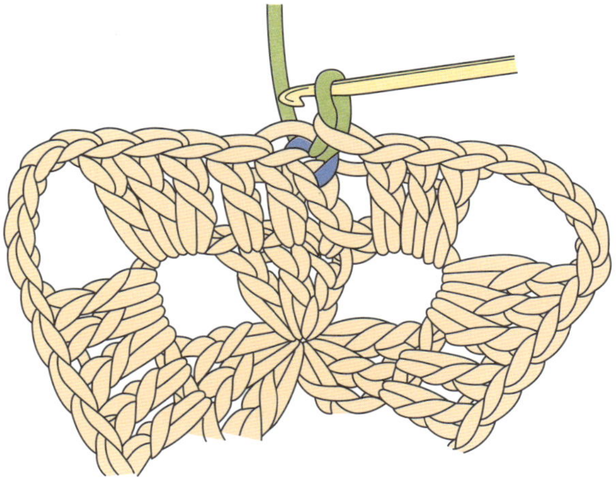

8 钩住线并引拔出。

第3圈

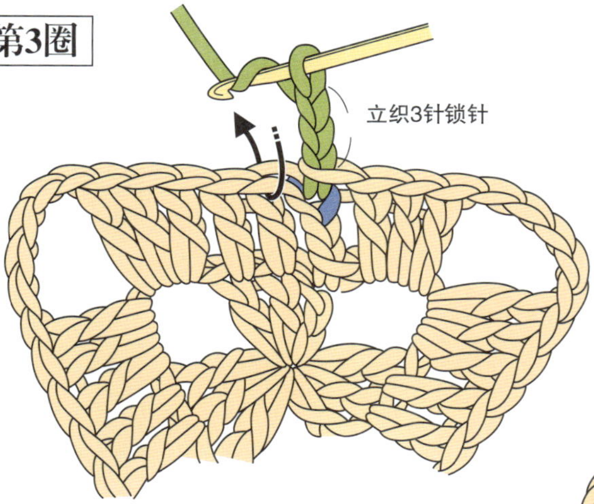

立织3针锁针，然后按编织图，边在转角处加针边织。

结束时的收尾方法

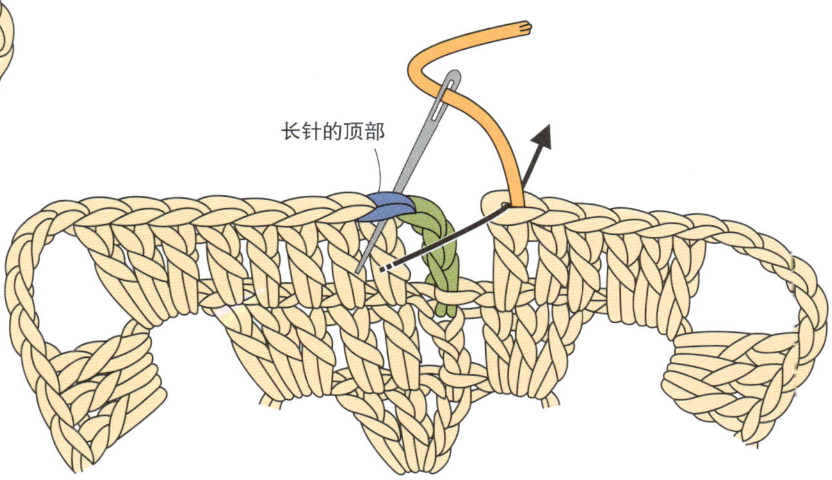

1 拉长最后一针，保留7～8cm线头后剪断。穿上毛线缝针，从第3圈编织起始处的长针顶部后面插入，挑起2根线。将线拉紧，然后把针插入第3圈最后一针的中间长针的顶部。

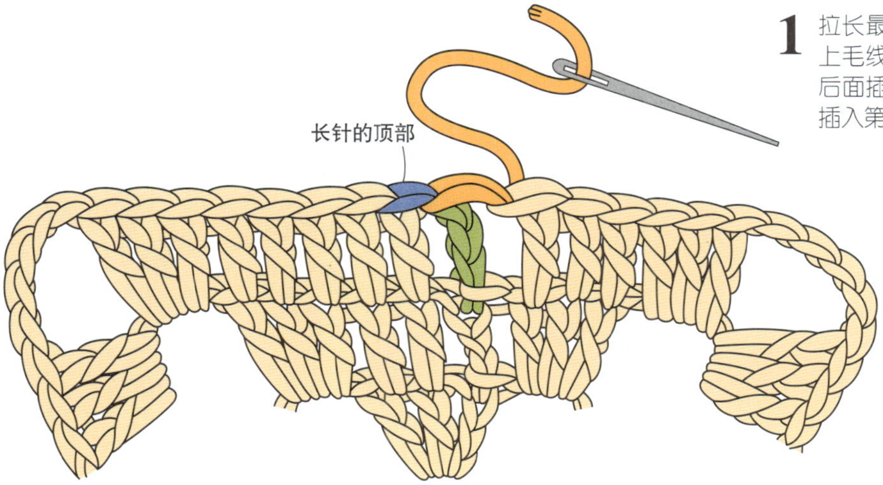

2 拉动线，做成1针锁针的长度。

网状镂空的花样

短针和锁针钩织的网状镂空花样。关键点是向下一圈移动的方法。方法一：在织最后一圈时，把锁针针数的一半以等长的方式变为其他针法；方法二：完成一圈时，织引拔针移动到下一圈的网状花样中部。

编织结束时改用长针的方法

锁针的环形起针

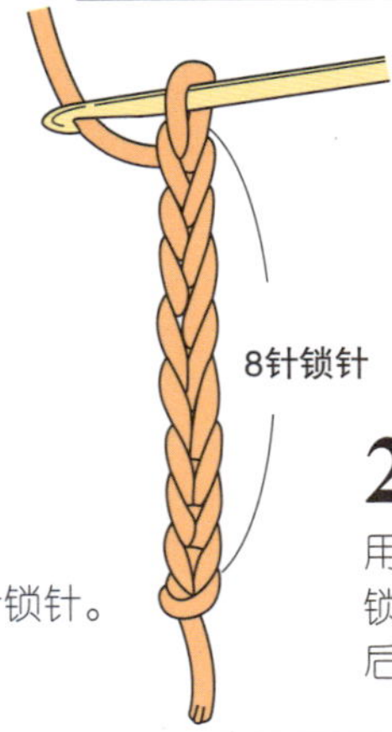

1
织8针锁针。

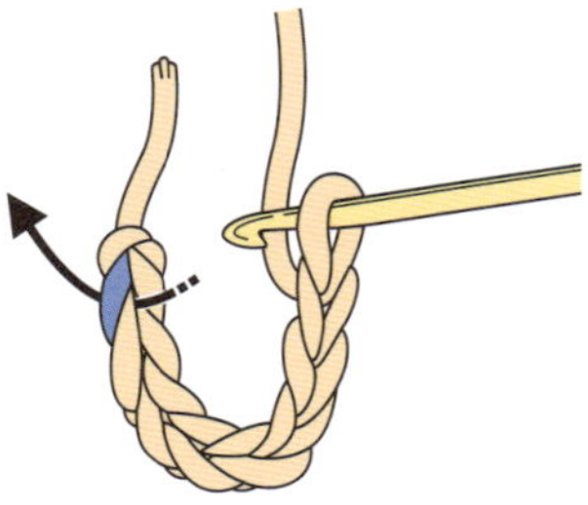

2
用锁针连成环形，把针插入第1针锁针正面的1根线和内侧线中（从后面看到的突出部位）。

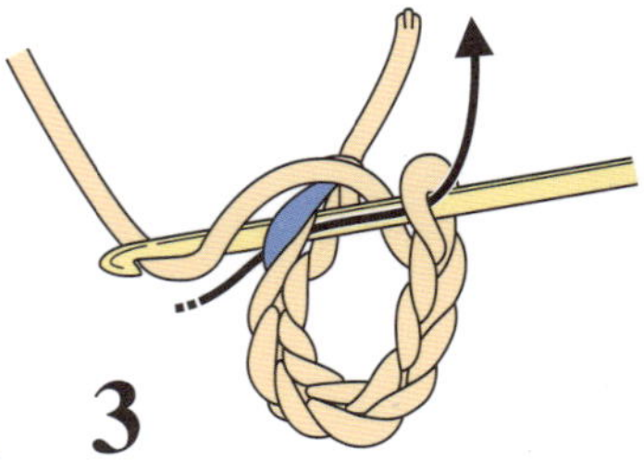

3
钩住线并引拔出。

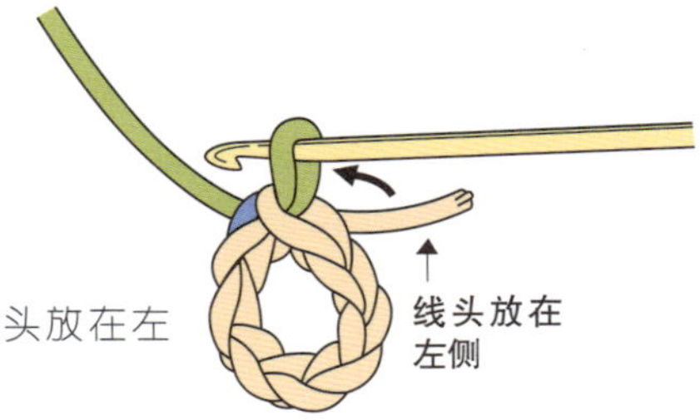

4
把线头放在左侧。

第1圈

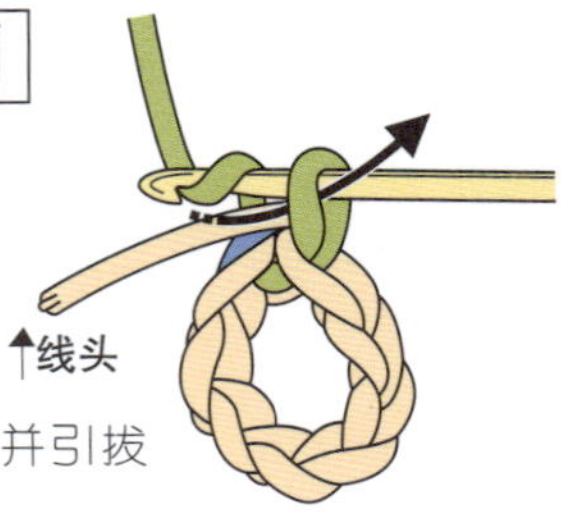

1
针钩住线并引拔出。

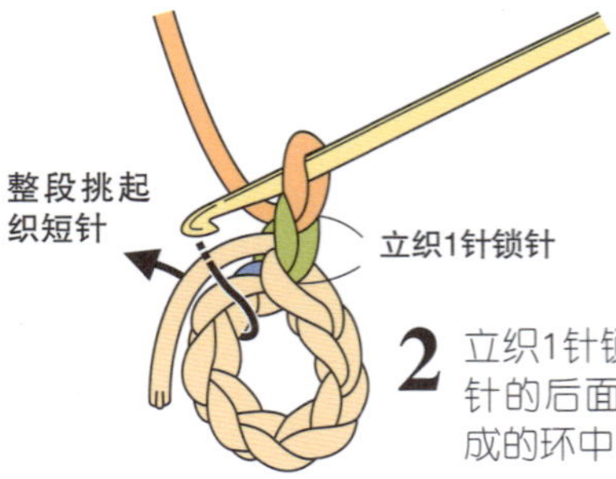

2 立织1针锁针，线头放在起始针的后面。把针插入锁针做成的环中。

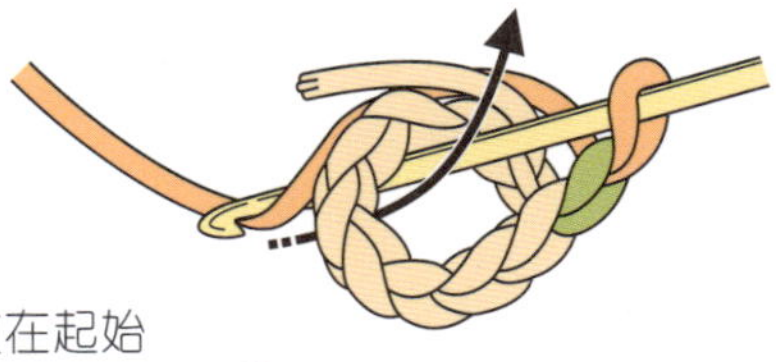

3 钩住线并拉出。

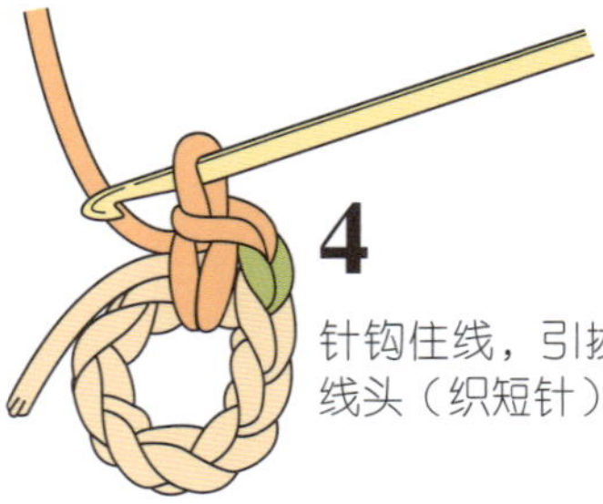

4
针钩住线，引拔的同时包住线头（织短针）。

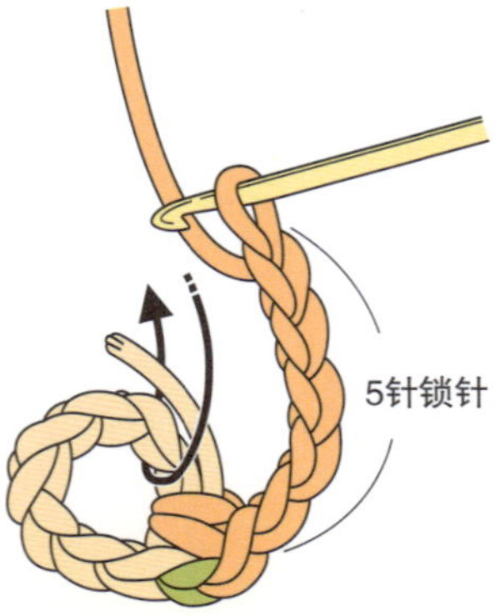

5
织5针锁针，把针插入整段中。

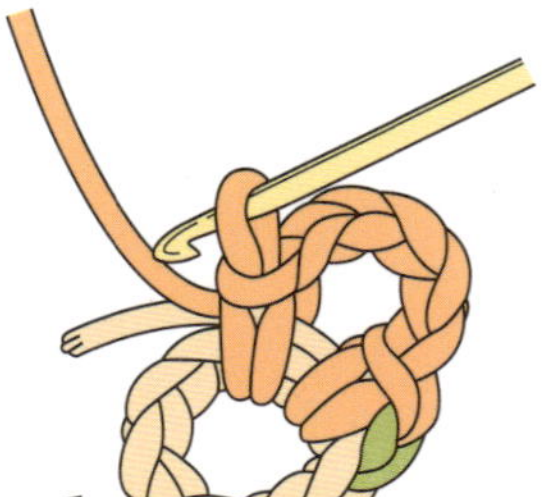

6
织1针短针。

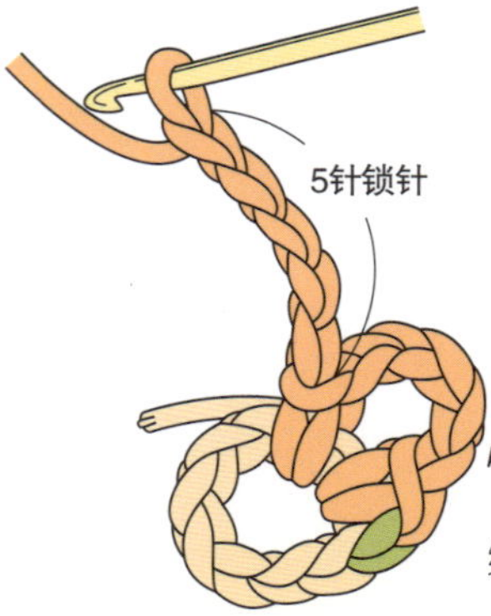

7
织5针锁针。

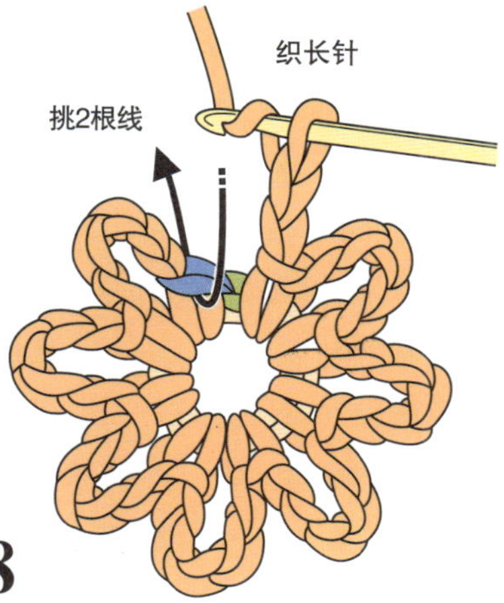

8 下面重复织1针短针、5针锁针。结束时只织2针锁针。

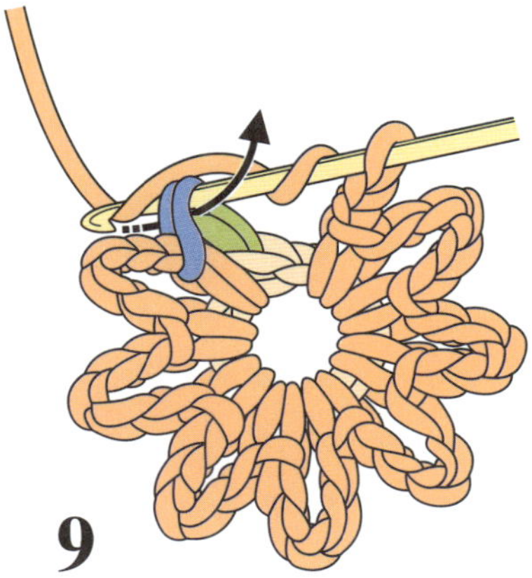

9 然后，在编织起始处短针第1针顶部的2根线上织2针长针（3针锁针的长度）。

第2圈

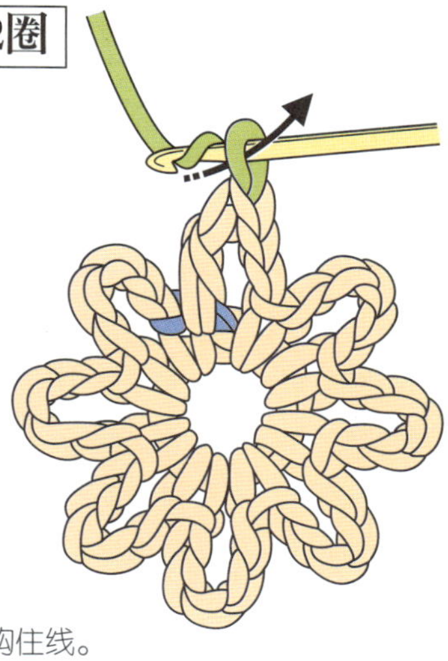

1 针钩住线。

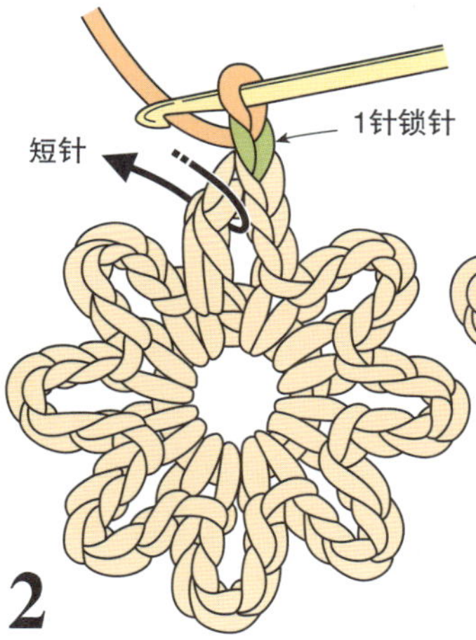

2 立织1针锁针，把针插入前一圈整段中。

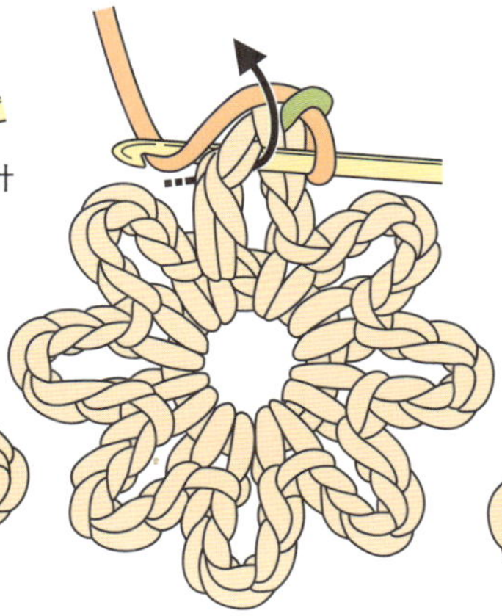

3 针钩住线并拉出。

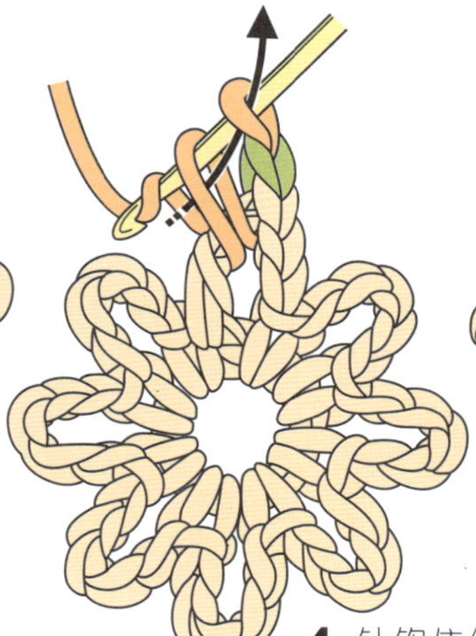

4 针钩住线并引拔出。

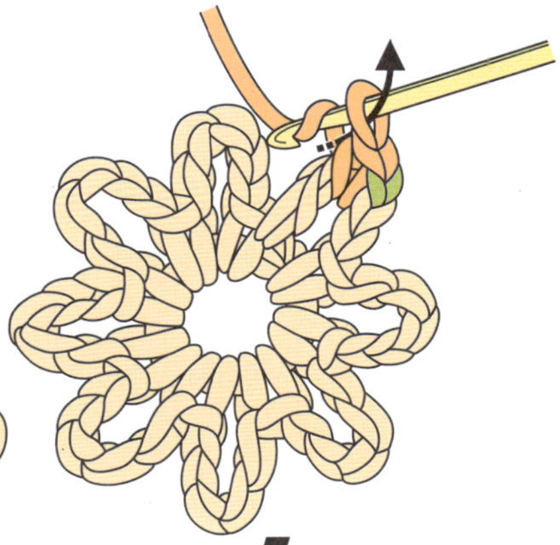

5 织短针。针钩住线。

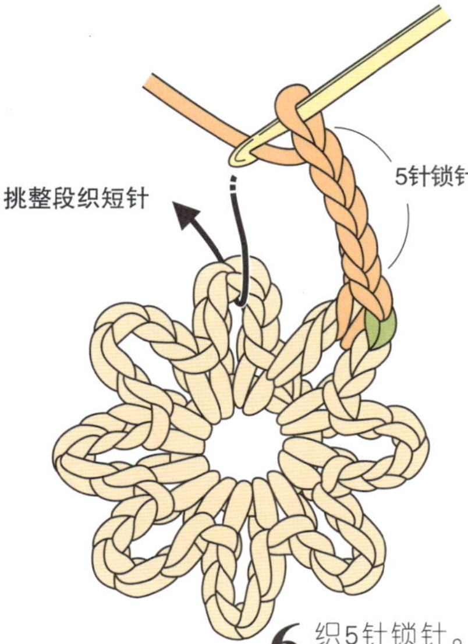

6 织5针锁针。把针插入下面长针镂空处的整段中。

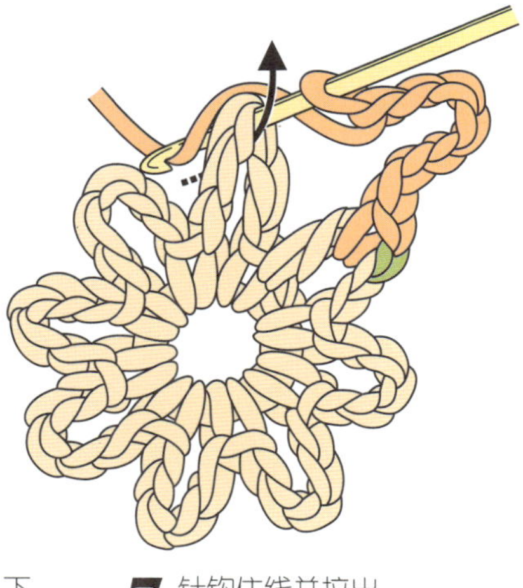

7 针钩住线并拉出。

8 织短针。针钩住线。

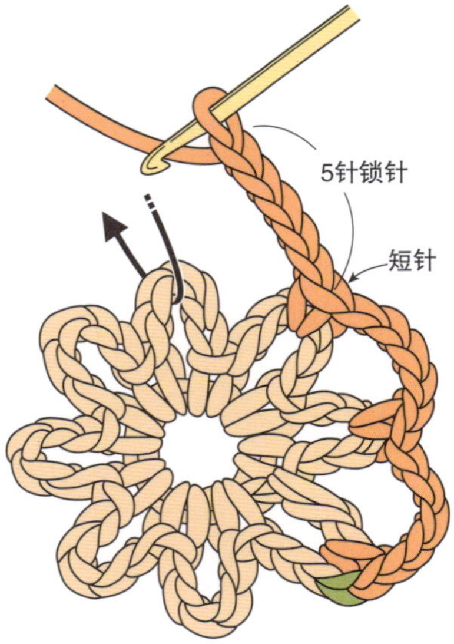

9 重复织5针锁针、1针短针和5针锁针。

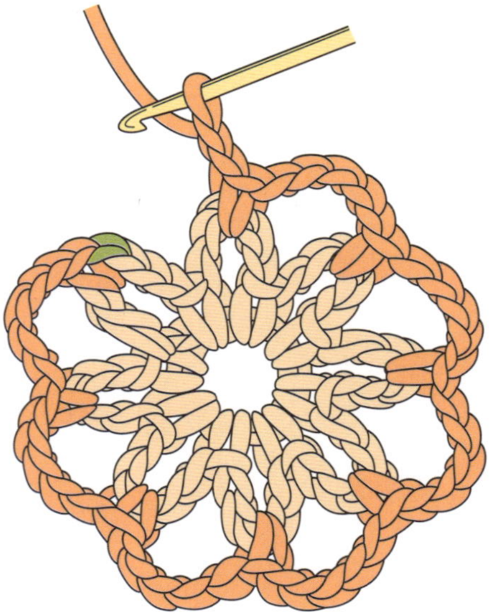

10 最后织2针锁针。

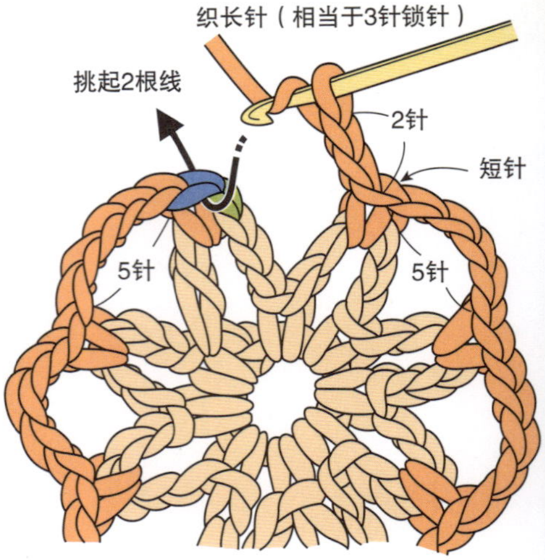

11 在编织起始处的短针第1针顶部挑2根线。

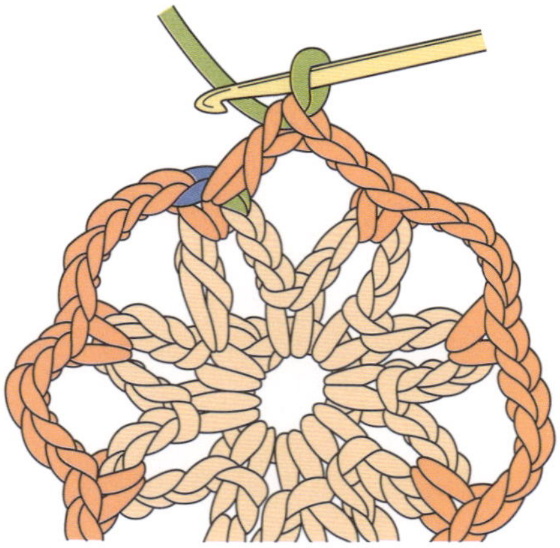

12 织长针（相当于3针锁针）。

第3圈

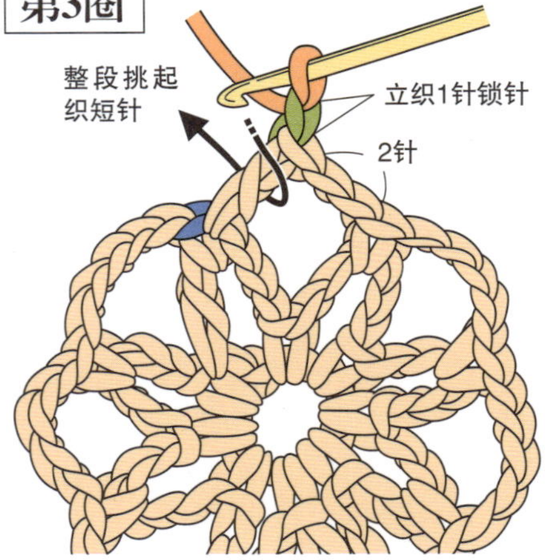

1 立织1针锁针，把针插入前一圈长针的镂空处。

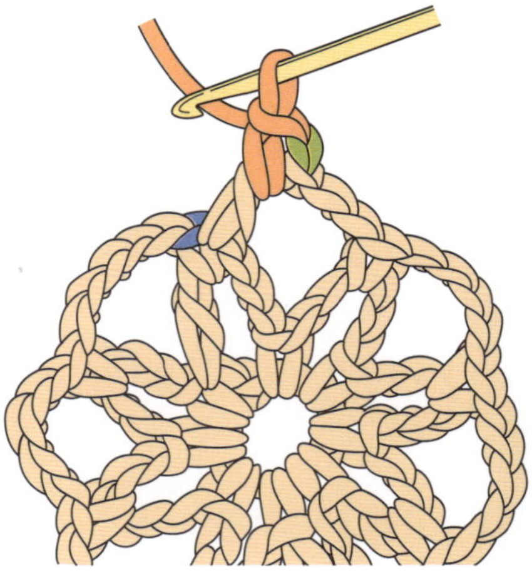

2 织短针。

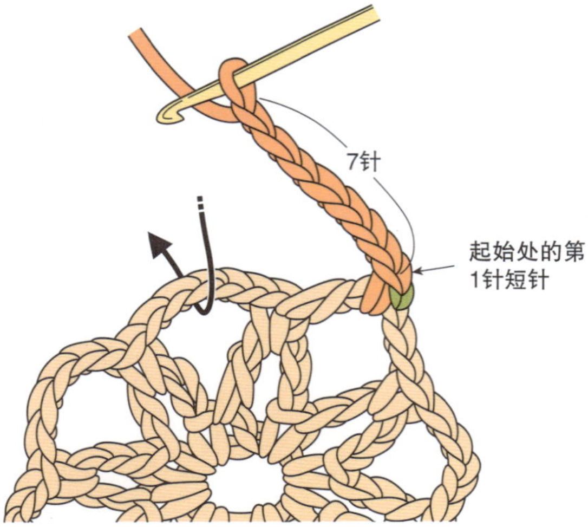

3 织7针锁针。然后重复织1针短针和7针锁针。

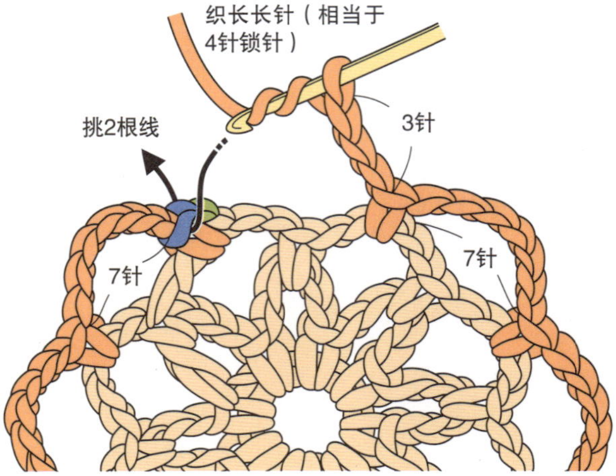

4 最后织3针锁针，绕2次线，在起始处的第1针短针顶部挑2根线进行编织。

第4圈

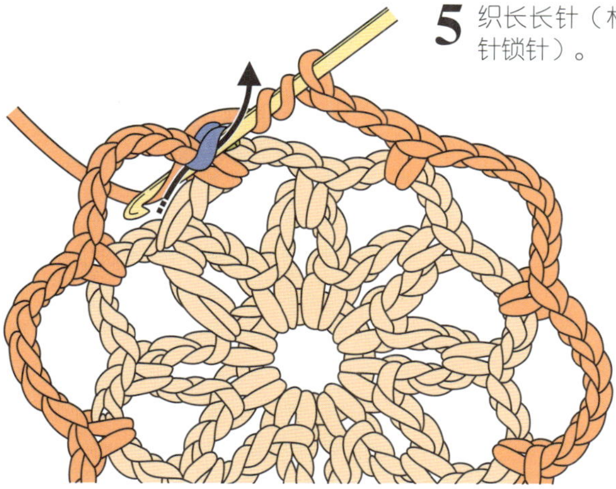

5 织长长针（相当于4针锁针）。

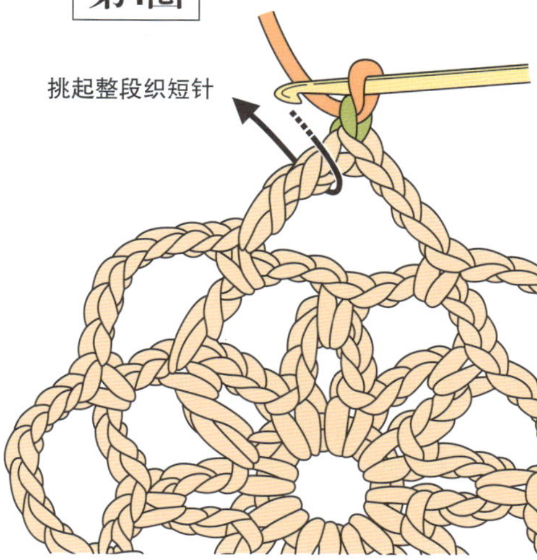

1 立织1针锁针，把针插入前一圈长针镂空处的整段中，织短针。

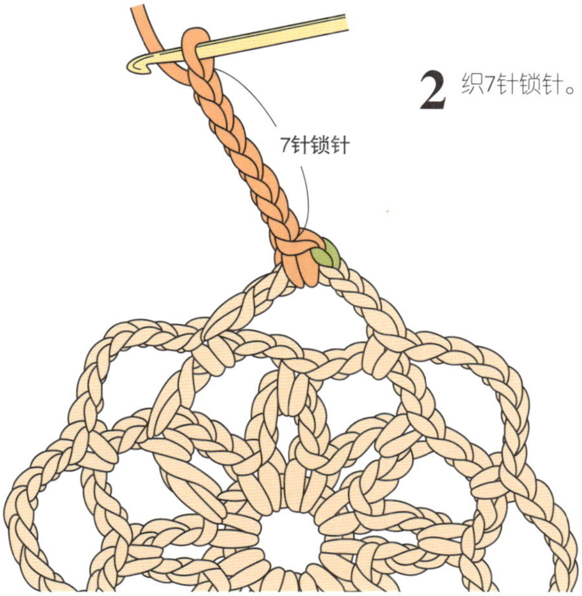

2 织7针锁针。

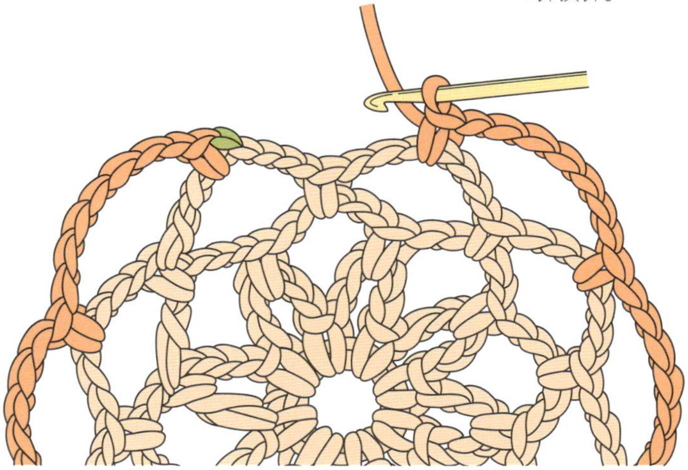

3 重复钩织1针短针和7针锁针。

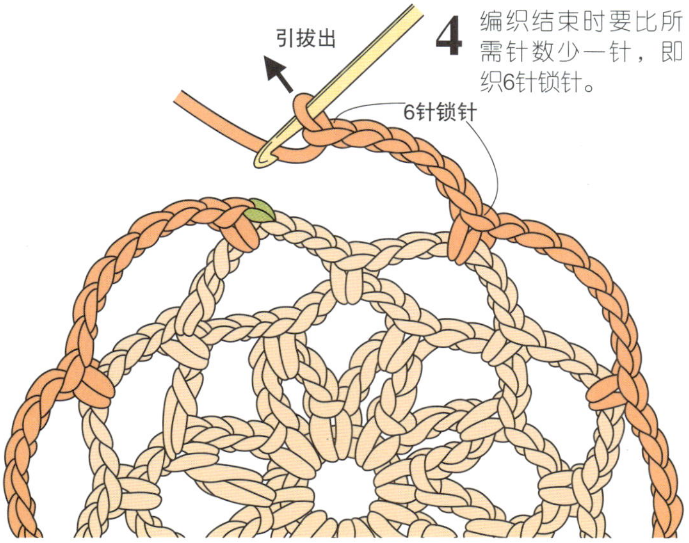

4 编织结束时要比所需针数少一针，即织6针锁针。

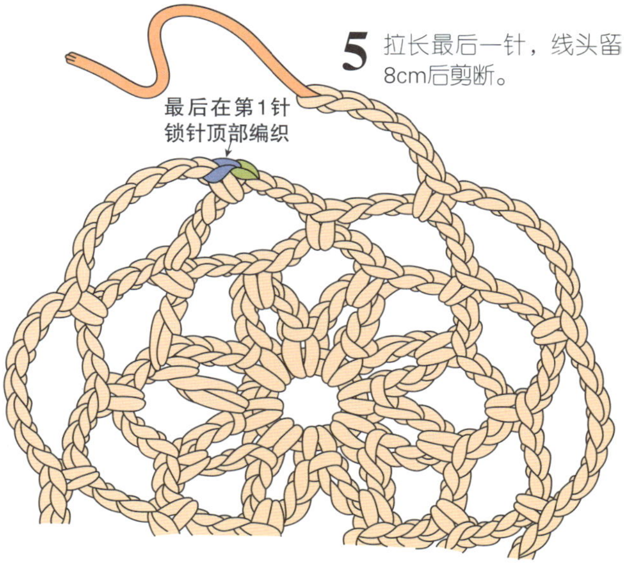

5 拉长最后一针，线头留7～8cm后剪断。

结束时的收尾方法

1 线头穿上毛线缝针，从第4圈编织起始处的短针后面插入，挑起第1针顶部的2根线。

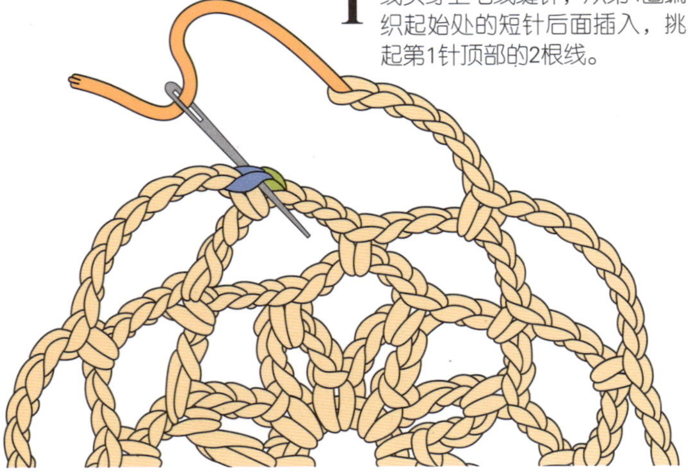

2 拉动线头，把针插入第4圈最后一针锁针的中间。

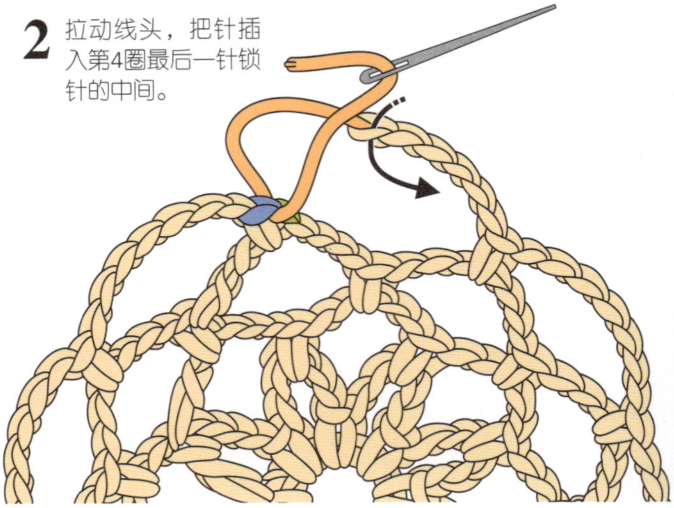

3 拉动线头形成1针锁针的长度。这样就完成第7针锁针。线头按第49页所示，在后面收尾。

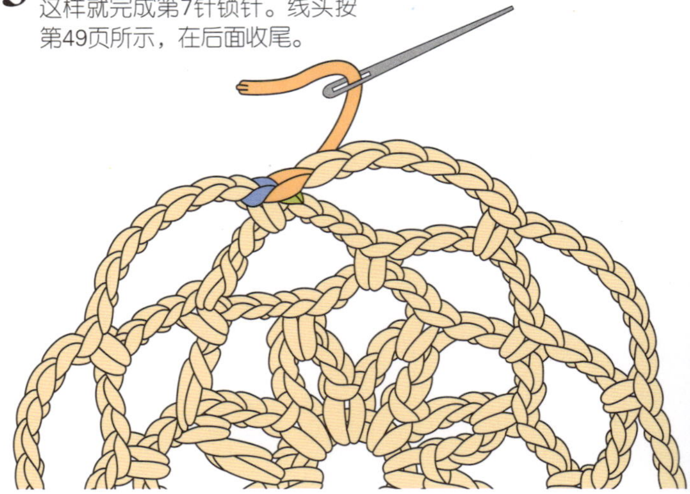

编织起始处织引拔针的方法

1 网状花样织到最后时，把针插入起始处的短针顶部，穿过第1针顶部的2根线，然后钩住线。

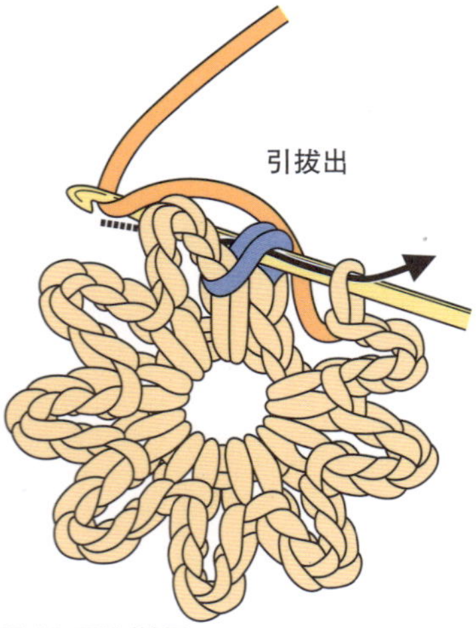

2 完成引拔后的样子。

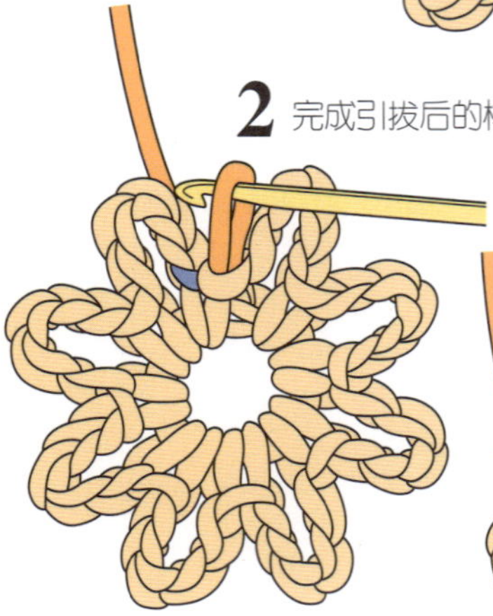

3 把针插入前一圈锁针的半针和内侧线中，然后钩住线。

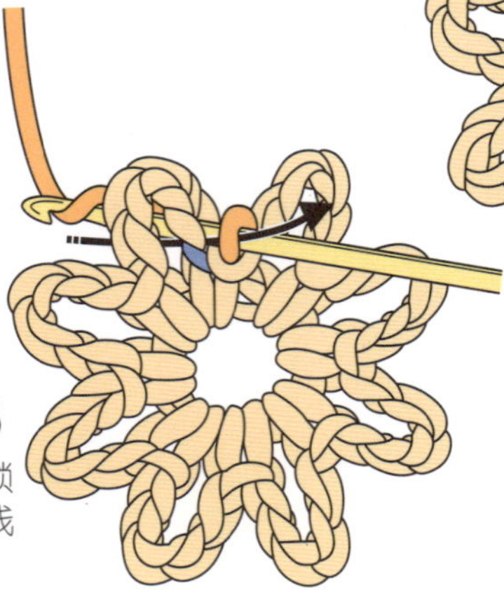

4 完成引拔后的样子。

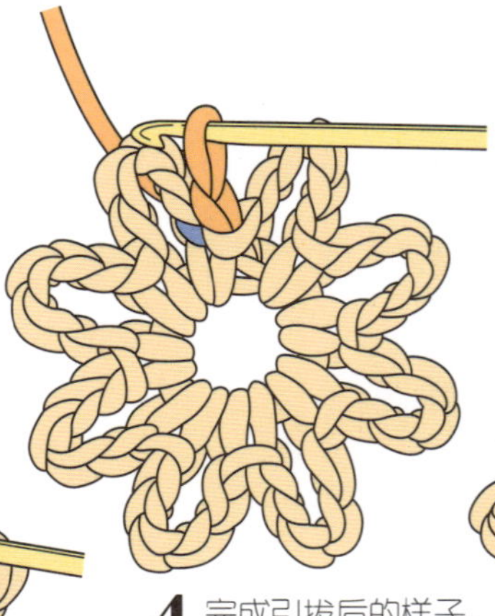

5 织1针锁针引拔出，在第2圈立织的1针锁针处，挑起整段织1针短针。

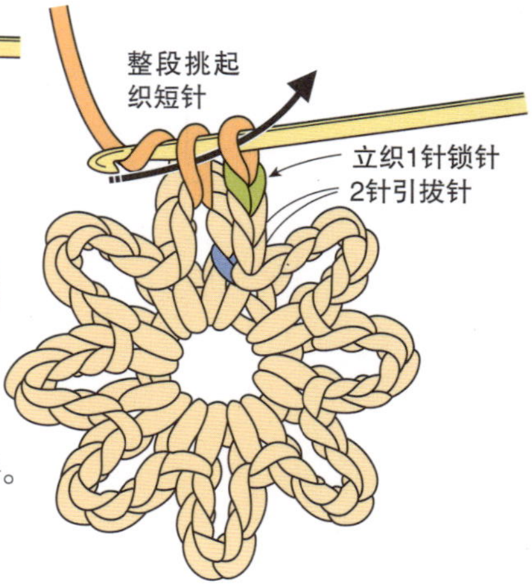

双层花样

这是花瓣重叠的华丽花样。花瓣是从作为基础针的锁针的整段中挑织而成的。第3圈要翻转织片，变成反面对着自己进行编织，这样会使编织变得简单。织第4圈时是正面对着自己。

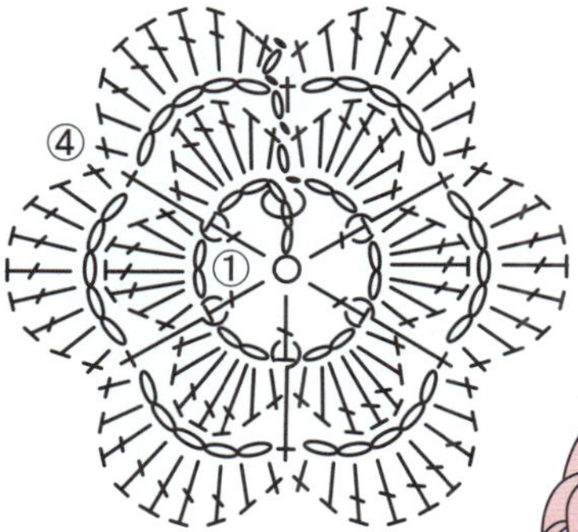

第1圈

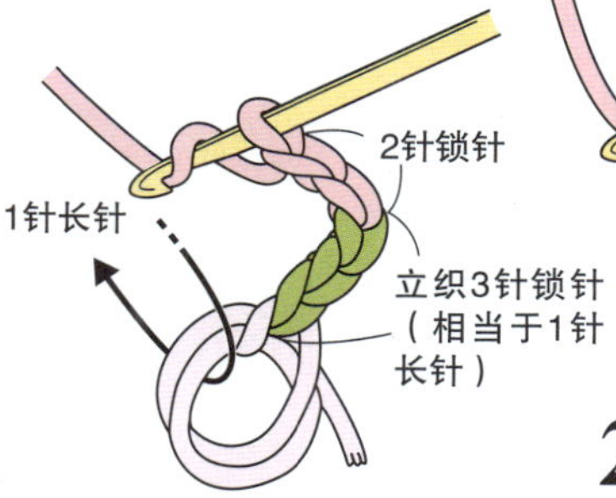

1
在环形起针（参见第9页）的第3个锁针后织2针锁针，用针钩住线，把针插入环中。

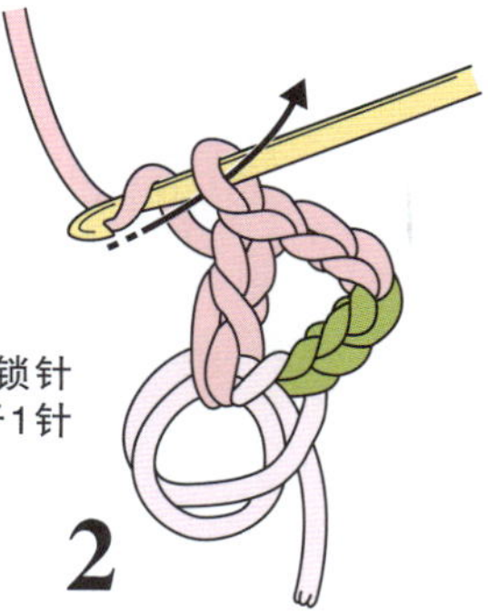

2
织长针，针钩住线。

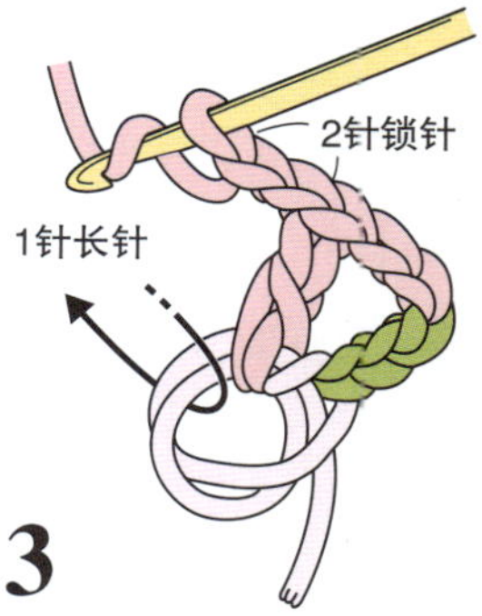

3
织2针锁针和1针长针。并按2针锁针、1针长针的顺序重复编织。

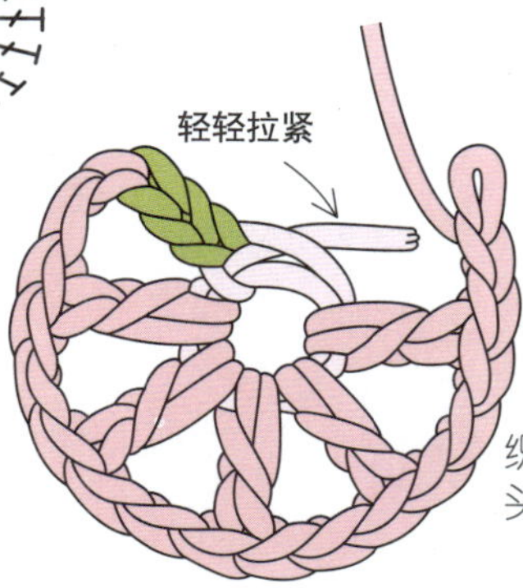

4
织到最后，将线头轻轻拉紧。

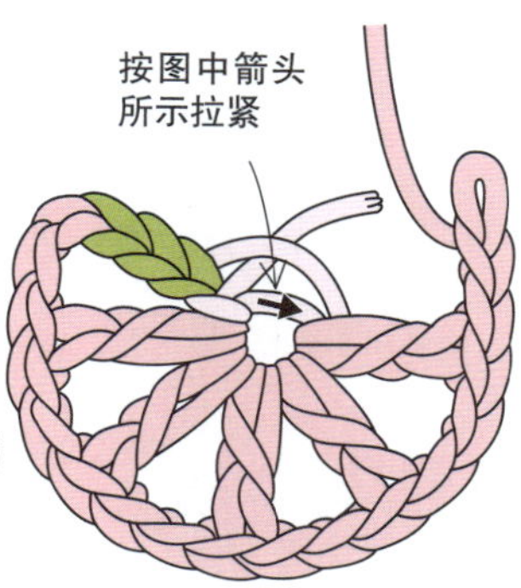

5
在双股线中，找到可以拉动的线头，按图中箭头所示拉紧。

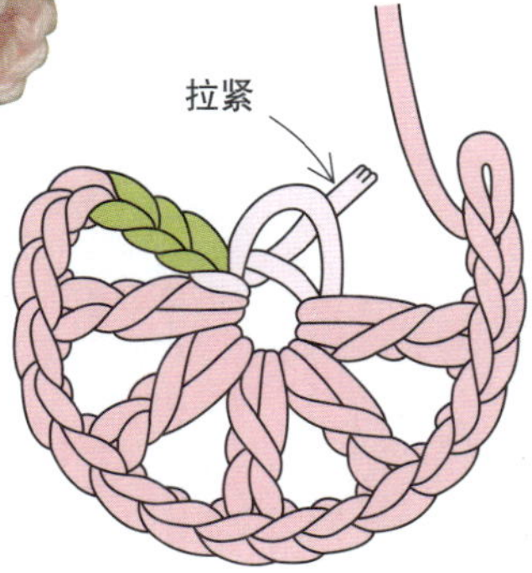

6
拉动线头至环形消失，收紧线。

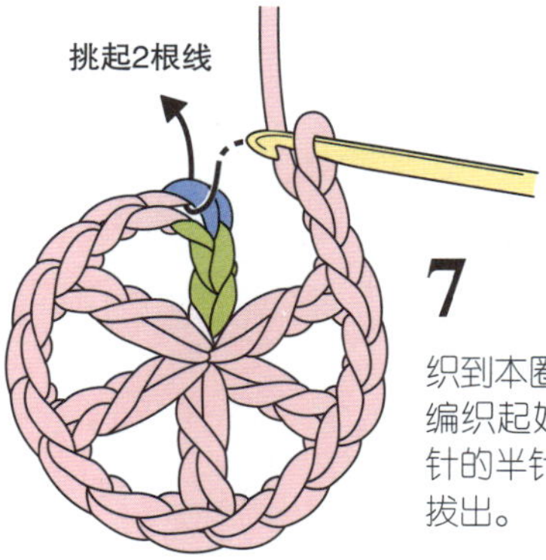

7
织到本圈结束时，将针插入编织起始处立织的第3针锁针的半针和内侧线中，并引拔出。

第2圈

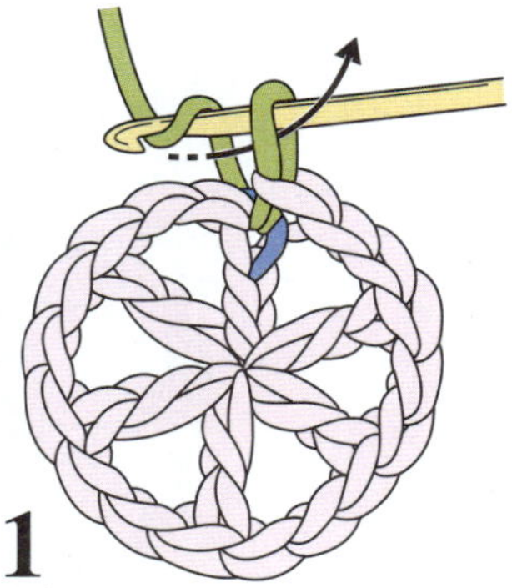

1
针钩住线。

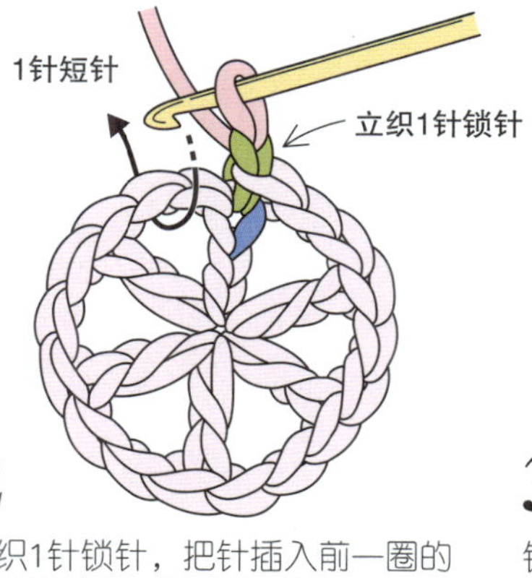

2
立织1针锁针，把针插入前一圈的整段锁针中，织1针短针。

3
针钩住线，把针插入前一圈的整段锁针中，钩住线。

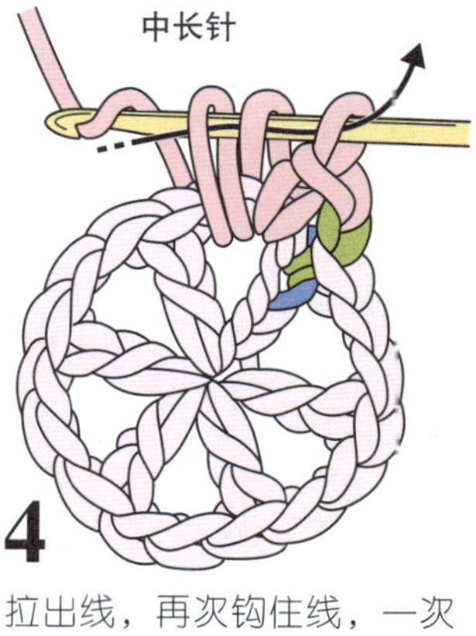

4
拉出线，再次钩住线，一次性从3个圈中把线引拔出。

5

完成中长针的样子。

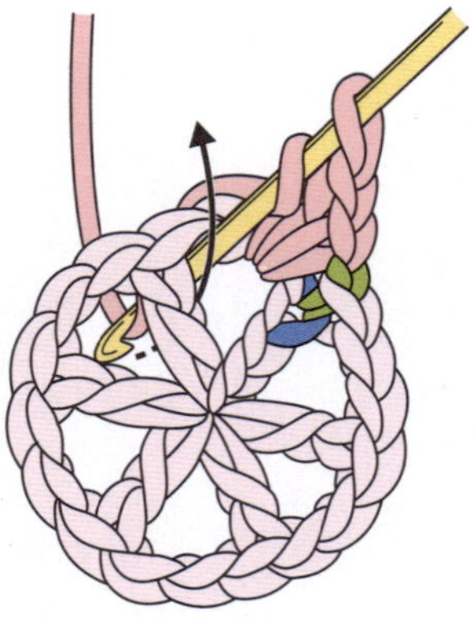

6

针钩住线，把针插入前一圈锁针的镂空中，针钩住线。

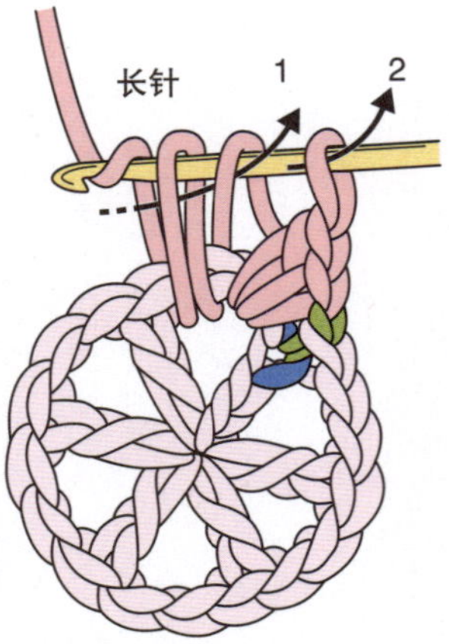

7

把线拉出，钩住线，从2个圈中引拔出。再次用针钩住线，从2个圈中引拔出。

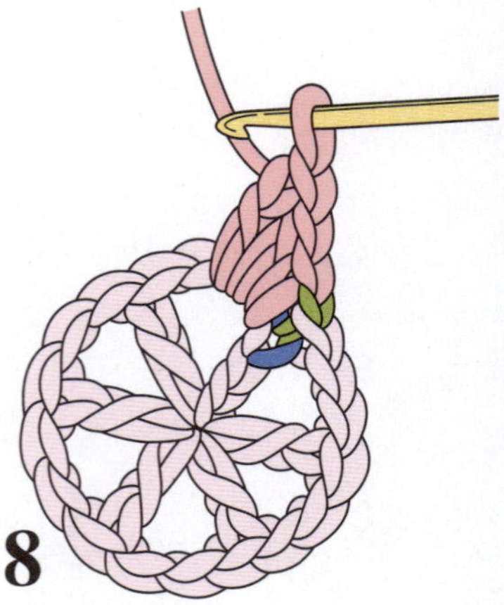

8

织长针。

9

织2针长针。

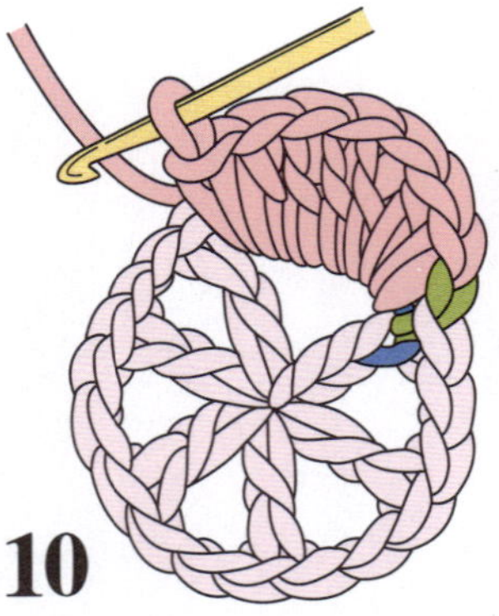

10

织1针中长针和1针短针。织完1个花瓣。

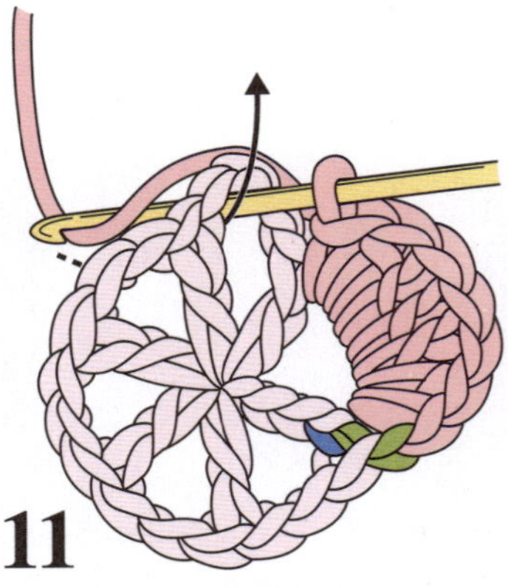

11

按步骤2~10，织2个花瓣。

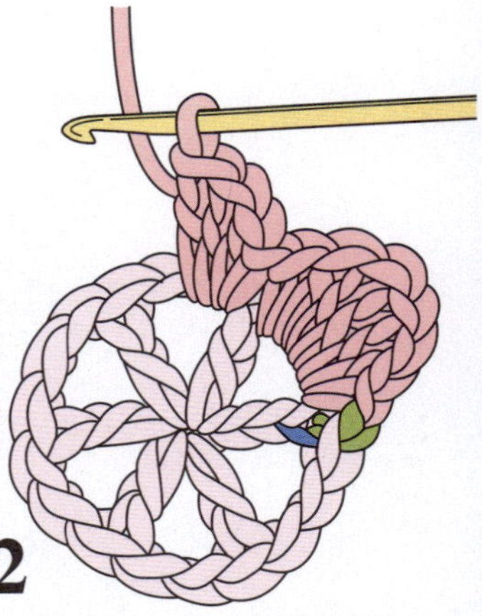

12

完成1针短针、1针中长针和2针长针的样子。

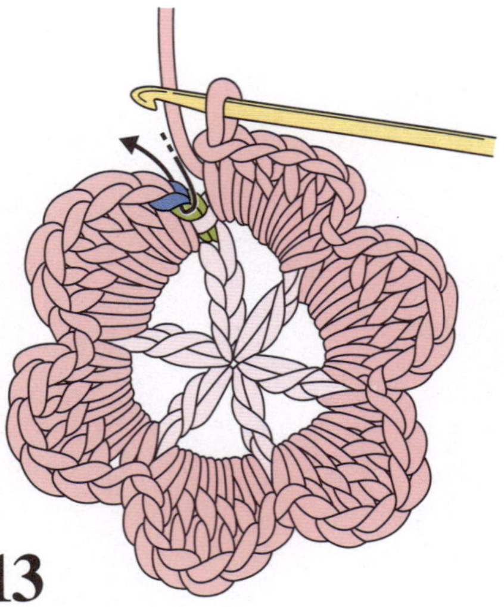

13

织到最后，在起始处的第1针短针顶部的2根线上引拔出。

第3圈

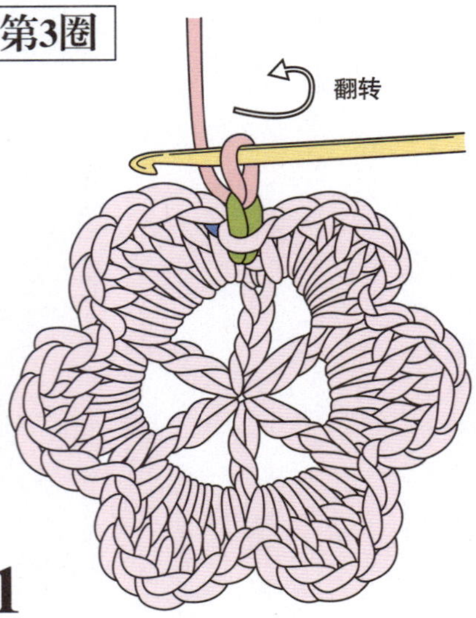

1

立织1针锁针，翻转织片。

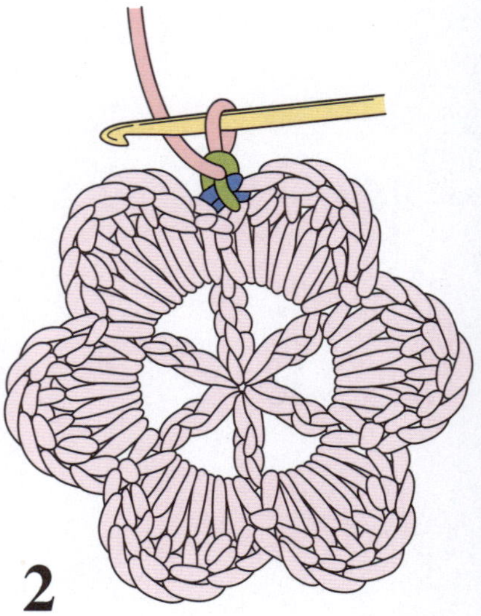

2

正面对着自己。

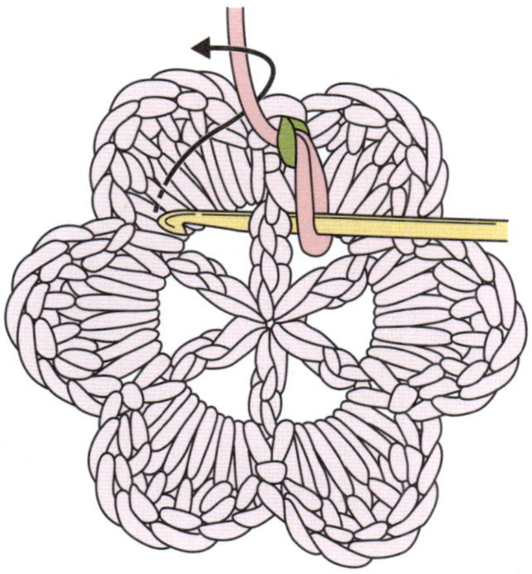

3 从右边挑起第1圈立织3针锁针的整段，针钩住线。

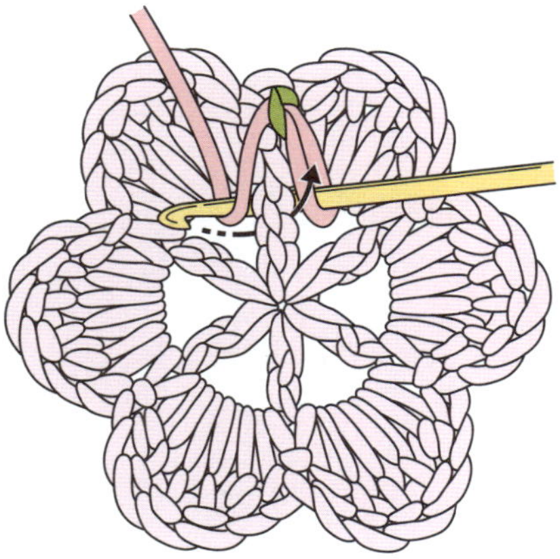

4 拉出。

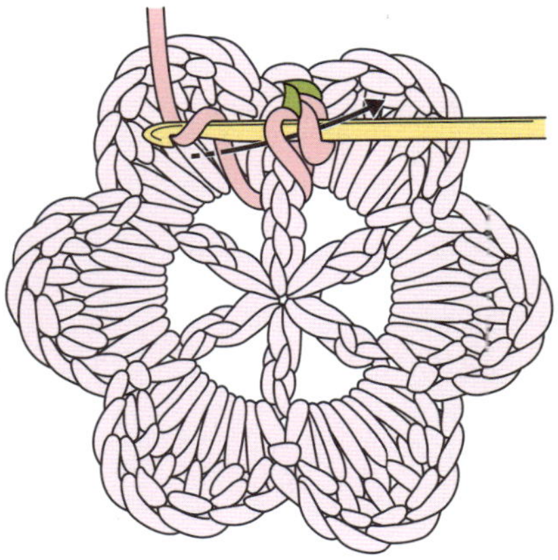

5 钩住线并引拔出。

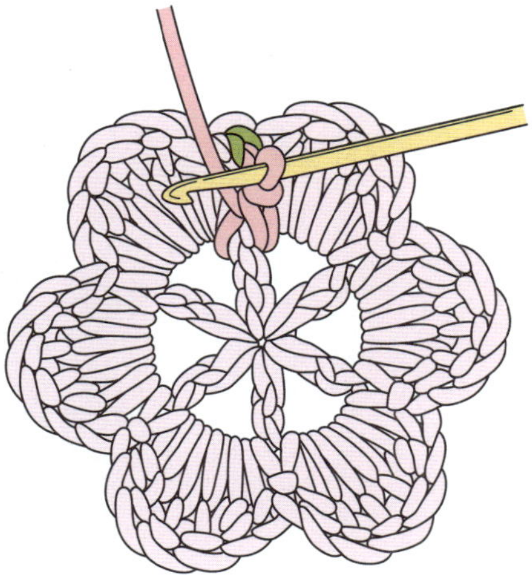

6 织好短针的正浮针（因为编织图是从正面看的，所以织成的是反浮针）。

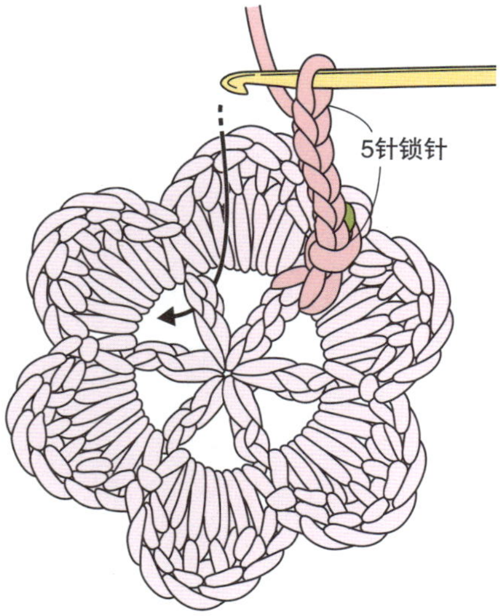

7 织5针锁针，将钩针从右边插入第1圈的1针长针中。

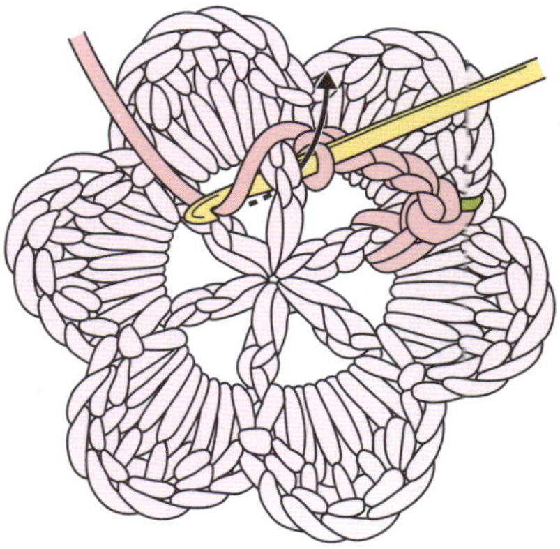

8 针钩住线并拉出。

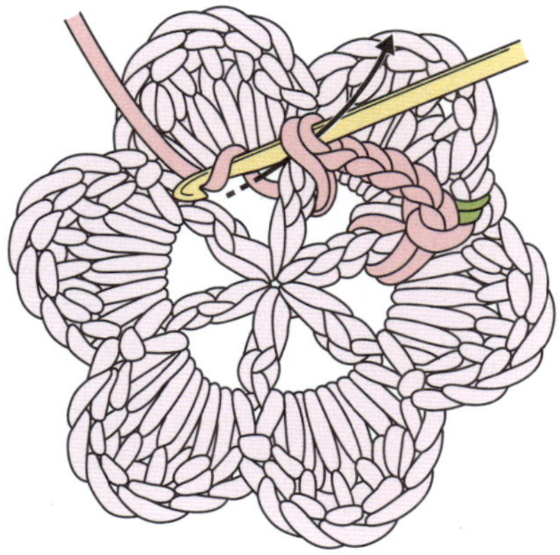

9 针钩住线并引拔出。

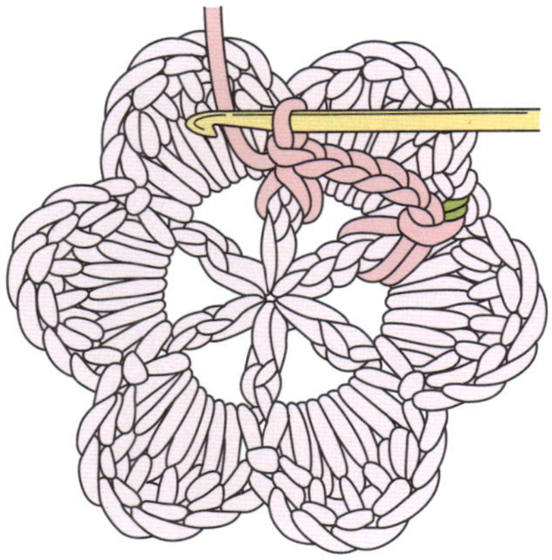

10 织好这一针后，下面重复步骤7~10。

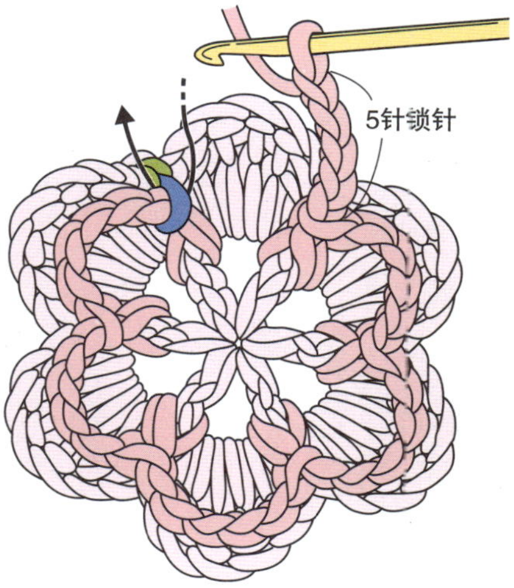

11 最后织5针锁针。

为便于理解，所以使用不同颜色的线标示第2圈的花瓣。

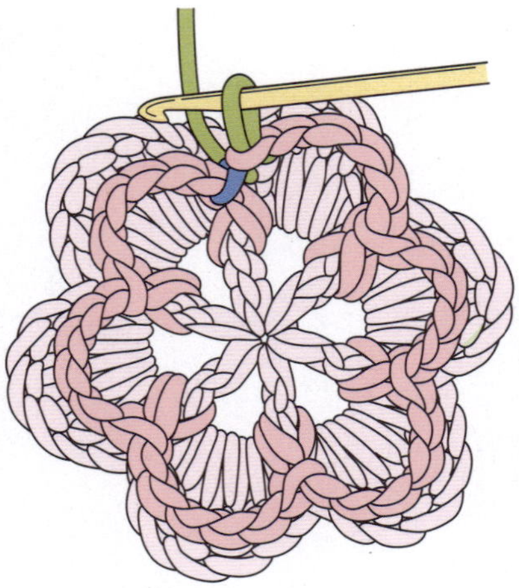

12 在编织起始处的第1针短针顶部2根线中引拔出。

第4圈

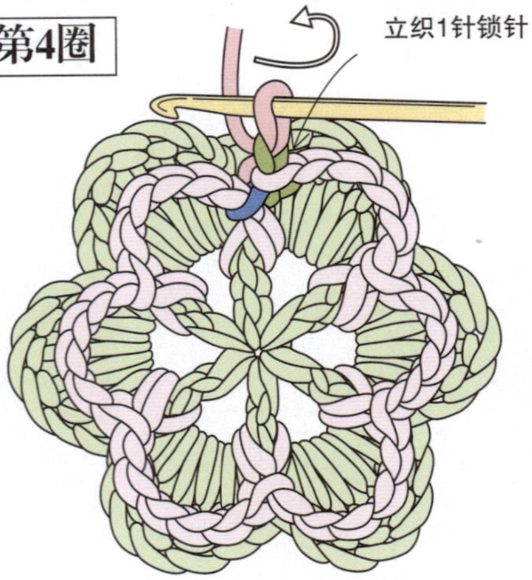

1 立织1针锁针，同第3圈起始时一样，翻转织片。

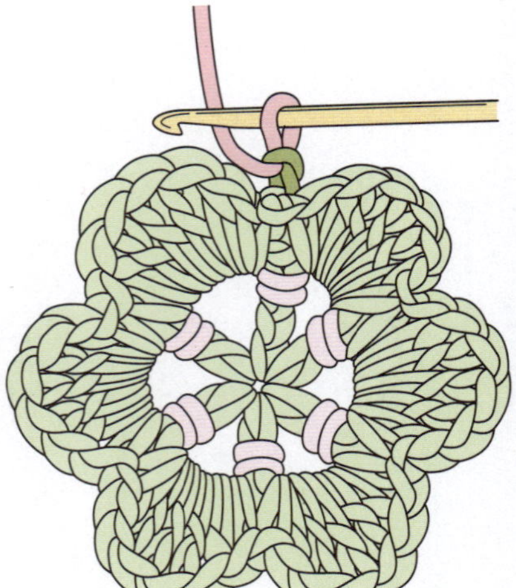

2 正面对着自己。

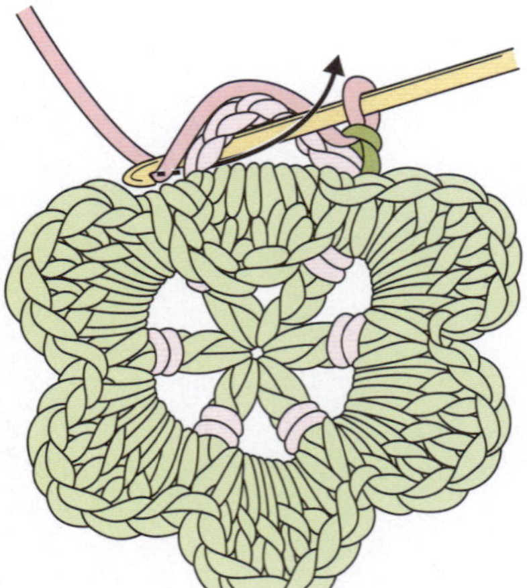

3 让花瓣折向前面，把针插入第3圈整段的锁针中。

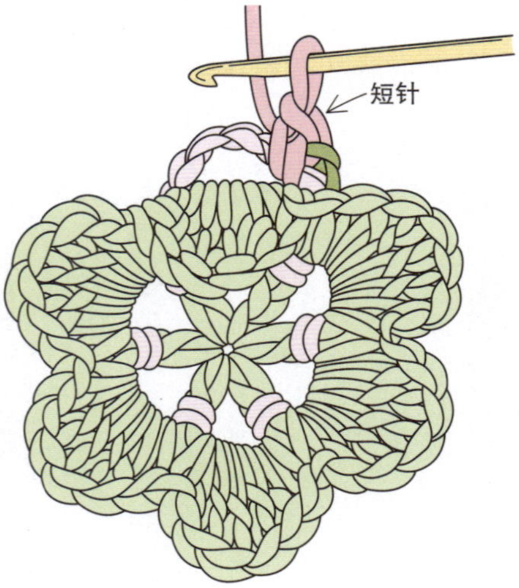

4 织短针。

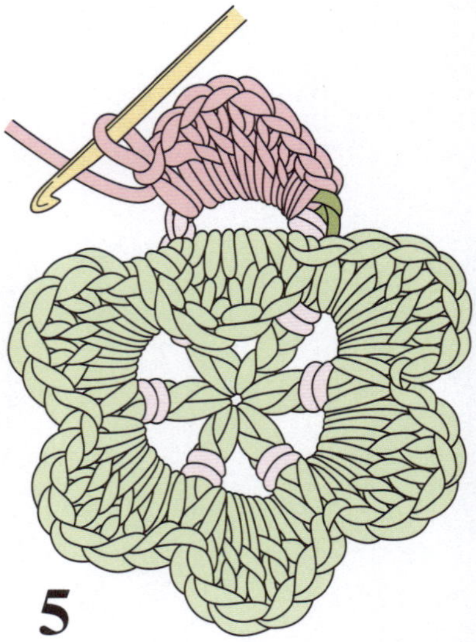

5 织1针中长针、5针长针、1针中长针和1针短针。织完第1个花瓣。

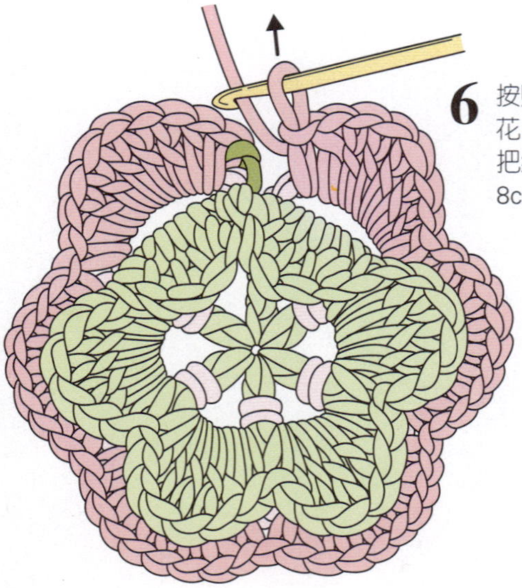

6 按照同样的方法织6个花瓣。织到最后一针把线拉长，线头留7～8cm后剪断。

结束时的收尾方法

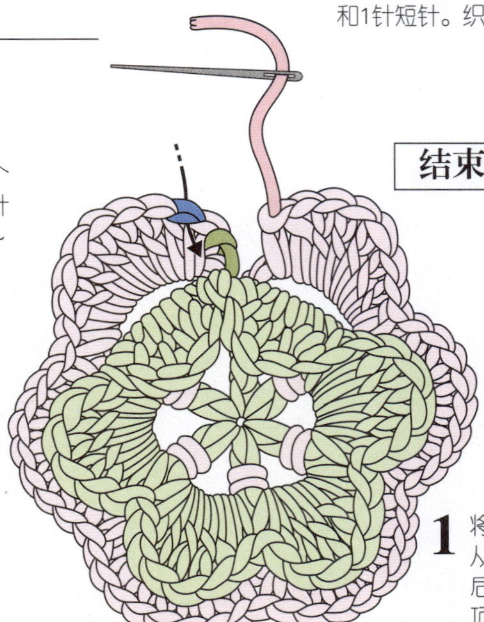

1 将线头穿上毛线缝针，从第4圈起始处的第2针后面插入，挑起中长针顶部的2根线。

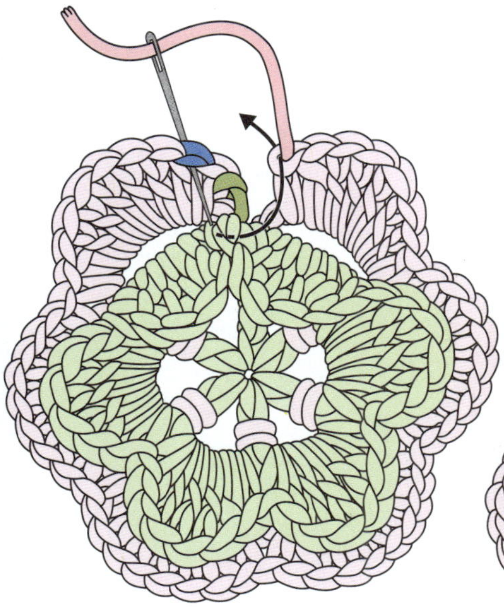

2 拉动线头，把针插入第4圈最后一针短针的中间（参见第16页）。

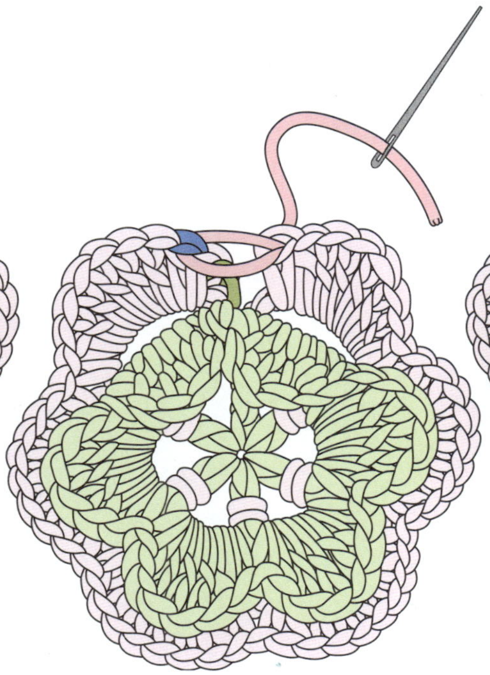

3 拉动线头至1针锁针的长度。

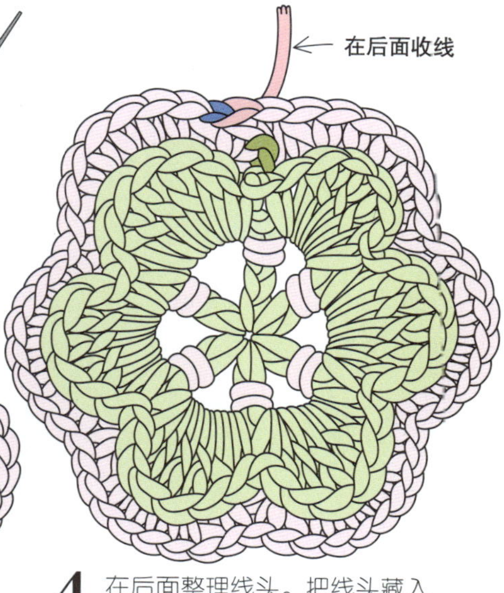

4 在后面整理线头。把线头藏入花瓣中，剪断。

惯用左手的人

左手编织的方向虽然是相反的，但要点相同。

1 第3圈的编织方法：翻转织片使正面对着自己，将钩针从左边插入第1圈的3针锁针中，钩住线。

2 拉出。针挂线引拔出，完成正浮针。

3 翻转织片使正面对着自己，立织1针锁针。

4 将花瓣折向前方，把针插入第3圈的整段锁针中，钩住线。

5 拉出，针挂线引拔出。重复织1针短针、1针中长针、5针长针、1针中长针和1针短针。

配色花样

配色讲究的花样更加漂亮。为了使完成的作品更美观，更换配色线是有窍门的。其关键就是在将最后一针引拔出时换线。

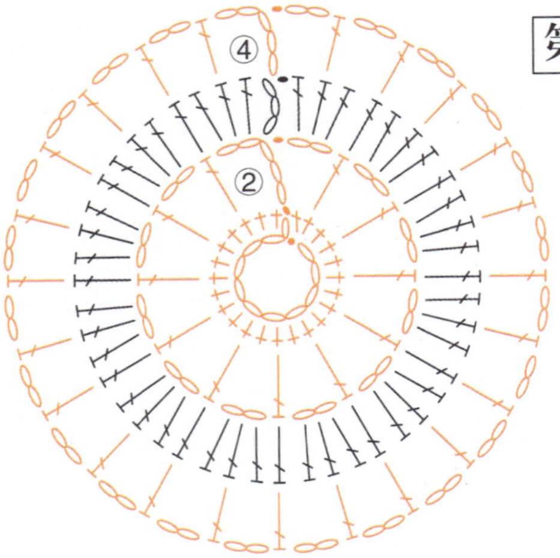

第1圈

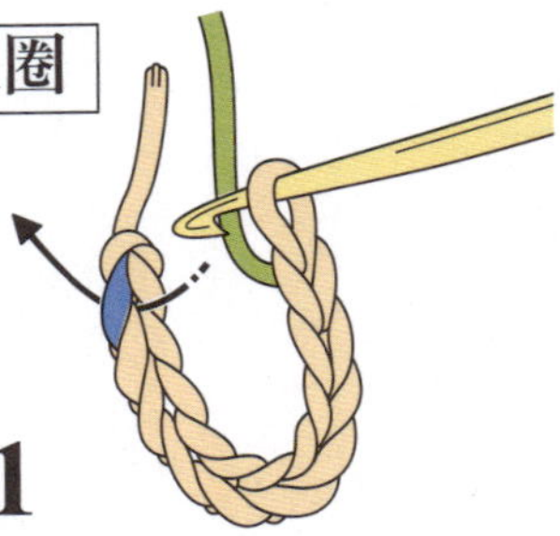

1 用锁针做环形（参见第8页）。织10针，然后把针从第1圈锁针的正面插入，穿过半针和内侧（后面看到的突出部位）线中。

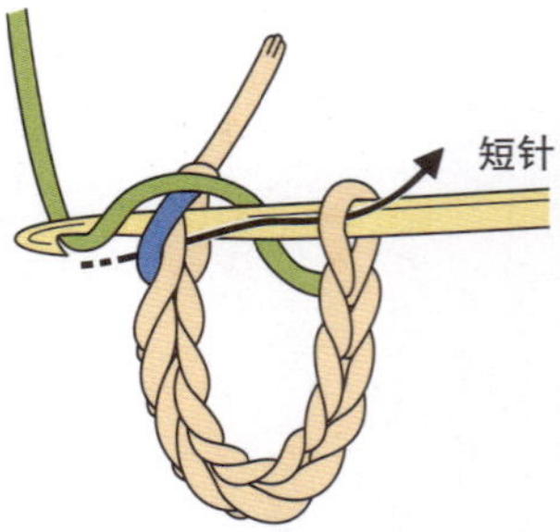

2 钩住线并引拔出。

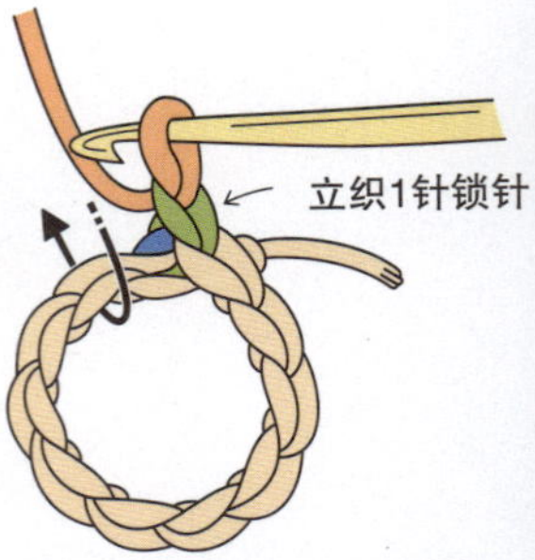

3 立织1针锁针，将针插入起针的环中。

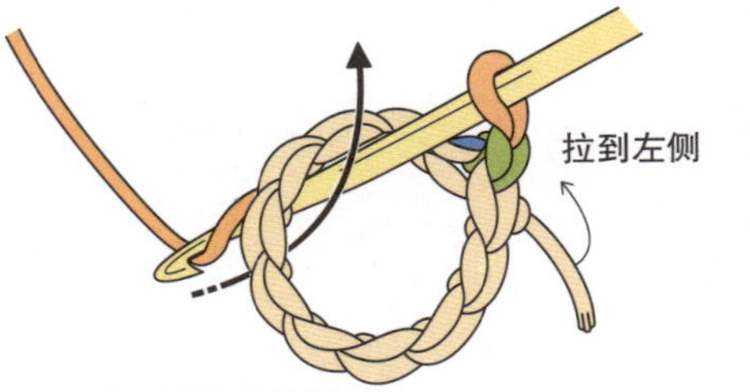

4 针钩住线并拉出。

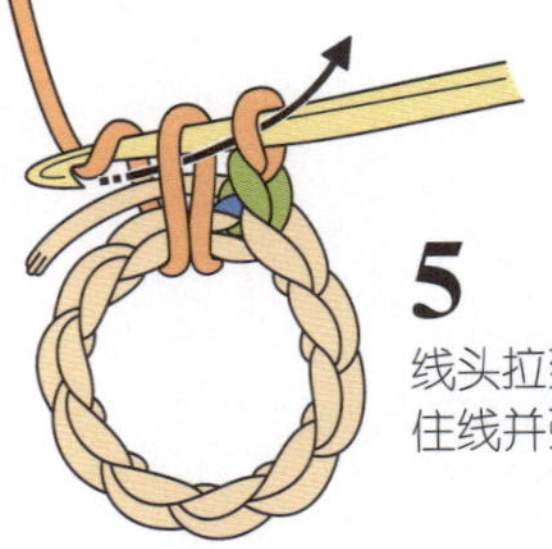

5 线头拉到左侧，针钩住线并引拔出。

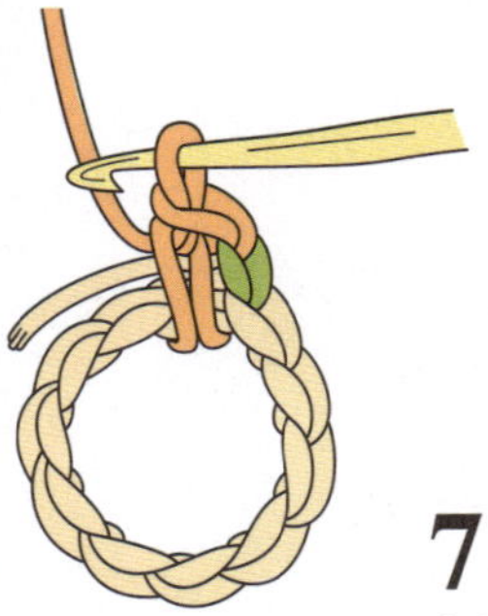

6 完成1针短针的样子。

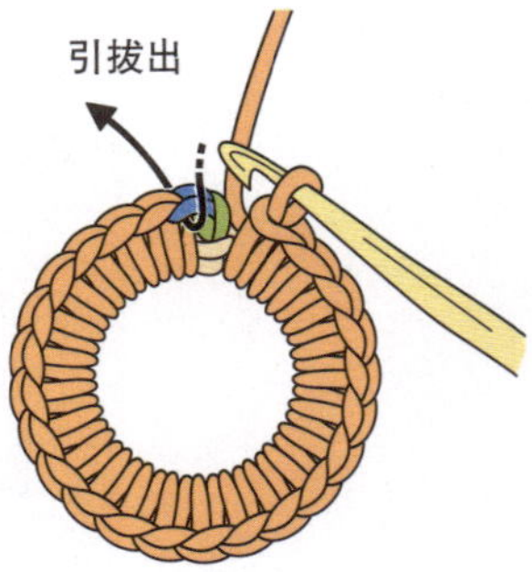

7 在起针的环形中织24针短针。结束时将针插入起始处的短针第1针顶部。

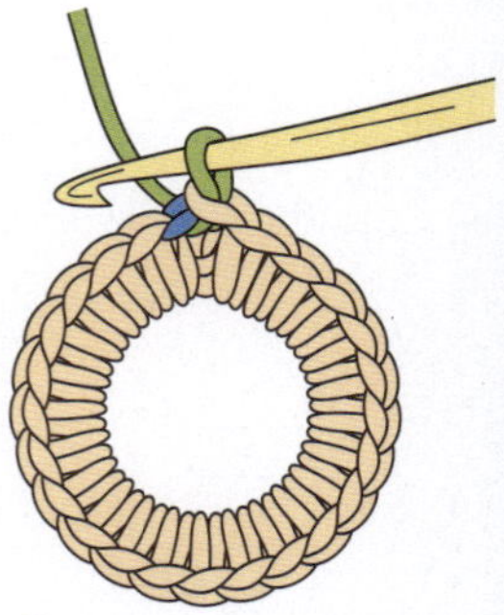

8 针钩住线并引拔出。

第2圈

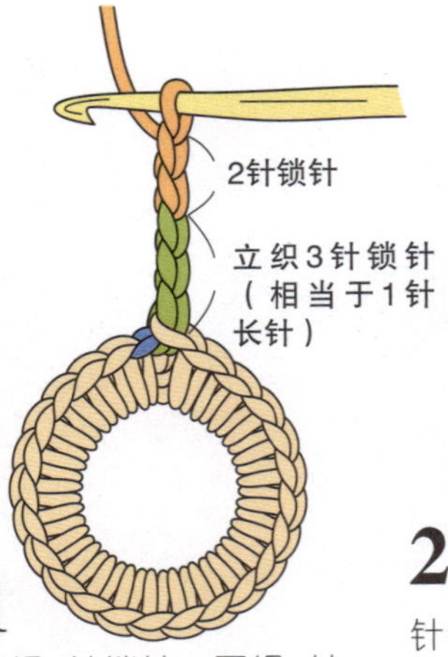

1 立织3针锁针，再织2针锁针。

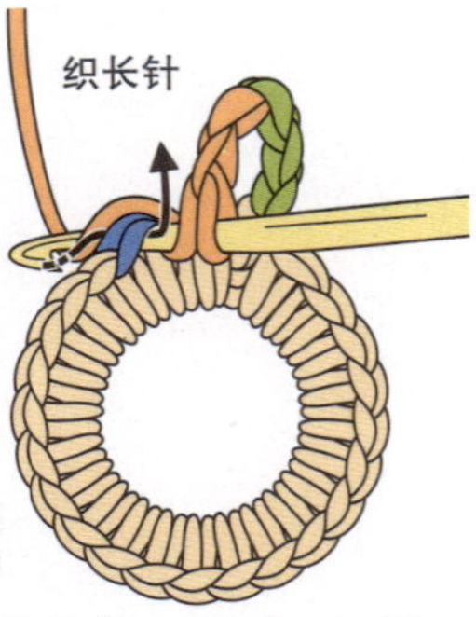

2 针钩住线，隔过一针短针，把针插入短针顶部的2根线中。

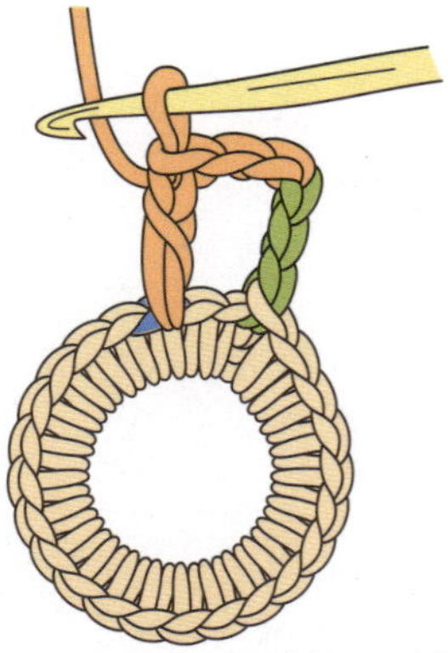

3 织长针。重复织2针锁针、1针长针。

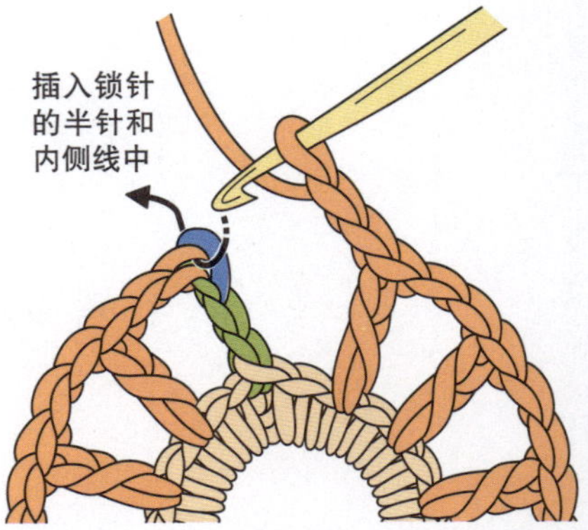

4 编织结束时，将针插入起始处立织的第3针锁针的半针和内侧线中。

配色线的更换方法（从第2圈到第3圈）

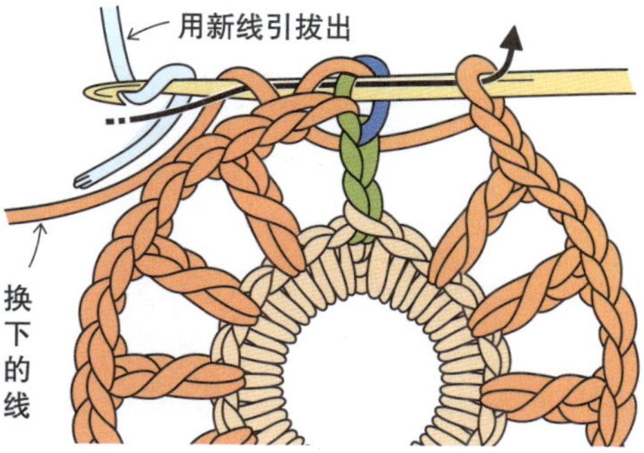

1 把第2圈的线从前向后搭在针上，新的线也搭在针上。

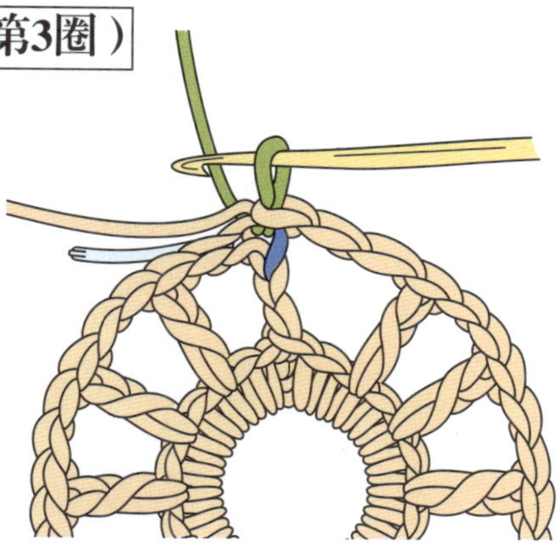

2 引拔出。新线的线头留7～8cm。

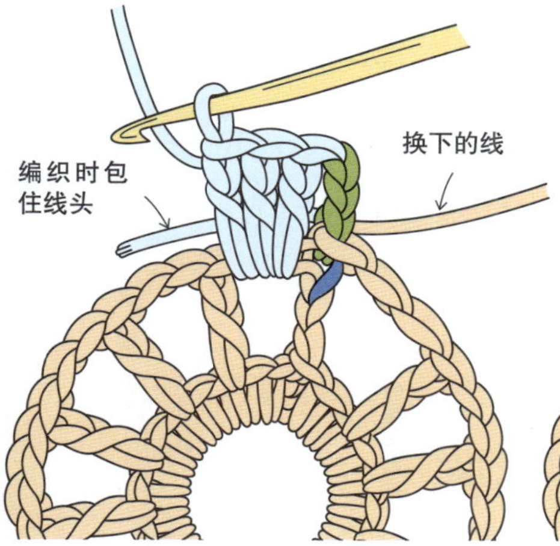

2 把换下的线放在右边，在前一圈的锁针上织3针长针，要边织边把新线的线头包住。

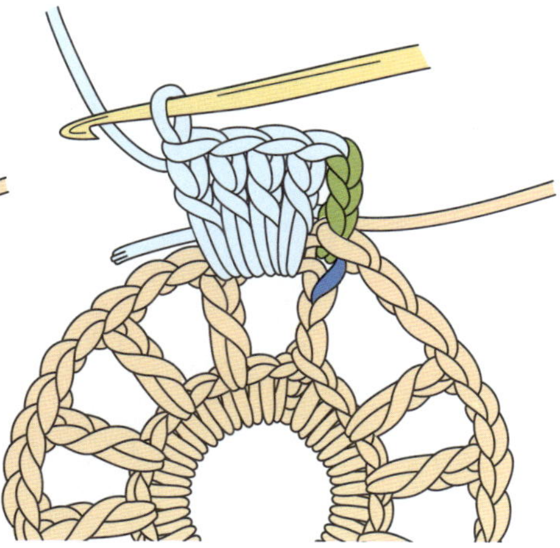

3 下面挑起前一圈长针顶部的2根线织长针。重复步骤2、3中配色线的更换方法。

第3圈

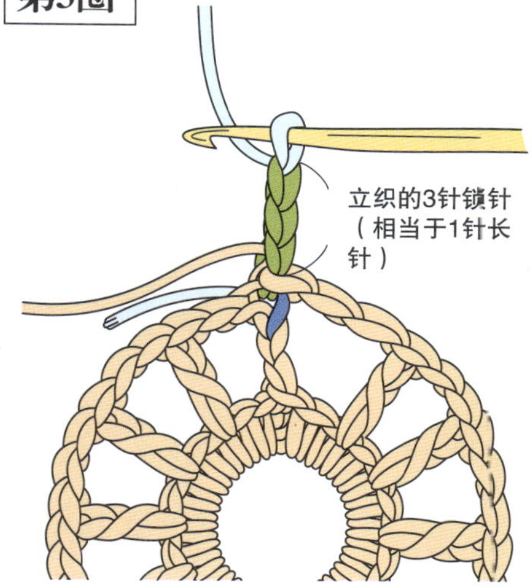

1 用左手的食指和拇指捏住2根线以防松脱，然后立织3针锁针。

配色线的更换方法（从第3圈到第4圈）

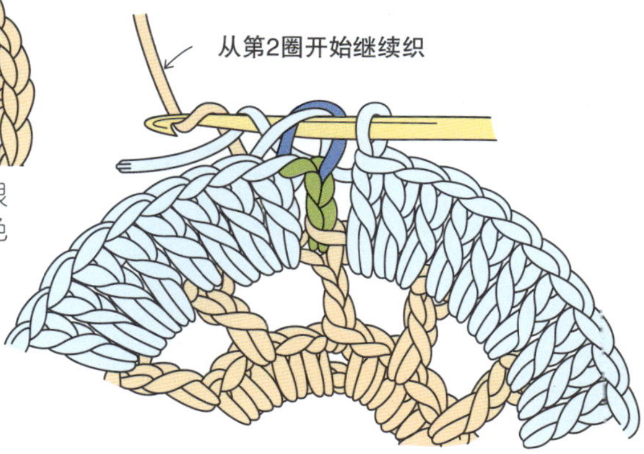

把针插入起始处立织的第3针锁针的半针和内侧线中，第3圈的线从前向后搭在针上。把第2圈编织时换下的线搭在钩针上，引拔出。

惯用左手的人 和用右手一样，换下的线要从前向后搭在钩针上，并放好新的线。

1 把第3圈的线从前向后搭在针上，第2圈换下的线也要搭在针上。

2 引拔出。新线的线头留7～8cm。

第4圈

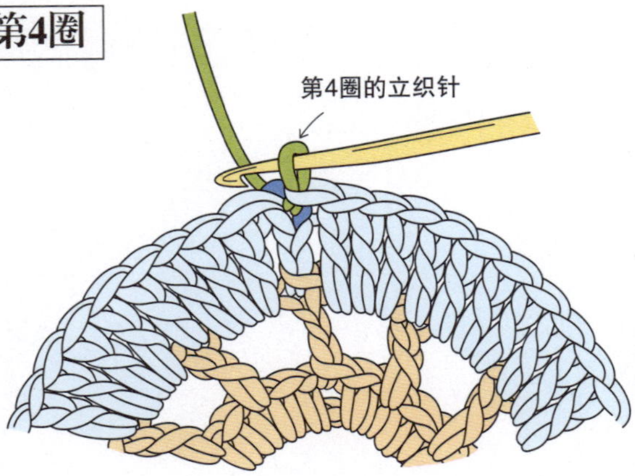

1 从第2圈拉上来的线，保持与第3圈长针一样的长度，立织3针锁针。

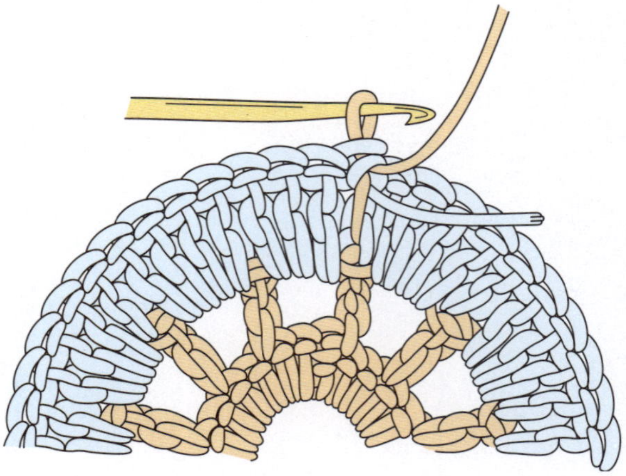

从后面看到的样子。

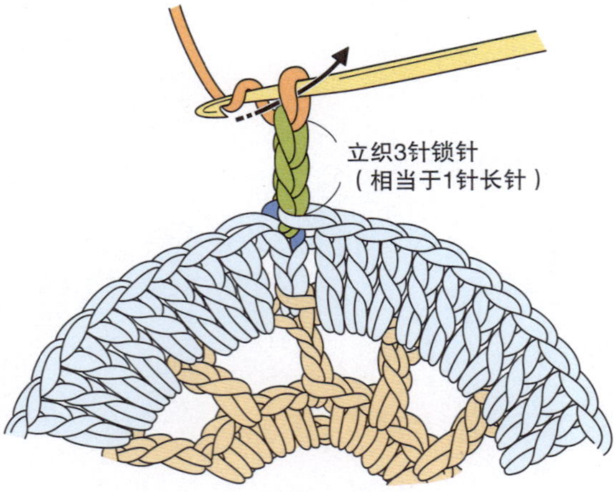

2 立织3针锁针，再织2针锁针的方格花样。

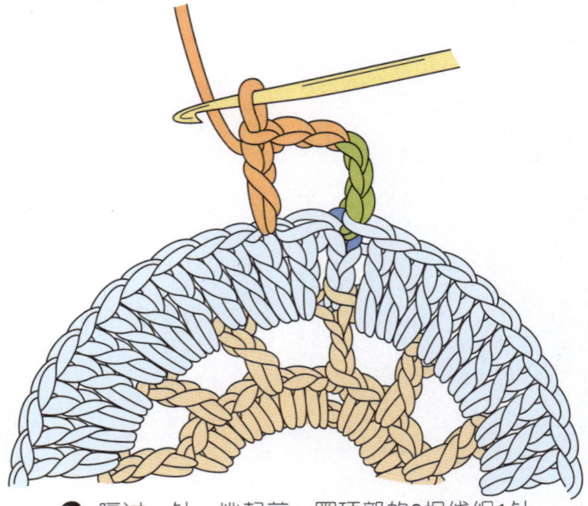

3 隔过一针，挑起前一圈顶部的2根线织1针长针。

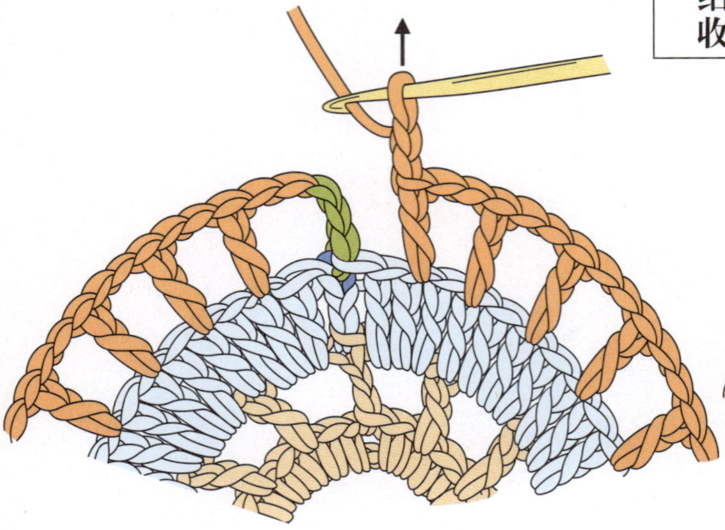

4 和第2圈一样织方格花样，将最后一针的线拉长，线头留7～8cm剪断。

结束时的收尾方法

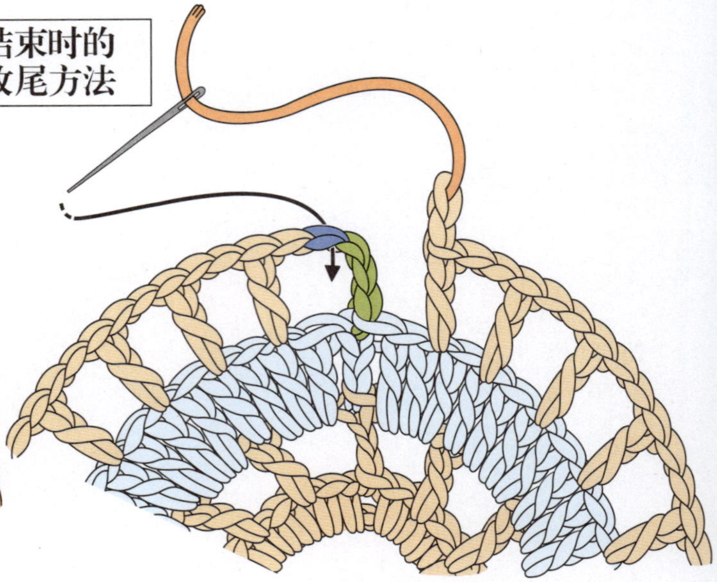

1 将线头穿入毛线缝针，从后面插入第4圈，挑起起始处第4针锁针顶部的2根线。

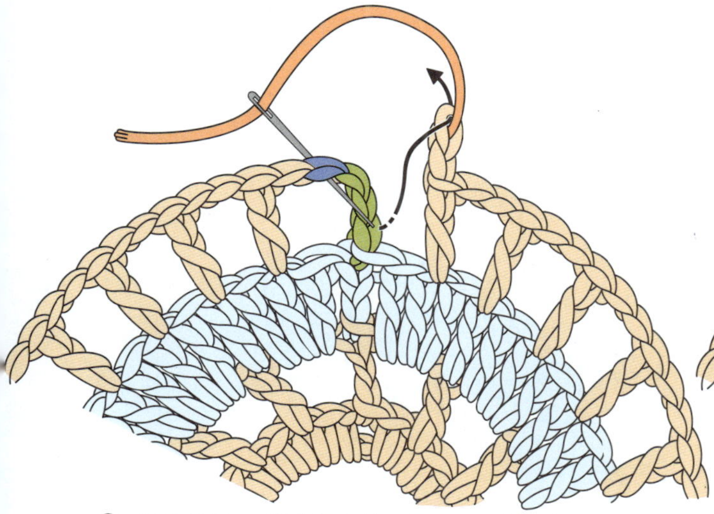

2 拉动线头，将针插入第4圈最后一针锁针中间（参见第32页）。

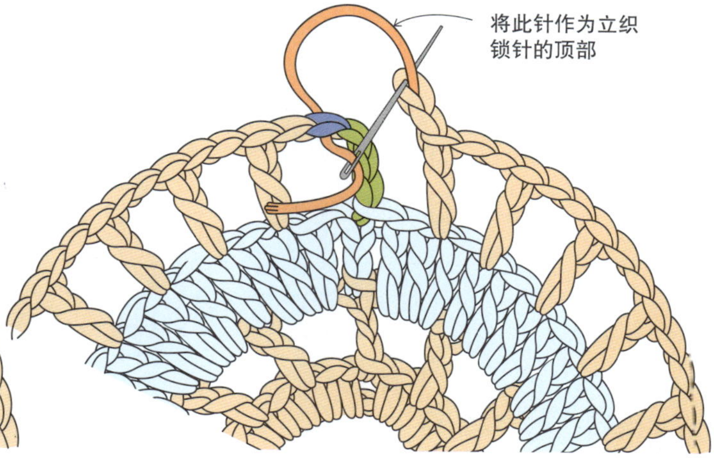

3 拉动线头做成1针锁针的长度（作为立织锁针的顶部）。

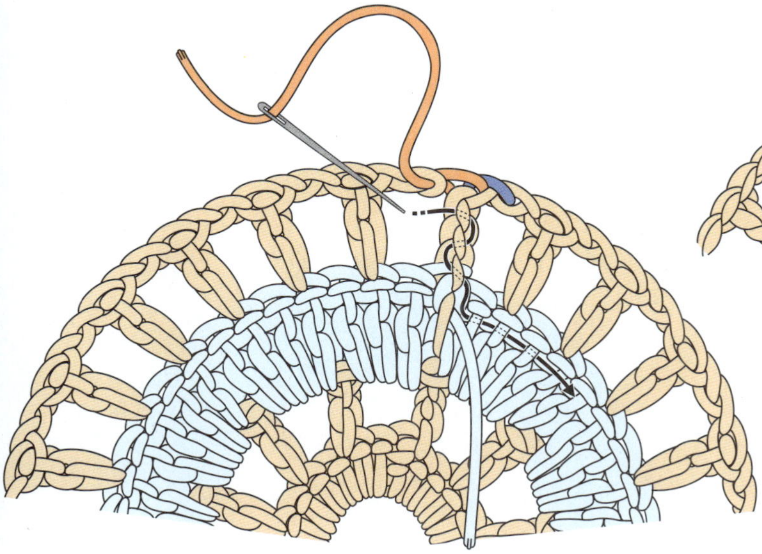

4 在织片后面，按图中箭头所示，把线头藏在针目之中收线。

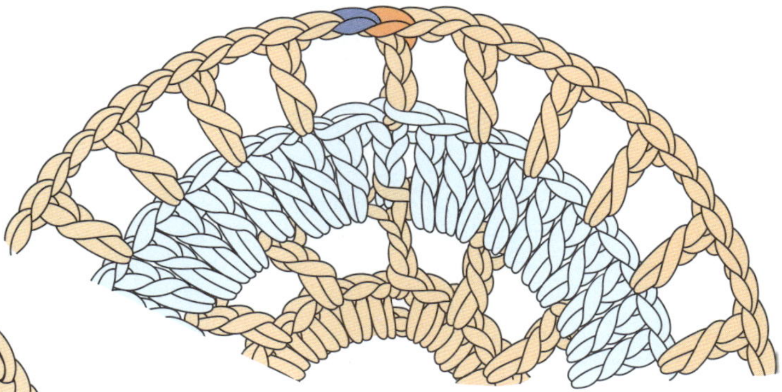

5 这是正面。

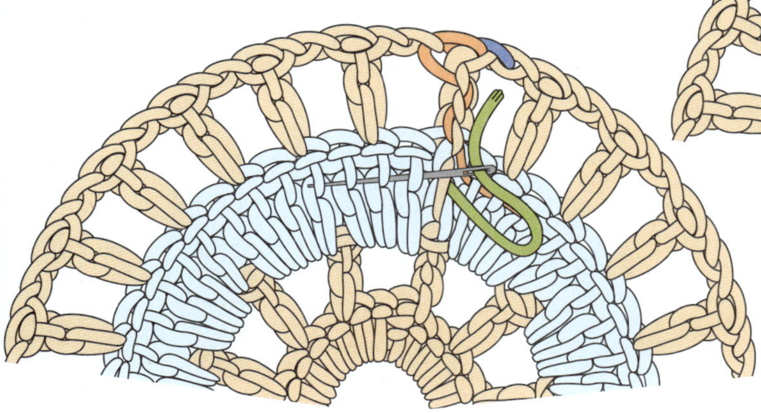

6 第3圈织到最后结束时，线头要藏在第3圈的长针中收线。

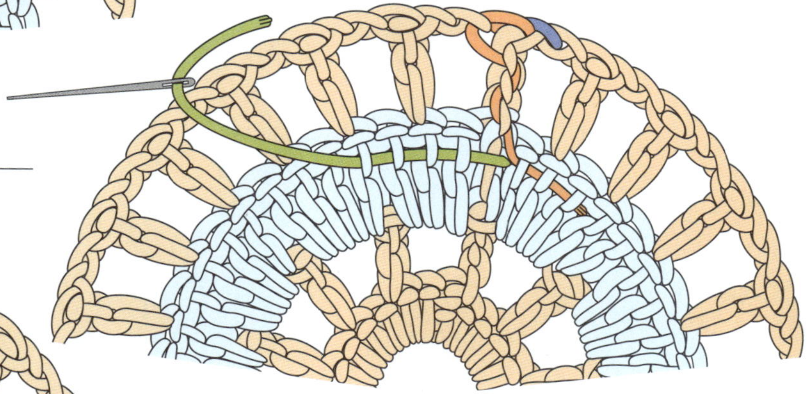

7 线头要尽量剪短。

小叶花样

叶片形的花样是织花朵图案时不可缺的搭配。因为只有一圈，所以初学者也易掌握。关键在于中间部位长长针的调整。因为线头部位以后会用到，所以要留长些。

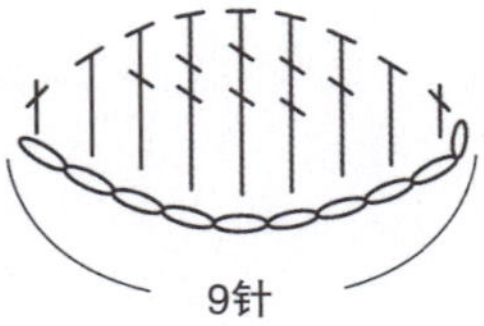

起始针 织9针锁针（参见第7、8页）。留10~15cm的线头。这个花样需要挑起锁针的内侧线进行编织。

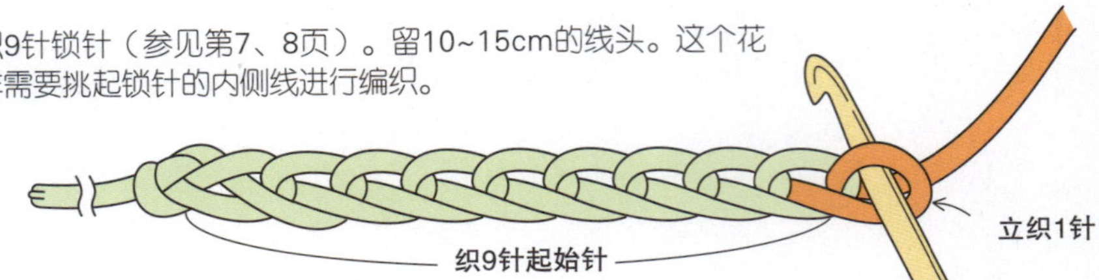

锁针的反面

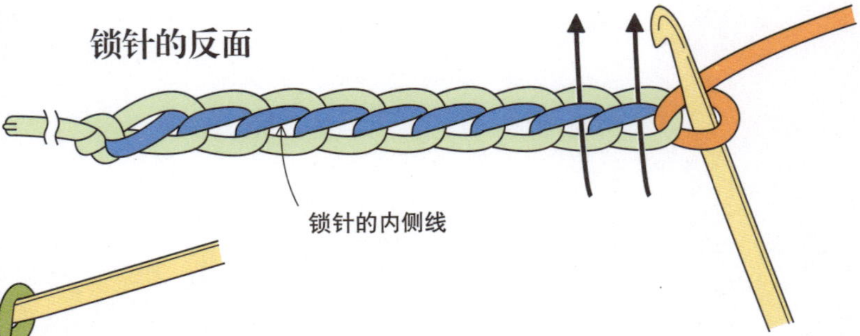

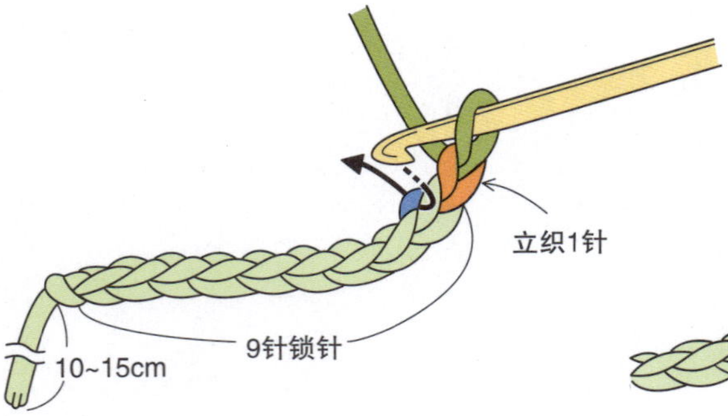

1 织9针锁针、1针立织针，将针插入第9针锁针的内侧线中。

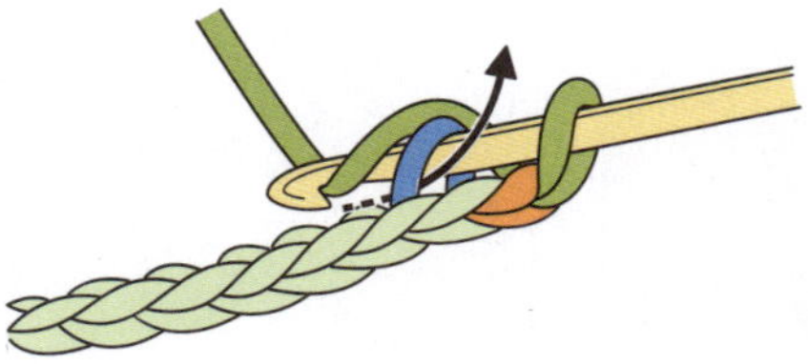

2 针钩住线并拉出。

3 针钩住线并引拔出。

4 织短针。

5 针钩住线，将针插入下一针锁针的内侧线中，再次将线拉出。

6 将线拉出，针钩住线，一次从3个圈中引拔出。

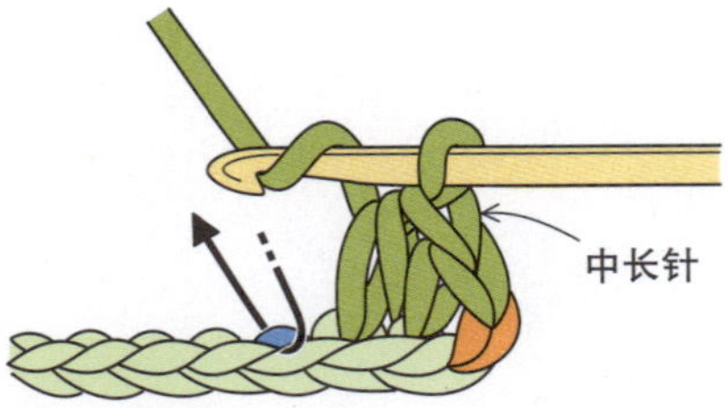

7 织1针中长针。针钩住线，把针插入下一针锁针的内侧线中。

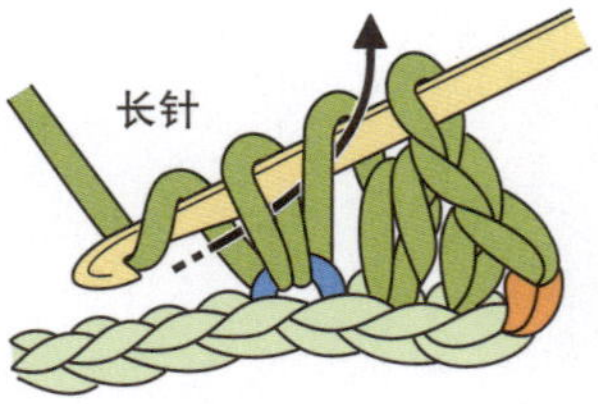

8 将线拉出，针钩住线，按图所示从2个圈中引拔出。

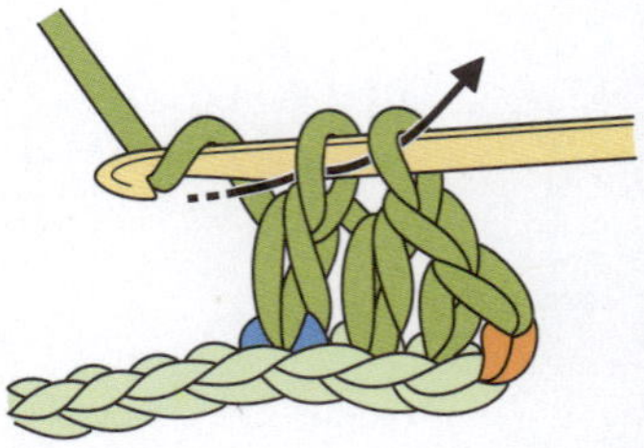

9 针钩住线，一次从2个圈中引拔出。

10 织长针。

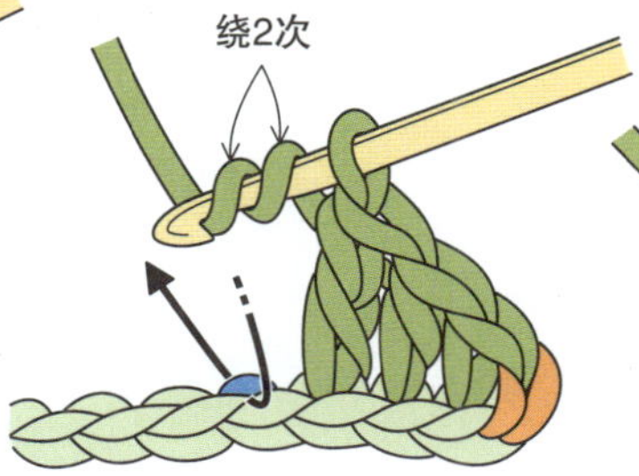

11 将线在针上绕2次，把针插入锁针的内侧线中。

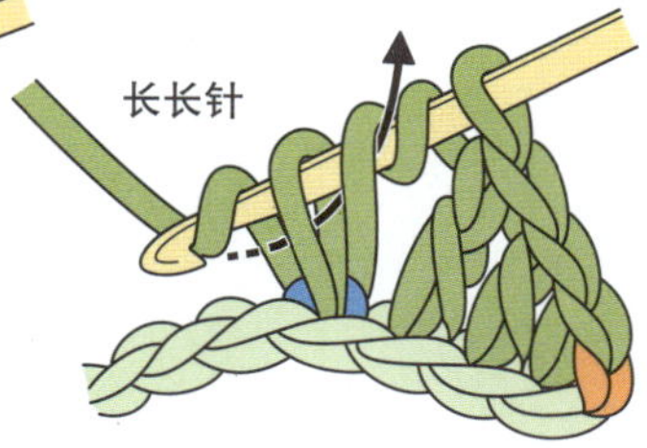

12 将线拉出，针钩住线，从2个圈中引拔出。

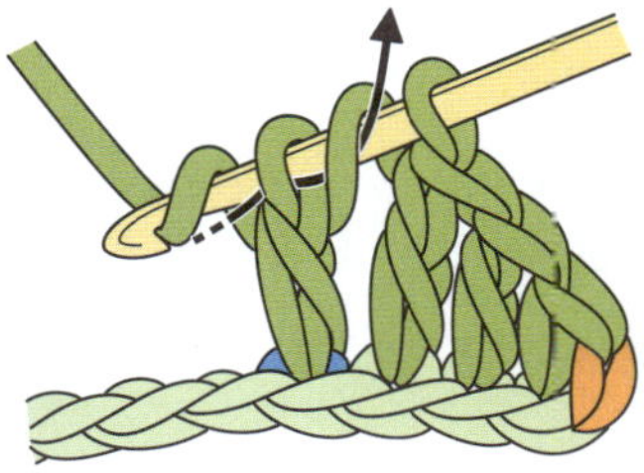

13 针钩住线，从2个圈中引拔出。

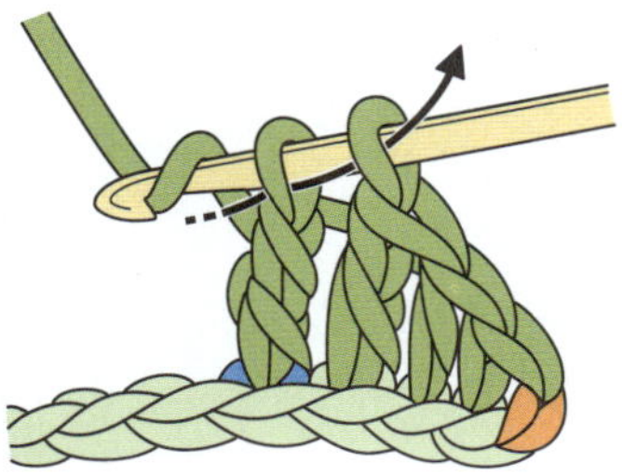

14 针再次钩住线，从2个圈中引拔出。

15 织1针长长针，下面的长长针的针目要更长一些。

16 再织1针长长针。针钩住线，把针插入下一针锁针的内侧线中。

17 织长针。针钩住线，把针插入下一针锁针的内侧线中，织中长针。

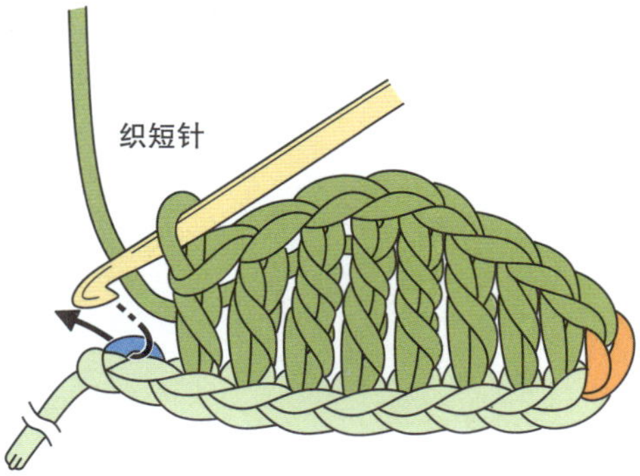

18 把针插入最后一针的内侧线中，织短针。

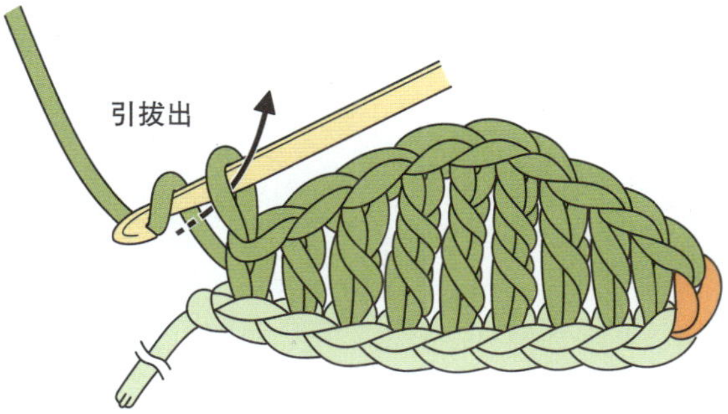

19 织到最后时把线拉长、剪断；引拔出。为了以后方便使用，线头要留得长一些。

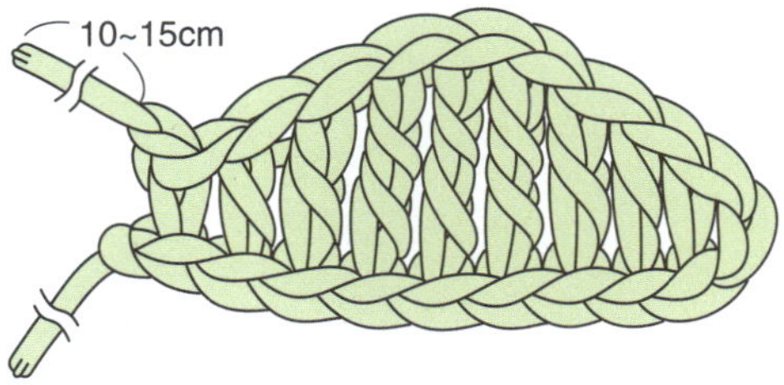

20 花样编织完成。

大叶花样（菱形针编织）

用短针织菱形花样做成的大叶花样。菱形花样每行都要翻面，挑起后面的半针进行编织。织完后会呈现立体花形，是容易上手、效果明显的叶片形花样。

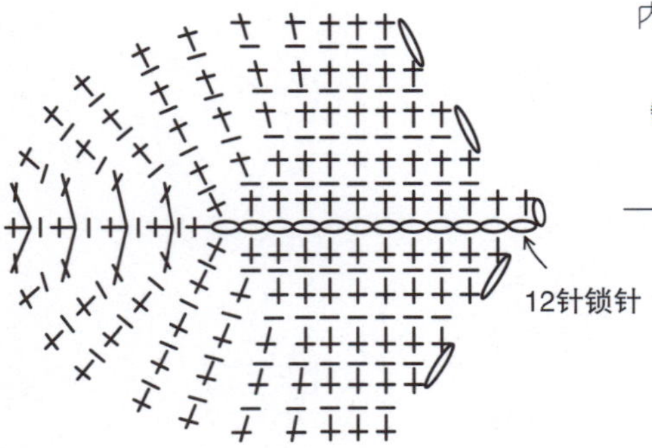

起始针 织12针锁针（参见第7、8页）。线头留7～8cm。这个花样要挑起锁针的半针和内侧线进行编织。

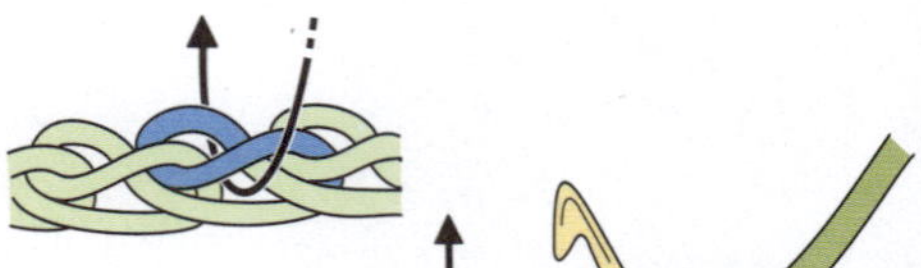

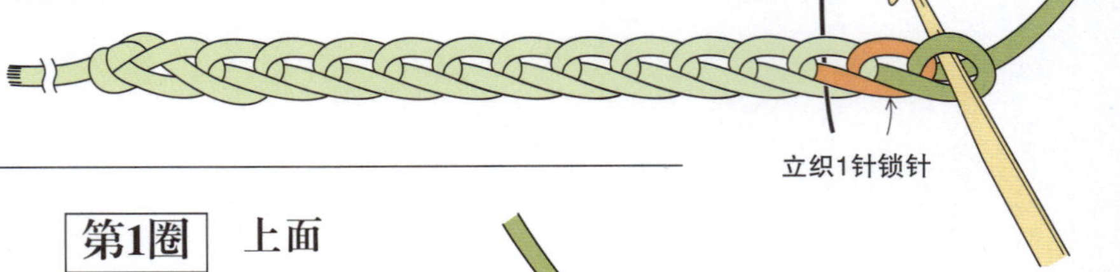

第1圈 上面

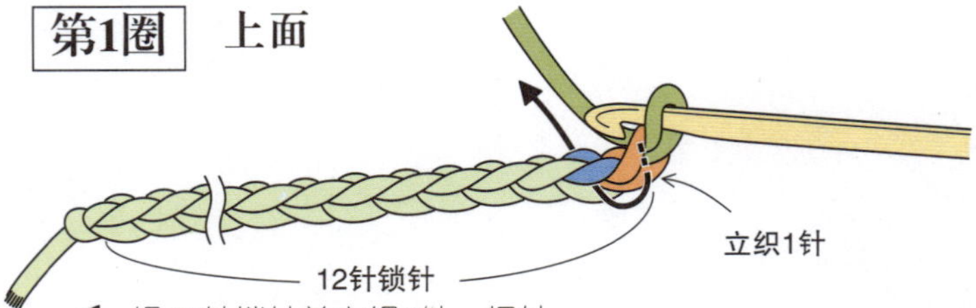

1 织12针锁针并立织1针，把针插入第12针锁针的半针和内侧线中。

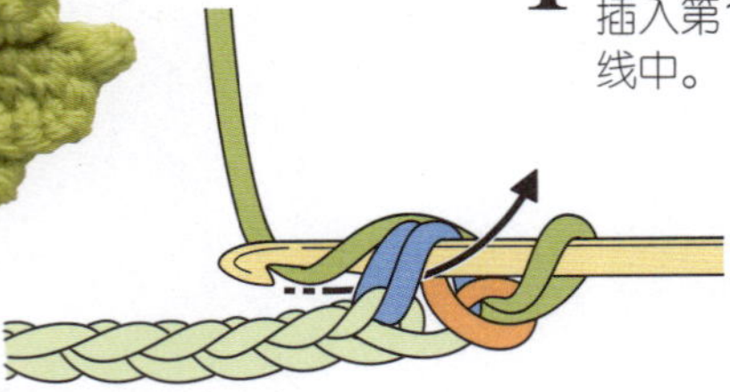

2 针钩住线并拉出。

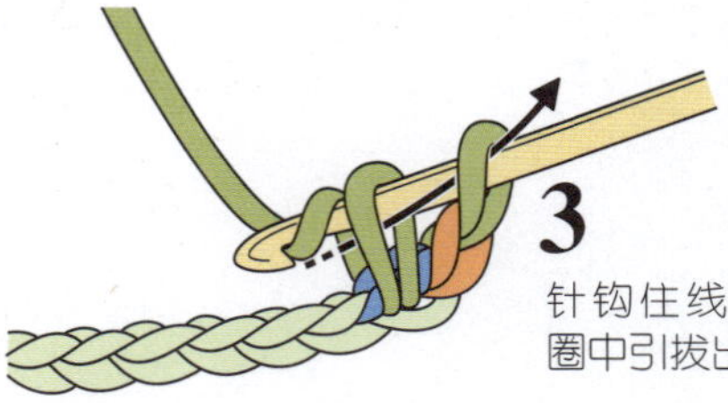

3 针钩住线从2个圈中引拔出。

下面

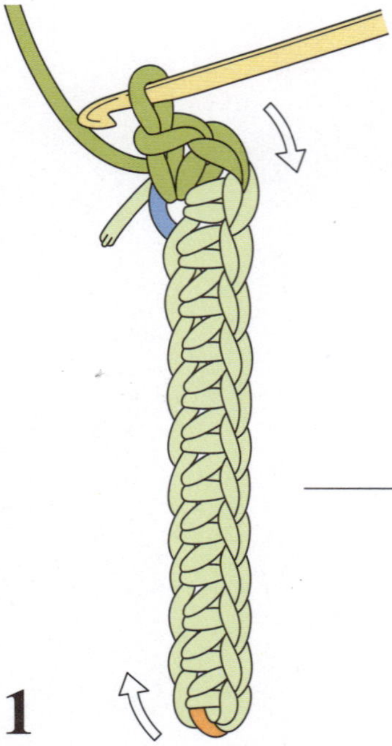

1 织好2针短针的样子。按图中箭头所示翻转织片。

4 织好短针的样子。将针插入下一个锁针的半针和内侧线中，织短针。

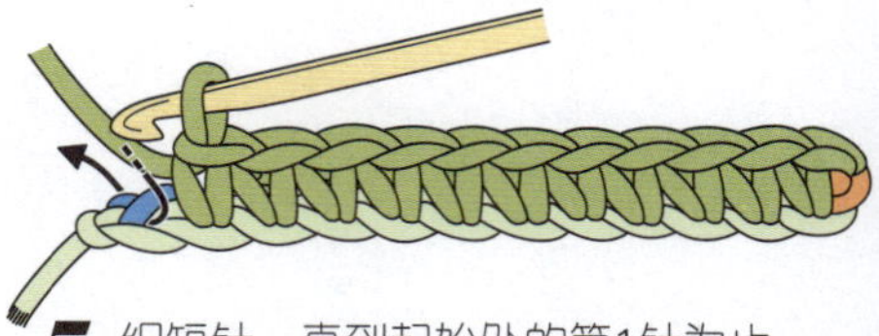

5 织短针，直到起始处的第1针为止。

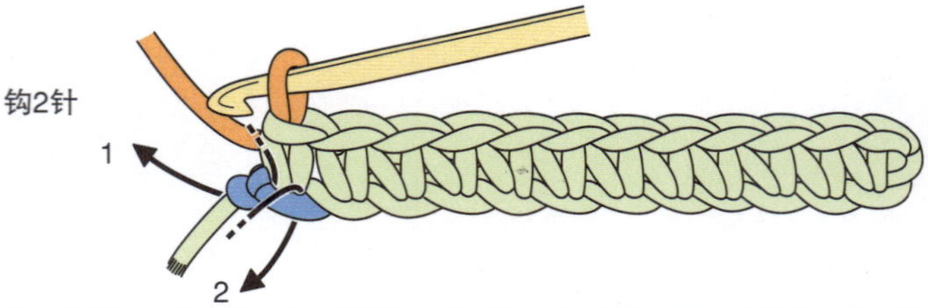

6 织短针，直到起始处的第2针为止。

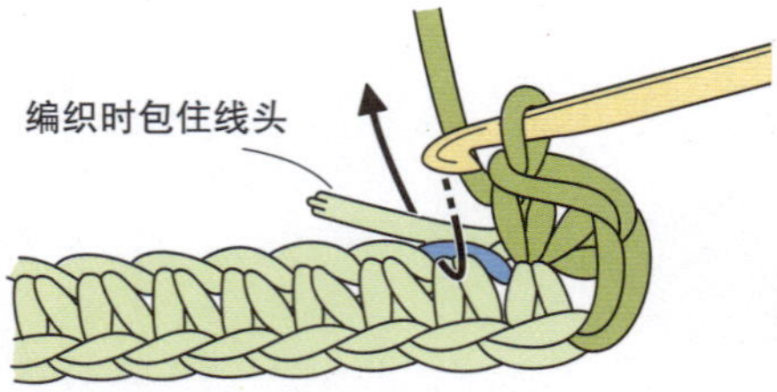

2 在后面的1针锁针上边织短针边包住线头。

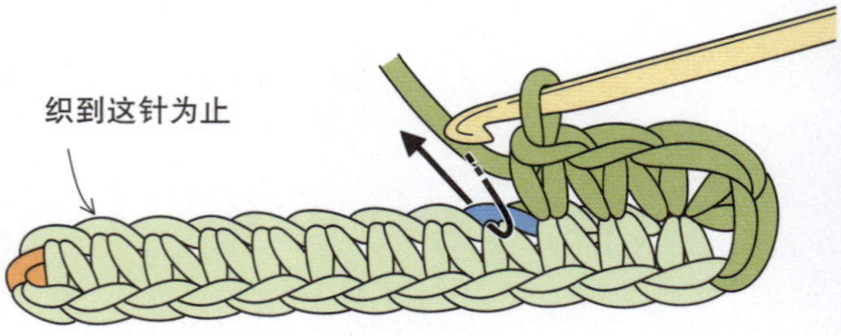

3 挑起锁针的1根线，织短针。

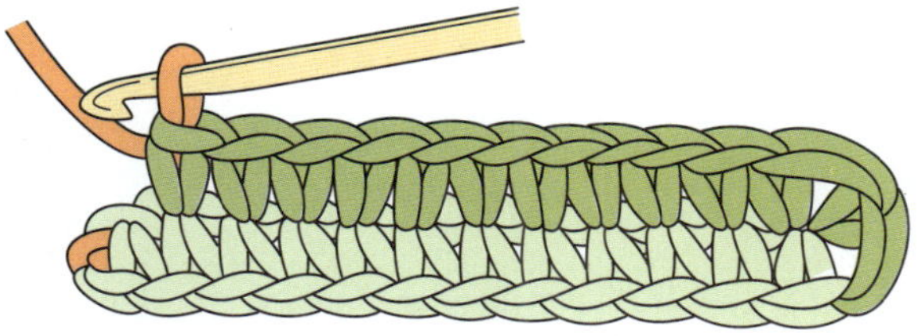

4 织短针到最后一针前面。

第2行

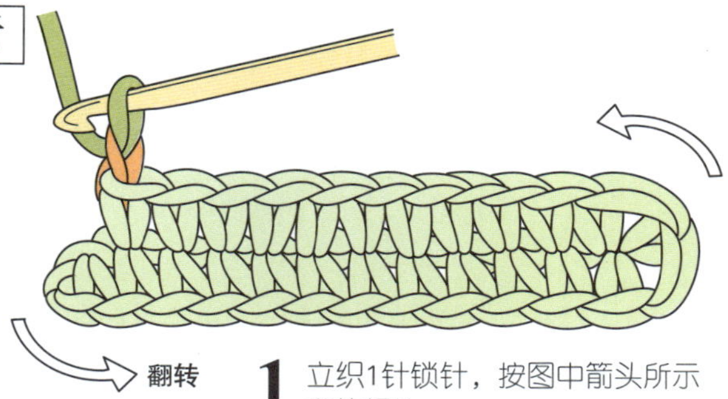

1 立织1针锁针，按图中箭头所示翻转织片。

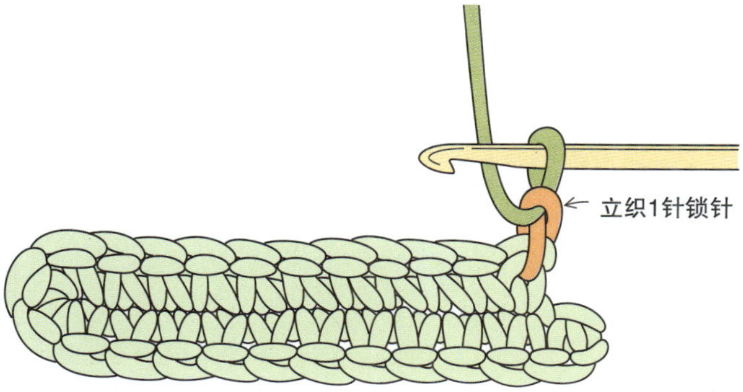

2 织片翻转后，反面对着自己。

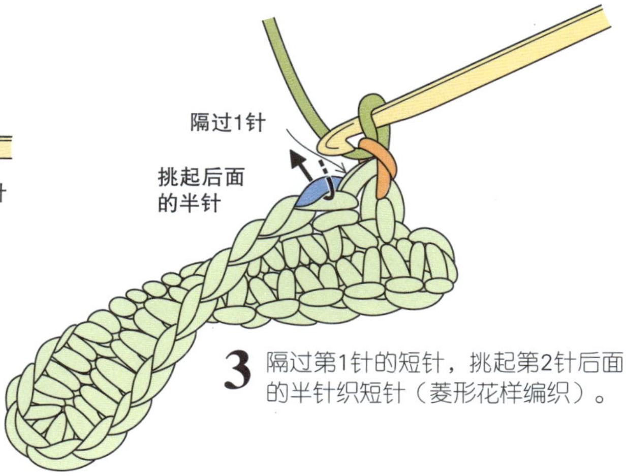

3 隔过第1针的短针，挑起第2针后面的半针织短针（菱形花样编织）。

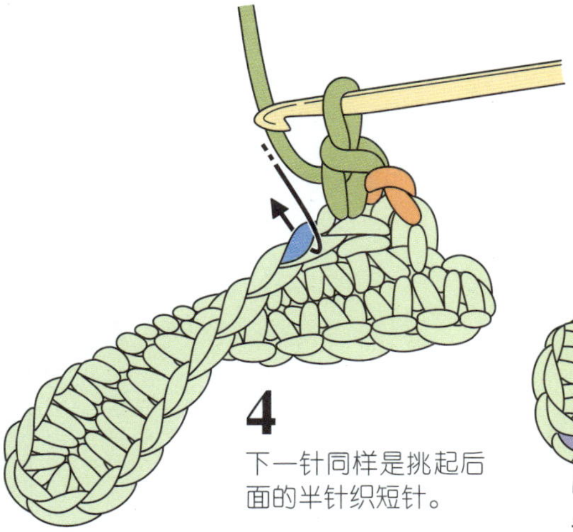

4 下一针同样是挑起后面的半针织短针。

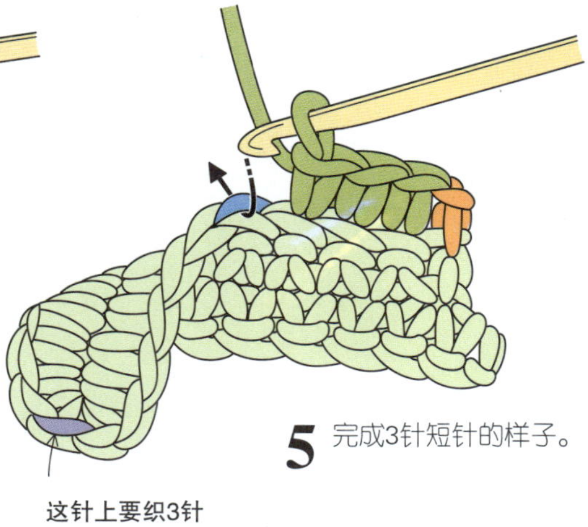

5 完成3针短针的样子。

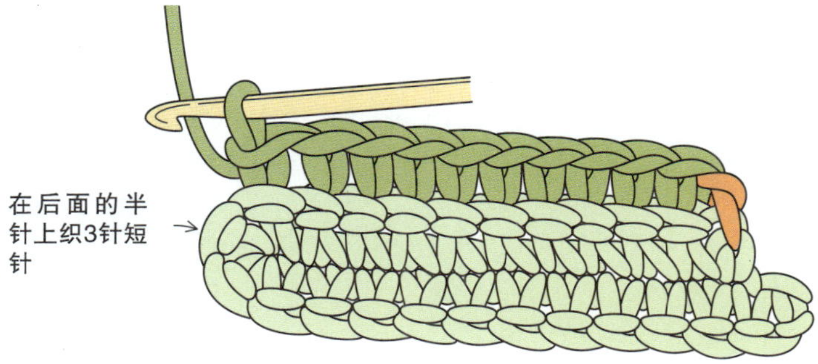

6 中间加针的部分是在中间短针正面的半针上织3针短针。

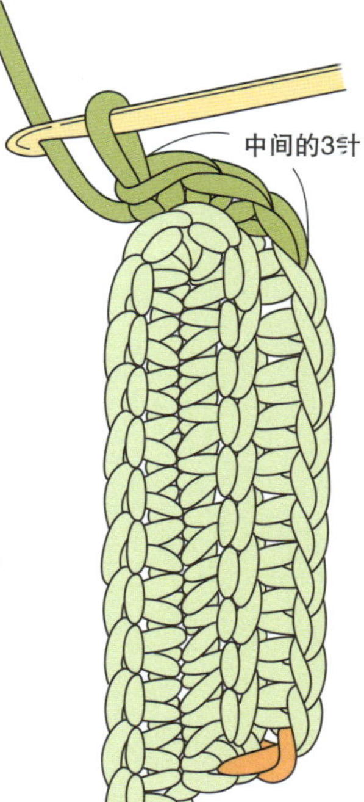

7 织好3针短针后的样子。

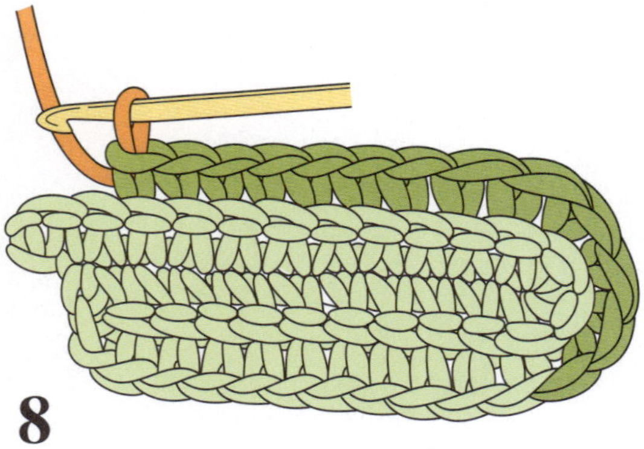

8 留2针不织，其他都织短针的菱形针。

第3圈

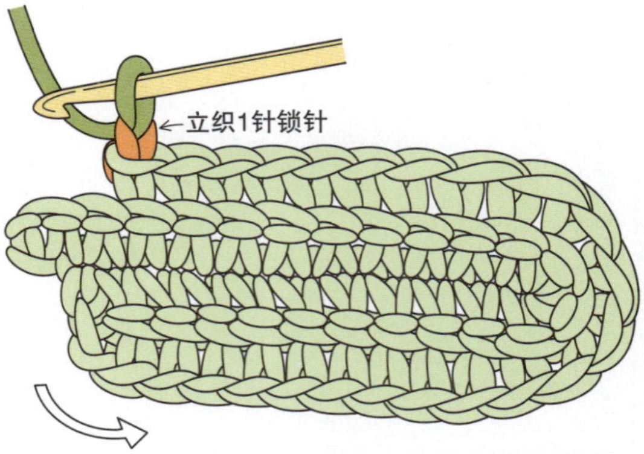

1 立织1针锁针，然后按箭头所示翻转织片，使反面对着自己。

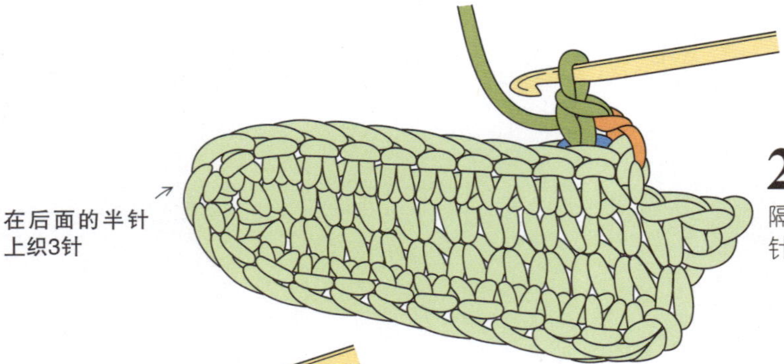

2 隔过1针短针，挑起第2针后面的半针织短针。

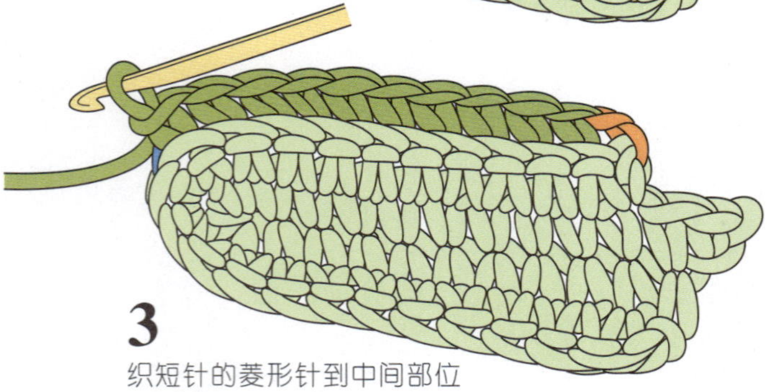

3 织短针的菱形针到中间部位前的样子。

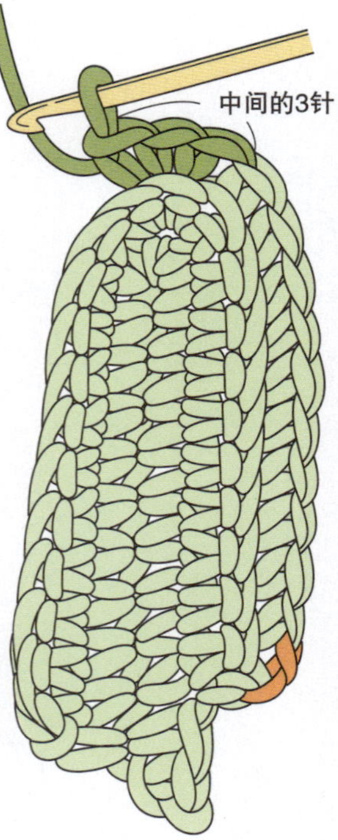

4 在第2圈中间的短针后面的半针上，织3针短针。

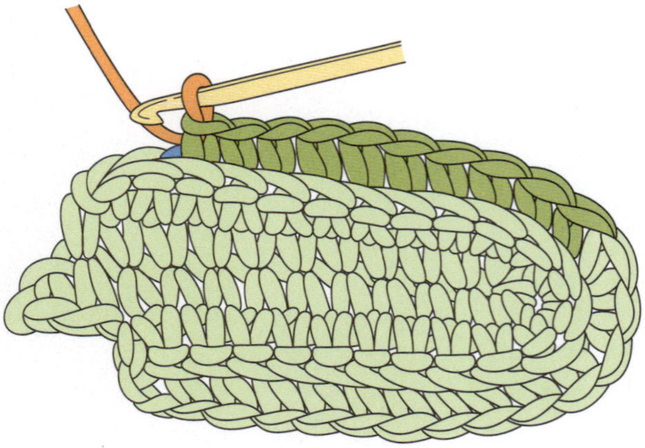

5 留1针不织，其他织短针的菱形针。

第4圈

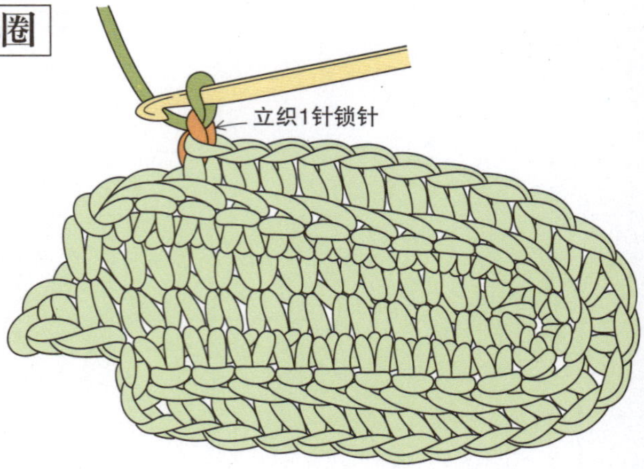

1 立织1针锁针，接下来按第2圈、第3圈的方法，将织片翻转，使反面对着自己。

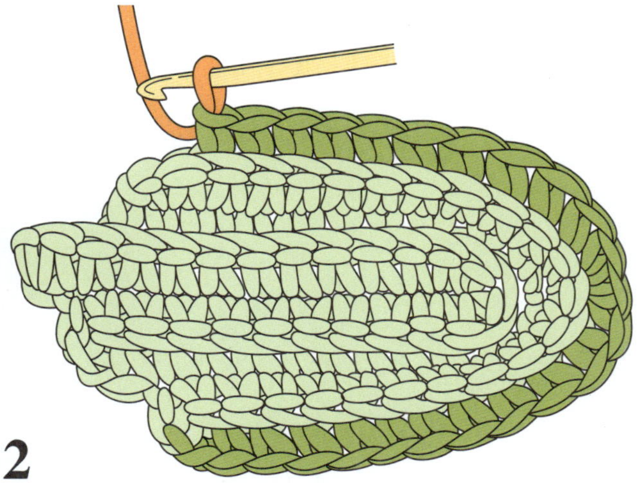

2

开始的时候隔1针，然后在中间织3针，在最后留1针，其他织短针的菱形针。

第5圈

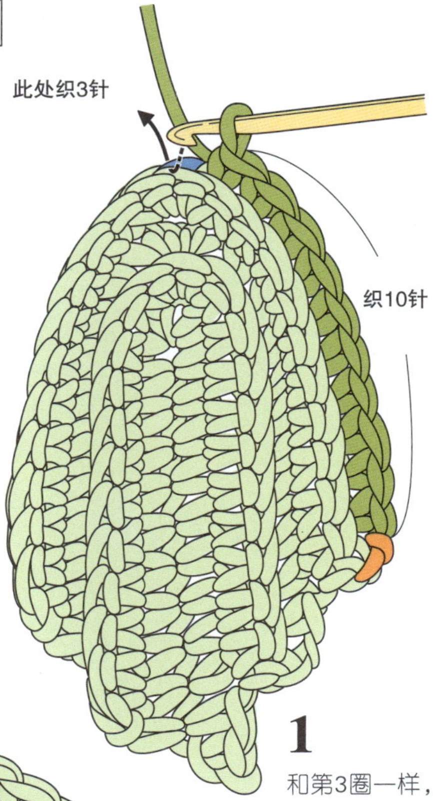

1

和第3圈一样，翻转织片，在中间织3针，织短针的菱形针。

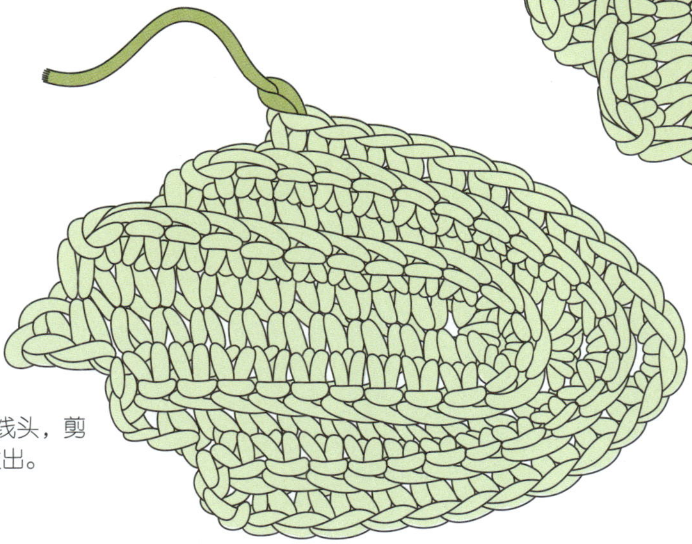

2

结束时留7～8cm的线头，剪断，然后将线头引拔出。

结束时的收尾方法

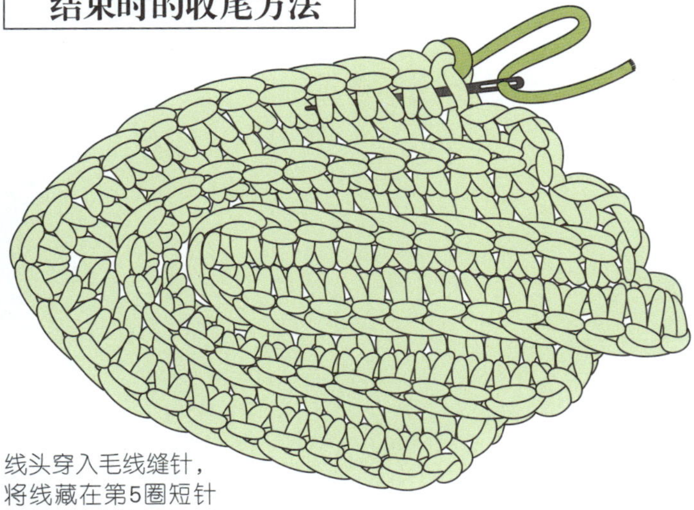

线头穿入毛线缝针，将线藏在第5圈短针的第4、5针的针目里，线头尽量剪短。

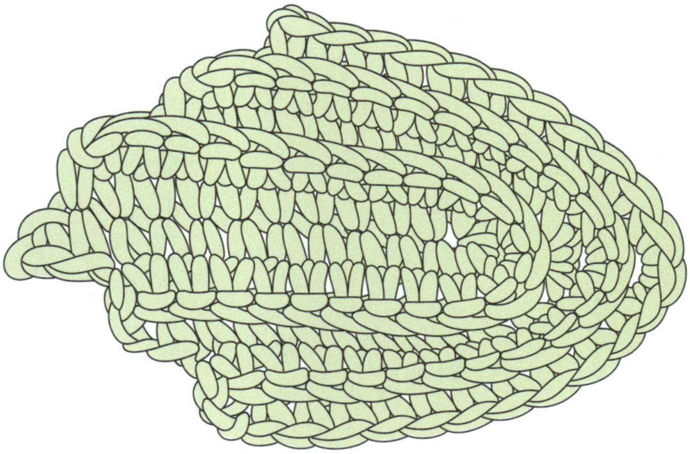

编织完成

从正面看到的样子。

结束时的收尾方法

编织到最后线头需要留适当的长度后再剪断，并用线头做成最后的一针。为了避免线头露在外面，不能将其藏在最后一圈，而是向中间拉，藏在下面。虽然可以在编织起始处引拔，但不美观，所以还是推荐使用毛线缝针来处理线头。

长针钩织的圆形花样

1 把最后一针拉长，线头留7～8cm后剪断（从织片一侧算起）。

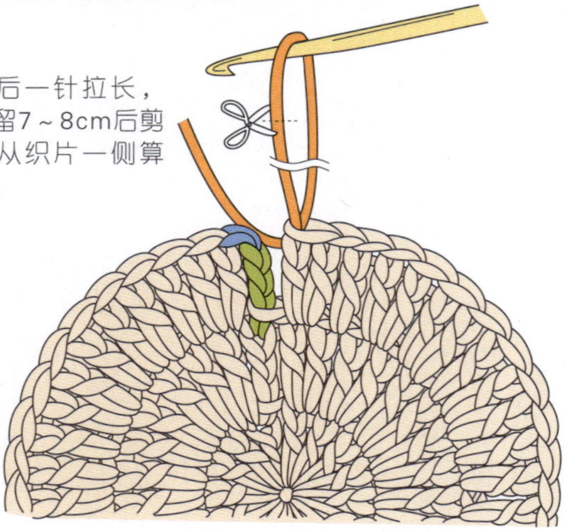

2 将线头穿入毛线缝针，将针从后面插入第3圈第1针长针顶部的2根线中。

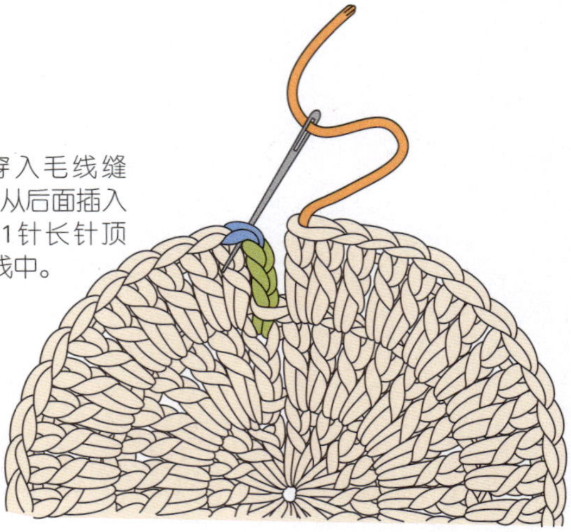

3 拉动线头，把针插入第3圈最后一针中间。

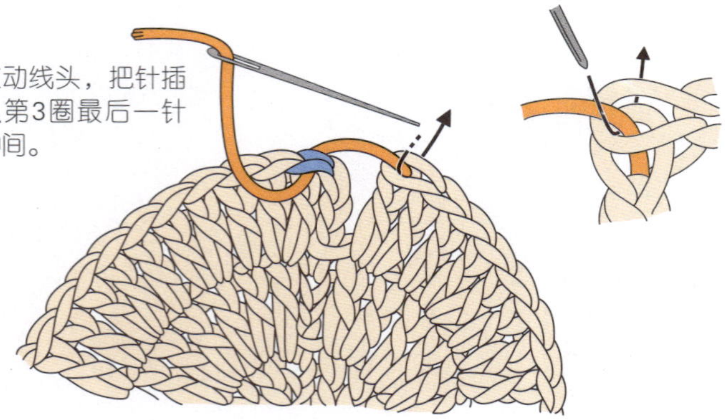

4 拉动线头形成1针锁针的长度，从后面把线藏到针目里收线。

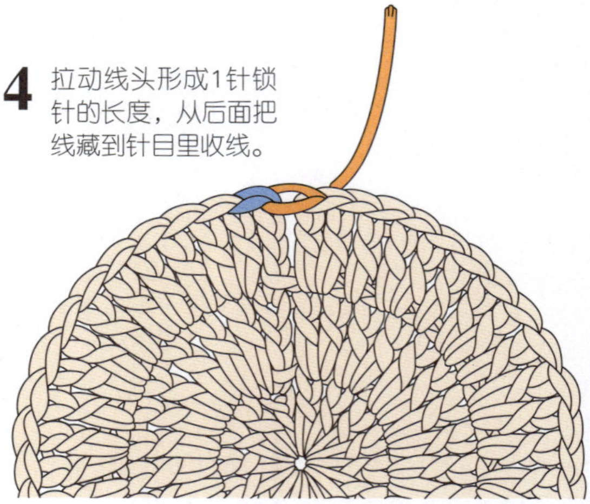

5 将织片翻转，把线藏在针目中，避免从正面看到线头。

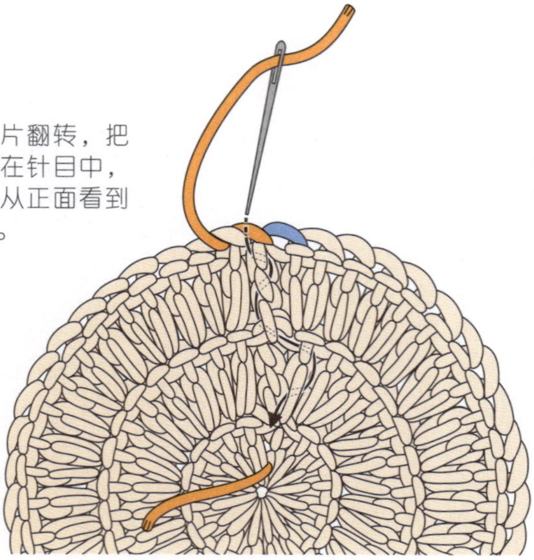

6 将线头尽量剪短。

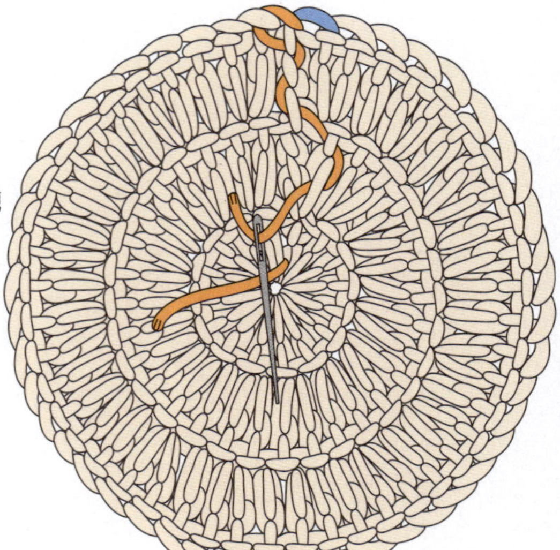

四边形花样

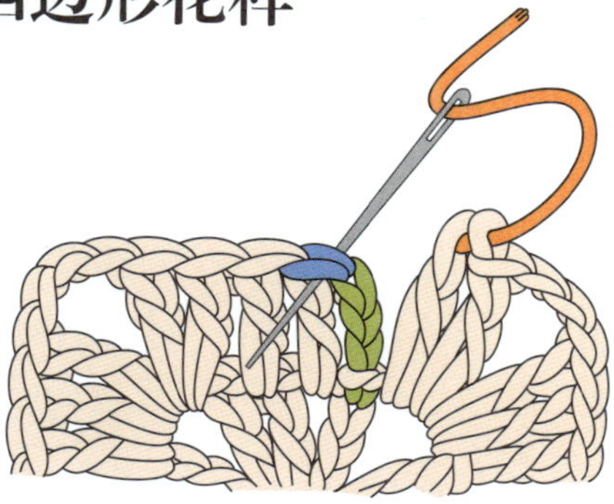

1 线头留7～8cm后剪断。把线头穿入毛线缝针，从后面把针插入上一圈第1针长针的顶部2根线中。

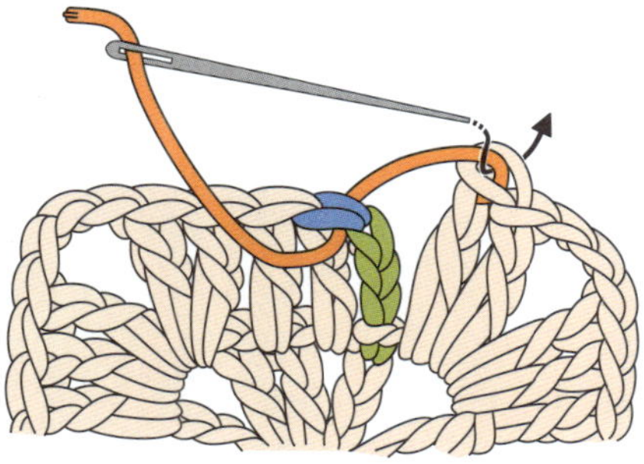

2 拉动线头，把针插入最后一针长针中。

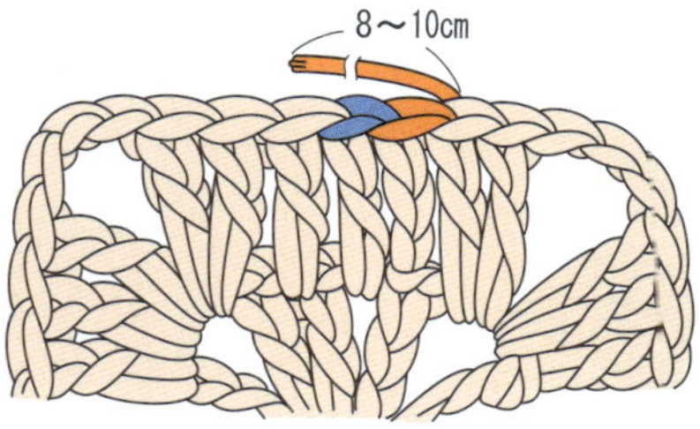

3 拉动线头形成1针锁针的长度。

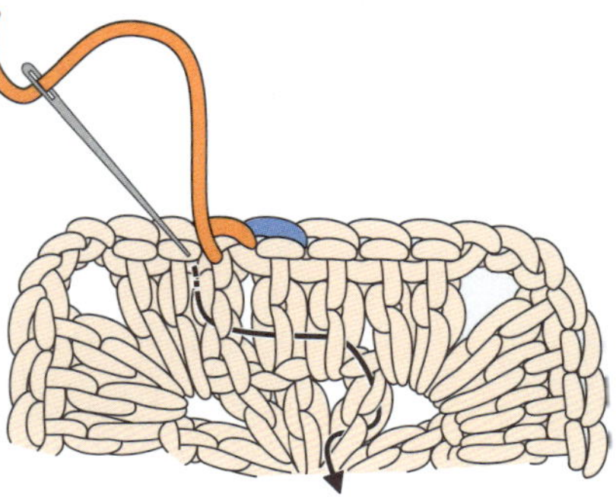

4 线头在后面藏到针目里收针。

网状镂空花样

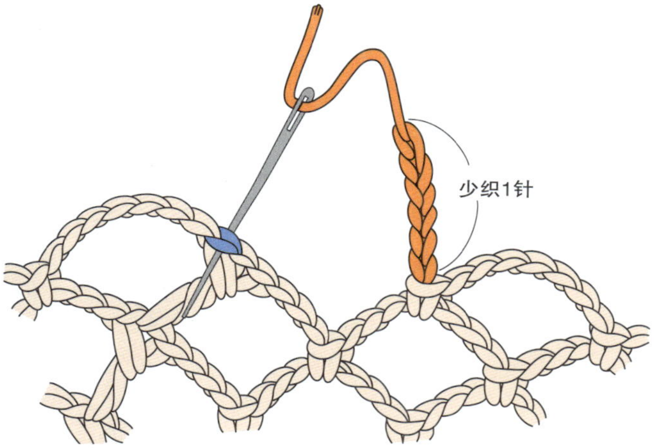

1 最后的锁针少织1针。线头留7～8cm后剪断。把线头穿入毛线缝针，从后面把针插入上一圈第1针短针的顶部2根线中。

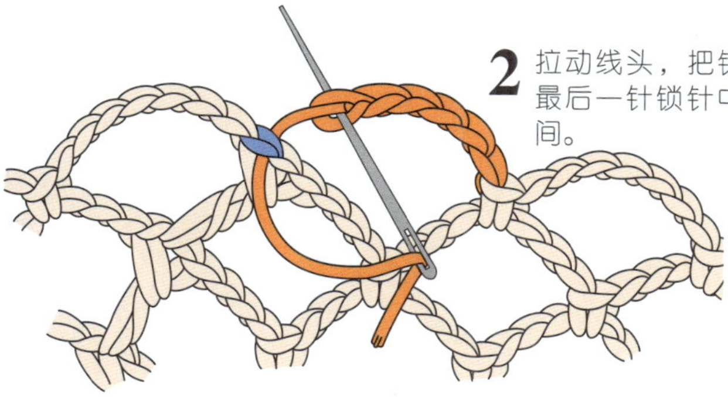

2 拉动线头，把针插入最后一针锁针中的中间。

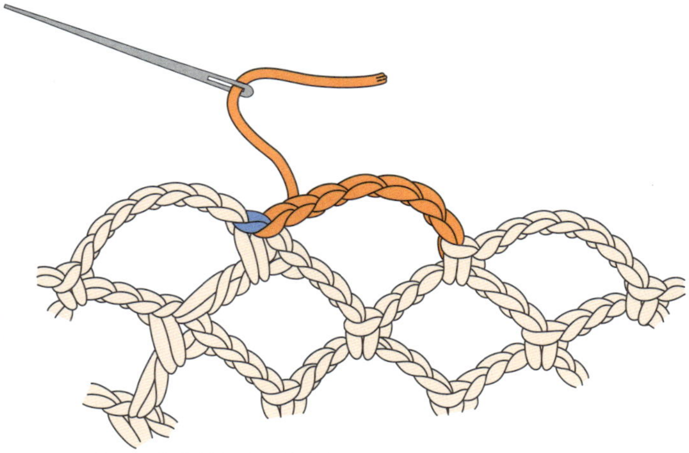

3 拉动线头形成1针锁针的长度。

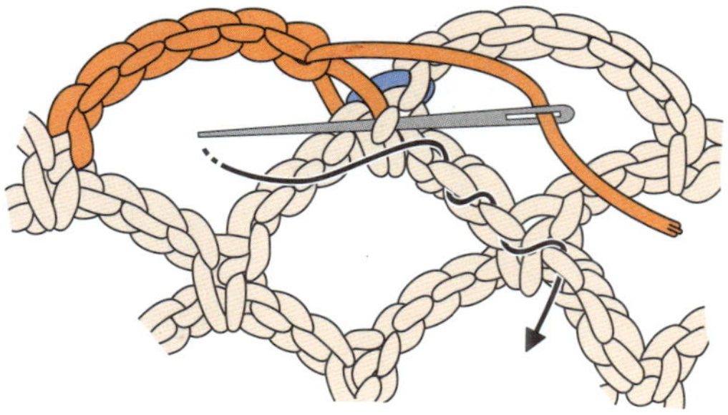

4 在反面收针。将线头藏到立织的长长针中。

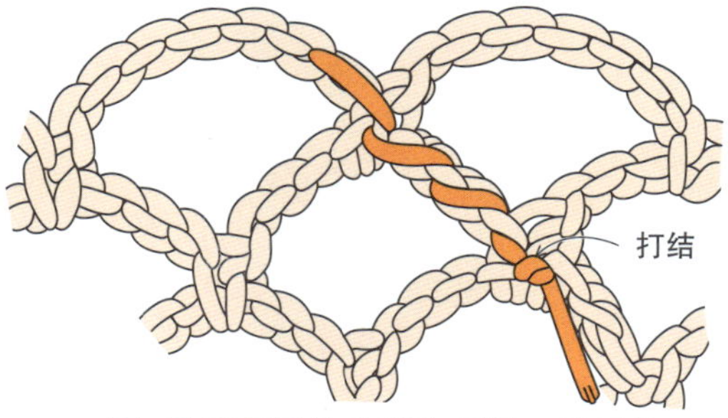

5 最后在短针的部位打结，然后剪断。

花样的连接方法

花样的连接方法：1.边织边连接；
2.将花样织完后再进行连接。

在最后边织边连接的方法

花样编织完成的同时进行连接。
花样编织到最后做连接时需要一定的技巧。

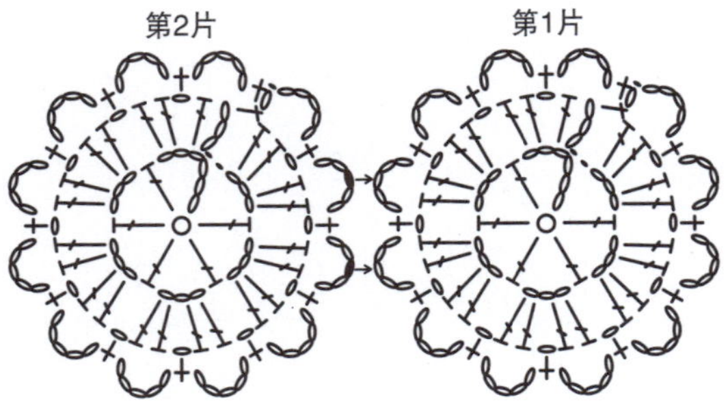

引拔针（从正面进针的方法）

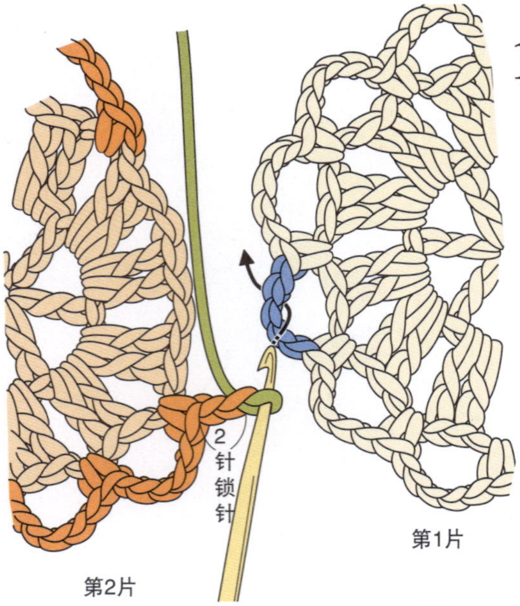

1 在连接部位前面织2针锁针。把针插入第1片的整段锁针中。

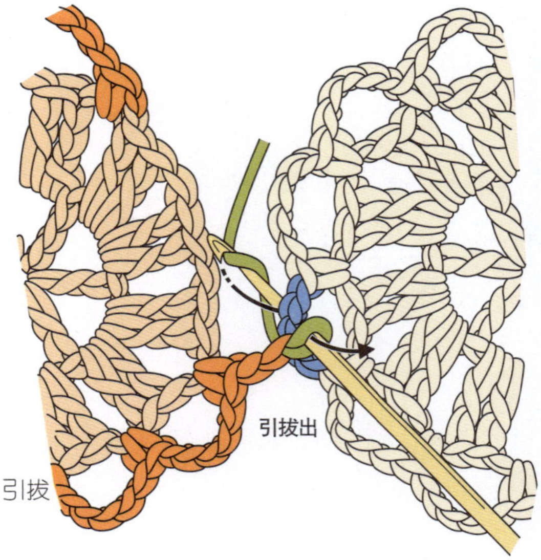

2 针钩住线，引拔出。

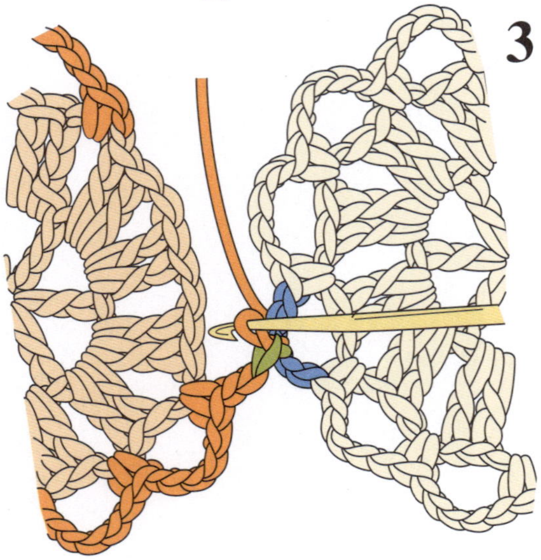

3 完成引拔针后的样子。

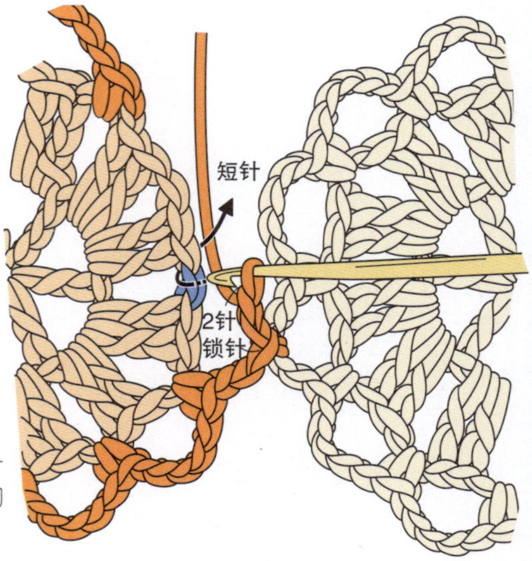

4 织2针锁针，把针插入第2片花样的整段中。

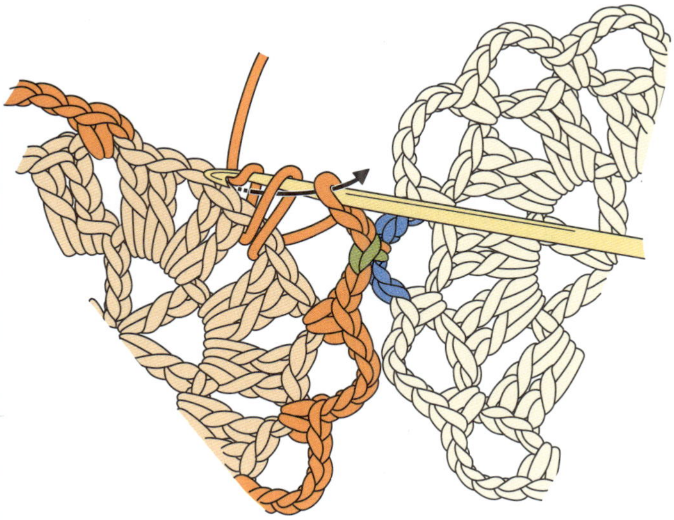

5
针钩住线并拉出，
再钩住线引拔出。

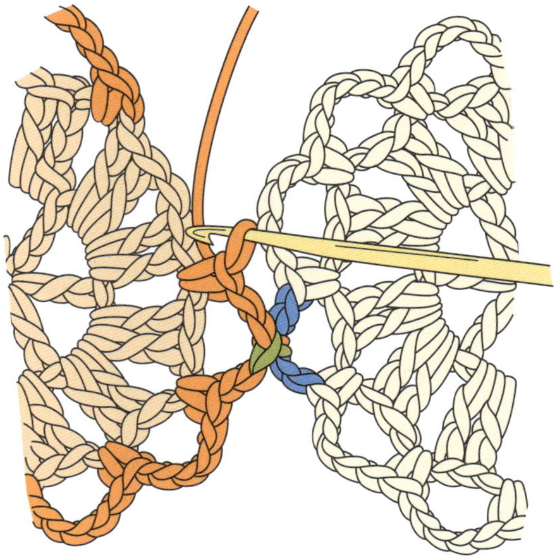

6
织短针。

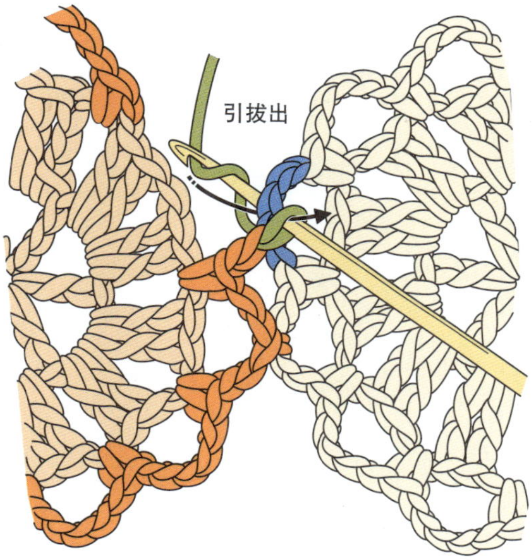

7
织2针锁针，然后按
步骤2的说明，在第1
片上引拔出。

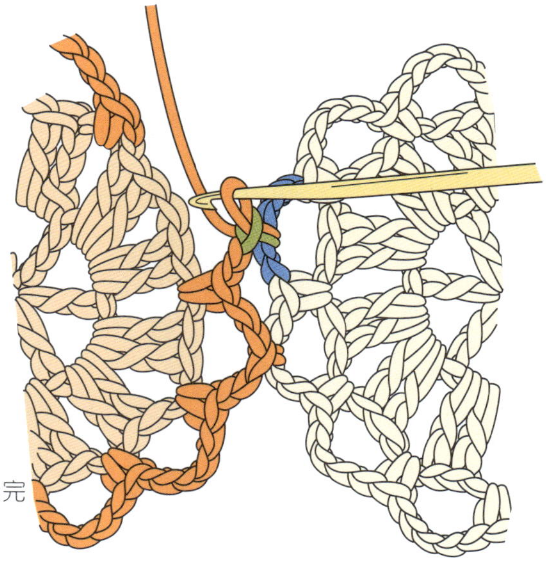

8
第2次连接完
成。

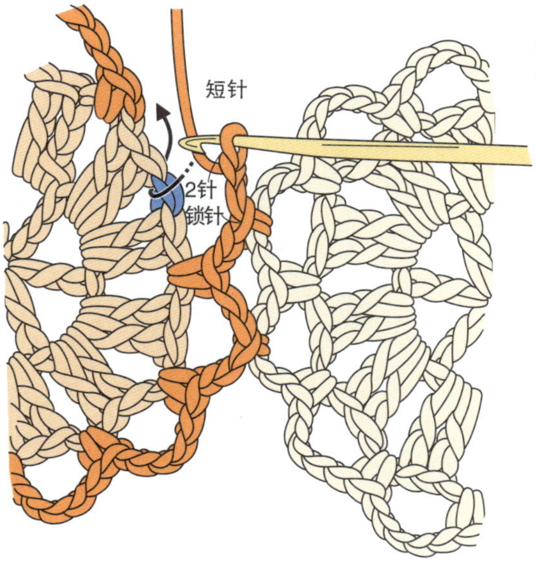

9
织2针锁针，按步
骤4的说明，把针
插入第2片的整段
中。

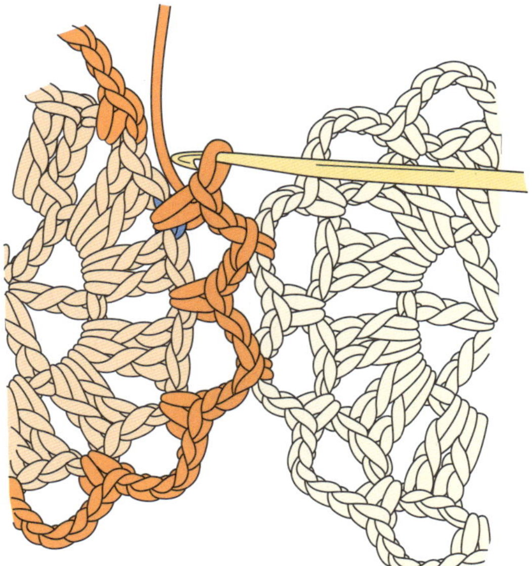

10
织短针。

▶▶ 见第52页

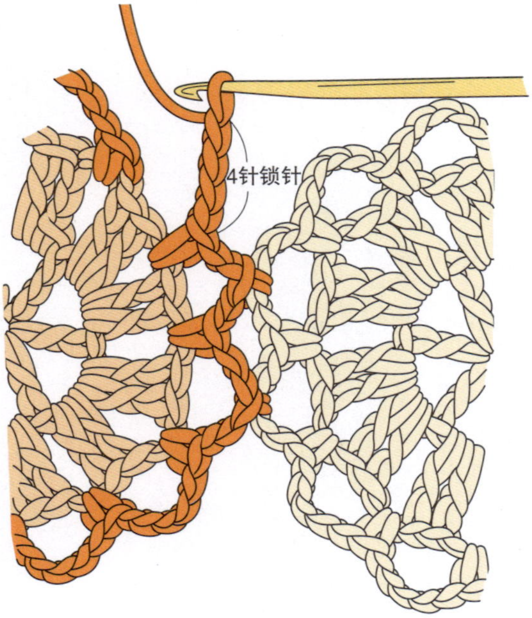

11 在第2片的最后织4针锁针，参考第49页的说明收尾（收尾的那一针作为锁针的第5针）。

引拔针（从后面进针的方法）

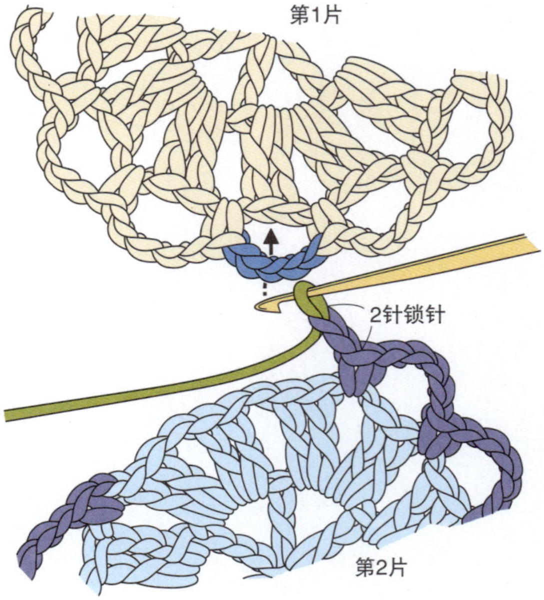

1 在连接部位之前织2针锁针。将针从后面插入第1片锁针的整段中。

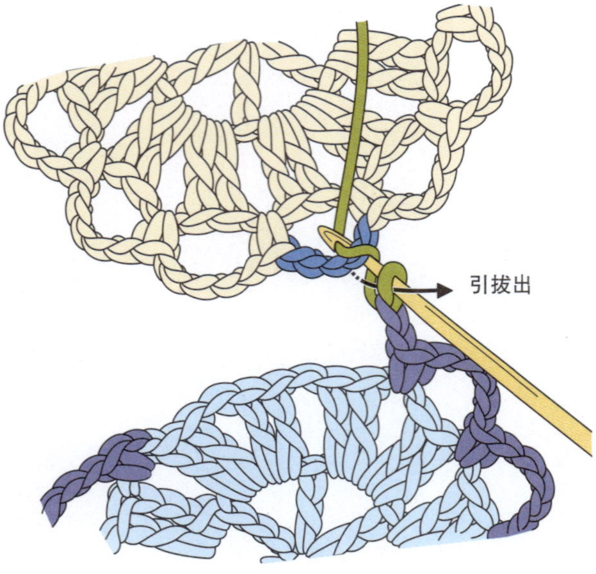

2 针钩住线并引拔出。

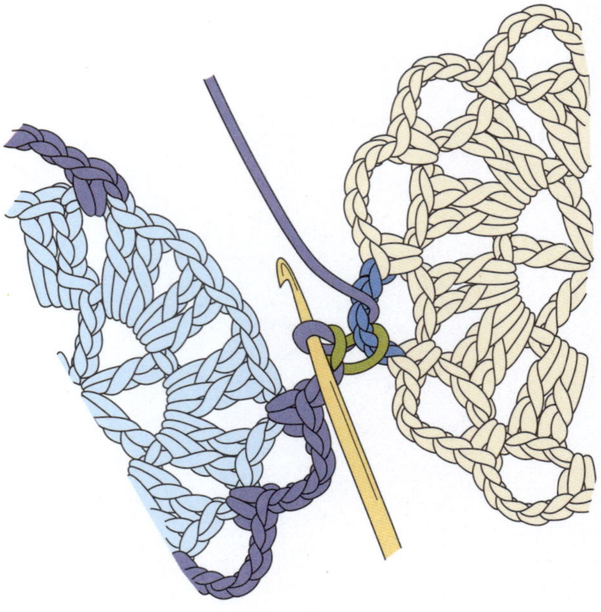

3 完成引拔后的样子。

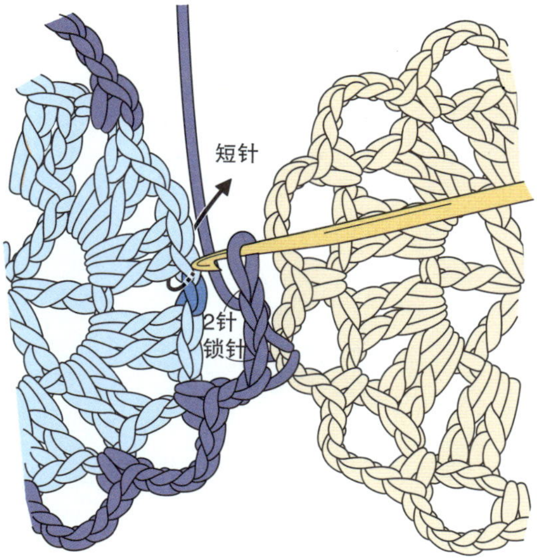

4

织2针锁针，将针插入第2片花样的整段中，织短针。

5

织2针锁针，按步骤2的说明，从后面将针插入第1片，钩住线并引拔出。

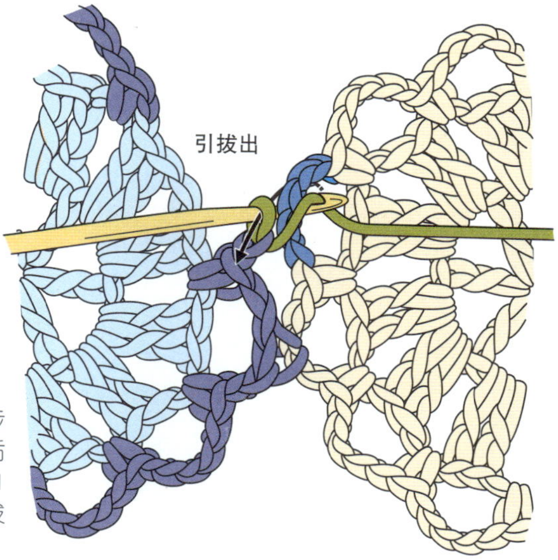

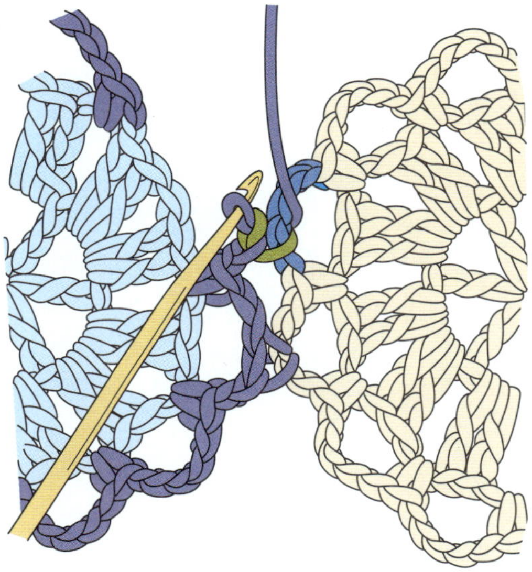

6

完成引拔后的样子。

7

织2针锁针，将针插入第2片花样的整段中，织短针。

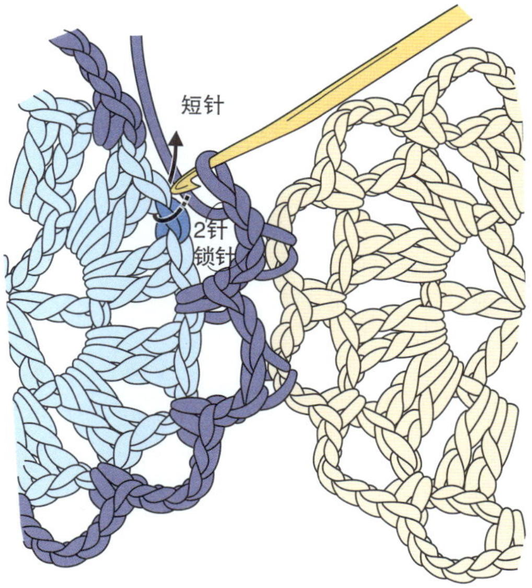

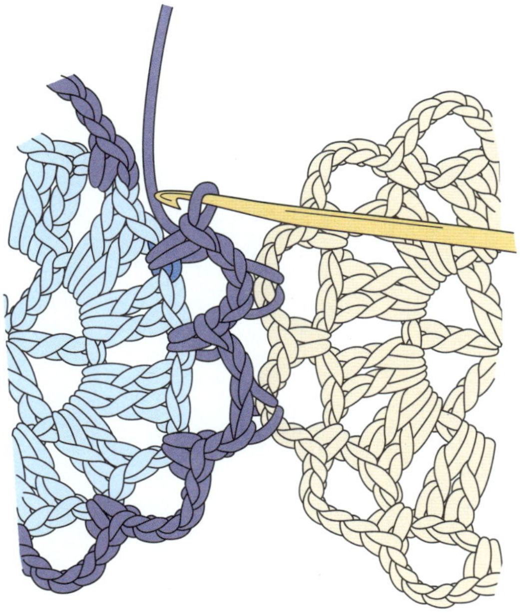

8

织好短针的样子。

9

在第2片的最后织4针锁针，参考第49页的说明收尾。

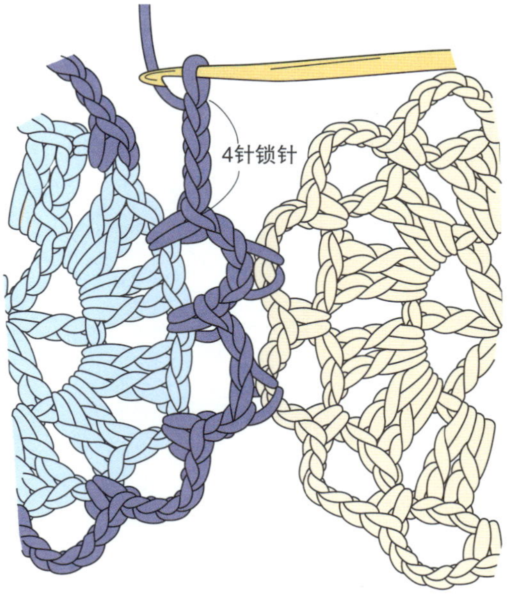

引拔针（从正面进针的方法）连接4片

4片连接的要点在各个转角部位。第3、4片不是接在第1片上，而是接在第2片上。

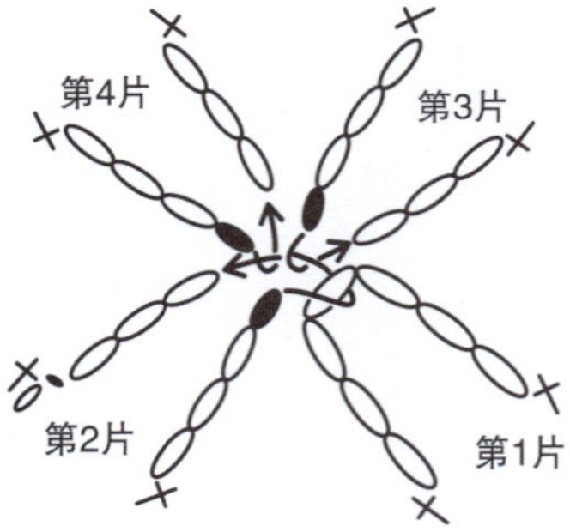

在第1片上连接第2片

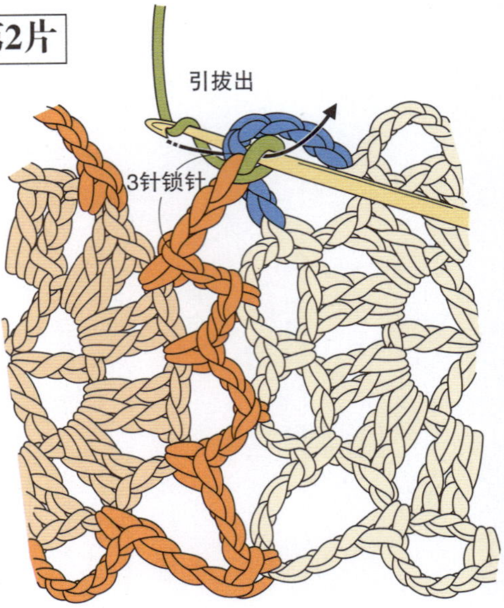

1 在连接部位之前织3针锁针，将针插入第1片的锁针镂空处。针钩住线并引拔出。

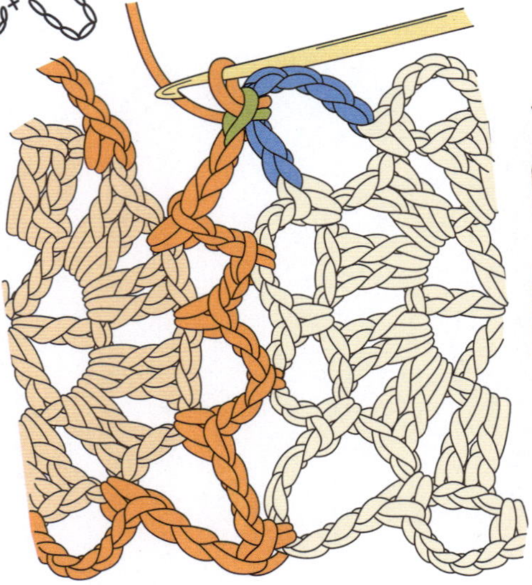

2 完成引拔后的样子。

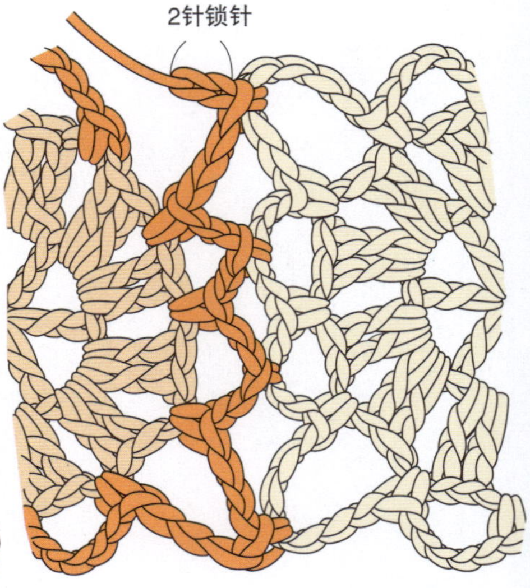

3 织2针锁针，参考第49页的说明收尾。

连接第3片

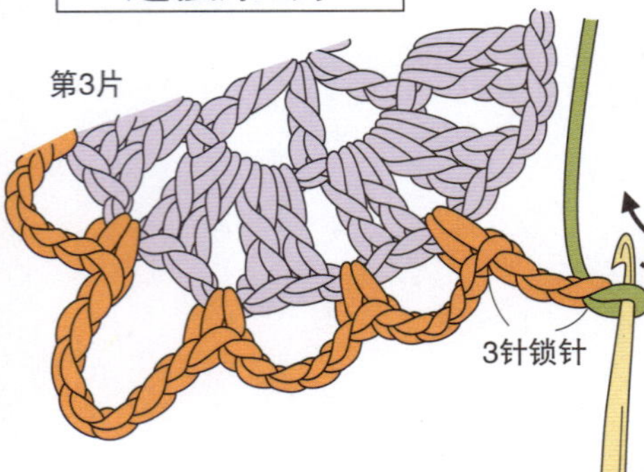

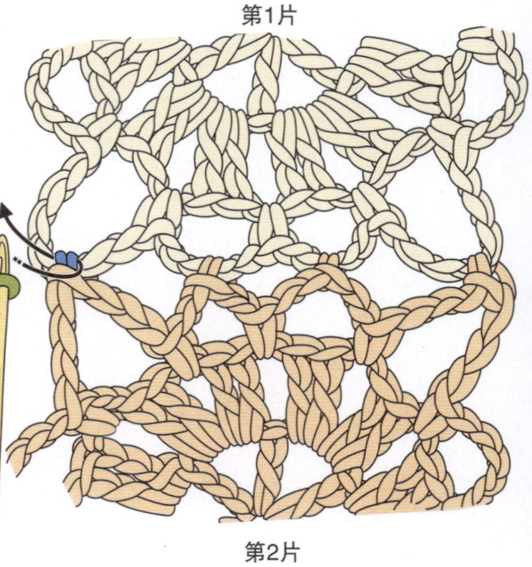

1 在连接部位之前织3针锁针，将针从上面插入第2片引拔针下面的2根线中。

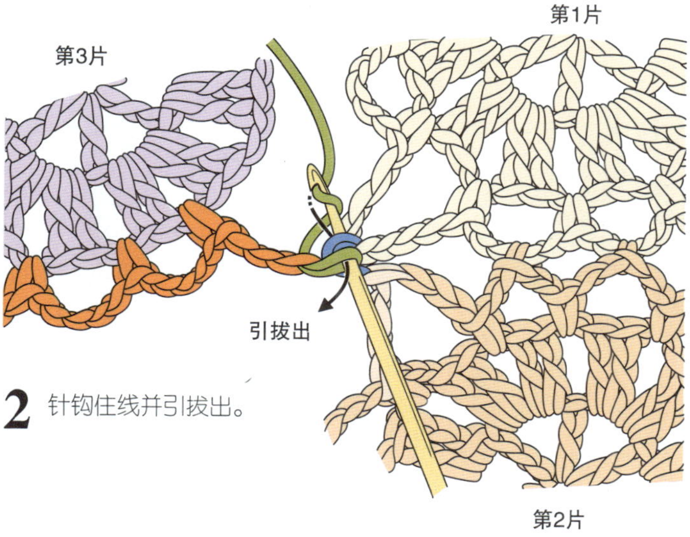

2 针钩住线并引拔出。

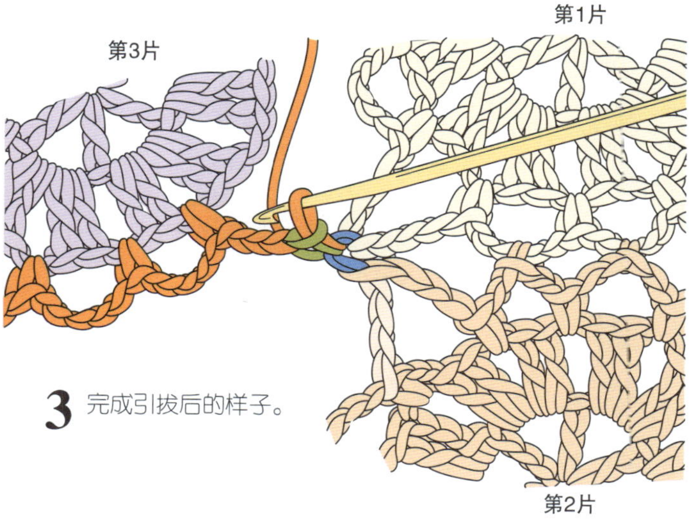

3 完成引拔后的样子。

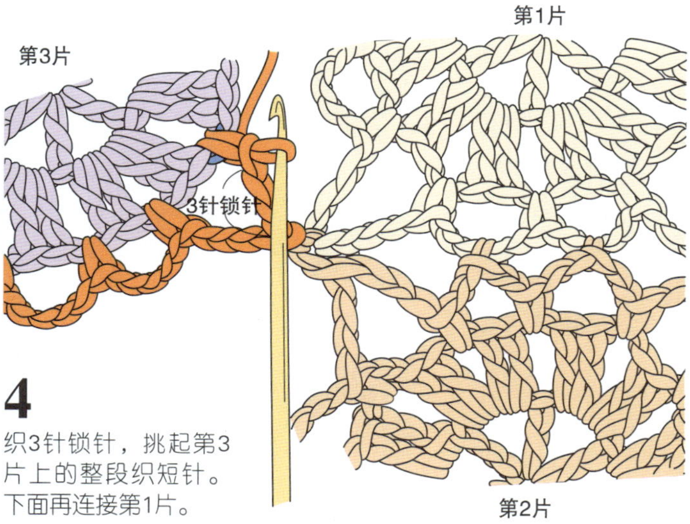

4 织3针锁针，挑起第3片上的整段织短针。下面再连接第1片。

连接第4片

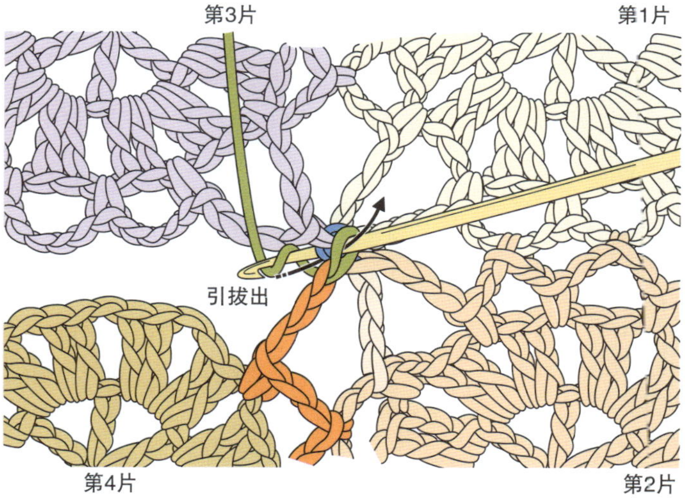

1 在连接部位的前面钩3针锁针，将针从上面插入第2片引拔针下面的2根线中，针钩住线并引拔出。

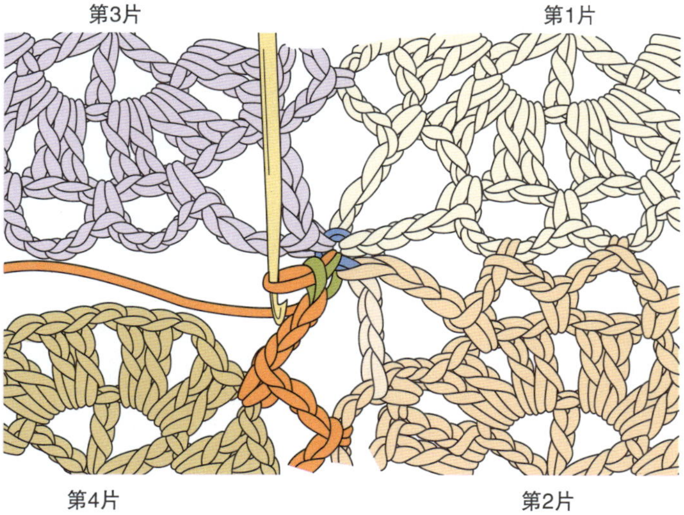

2 完成引拔后的样子。

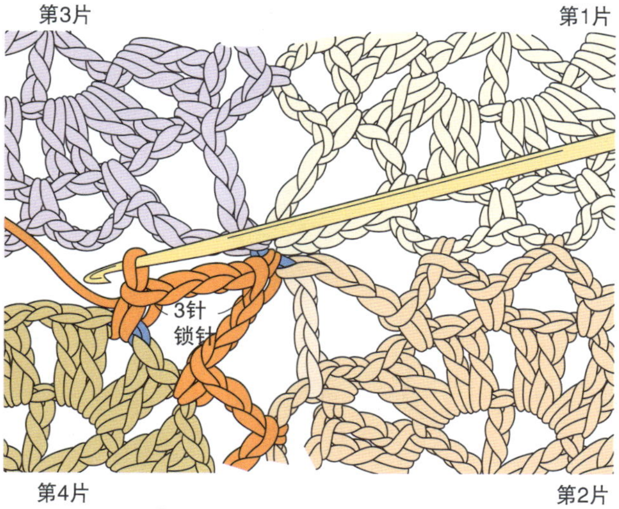

3 织3针锁针，挑起第4片上的整段织短针。下面连接第3片。

用短针进行连接的方法

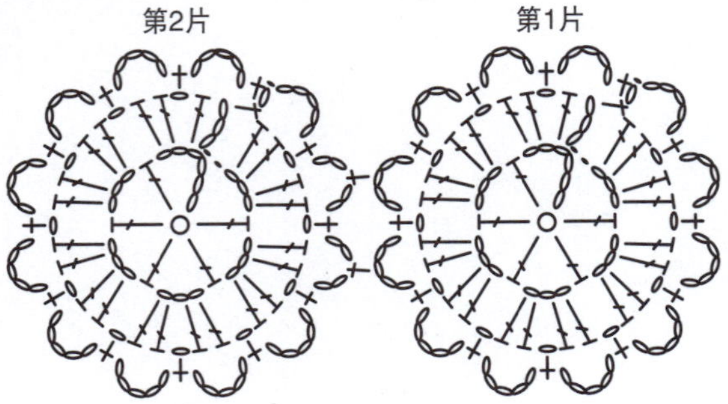

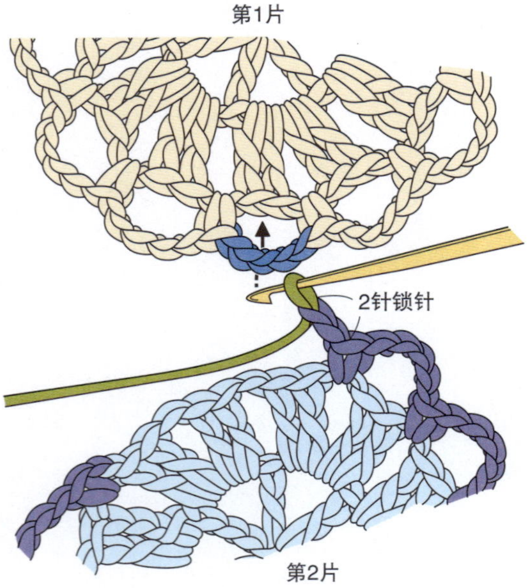

1 在连接部位前面织2针锁针，将针从后面插入第1片的整段锁针中。

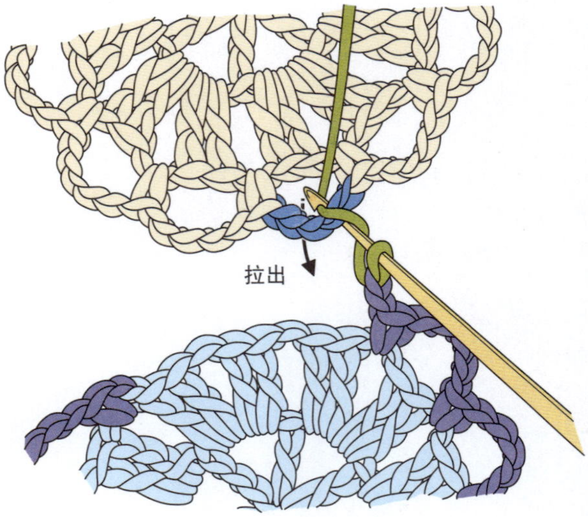

2 针钩住线并拉出。

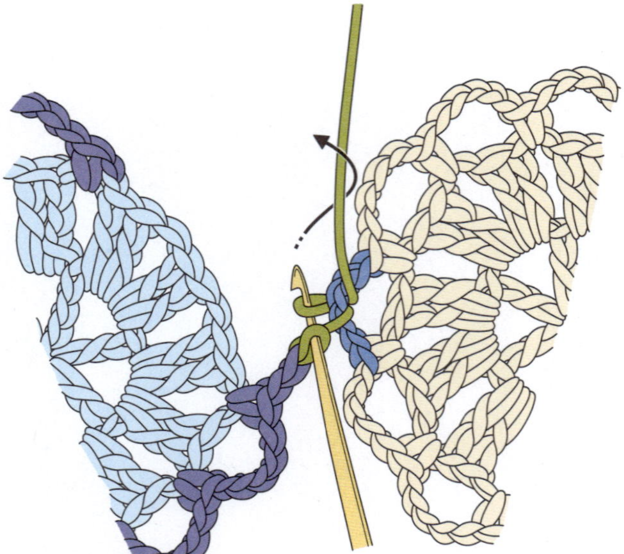

3 针钩住线。

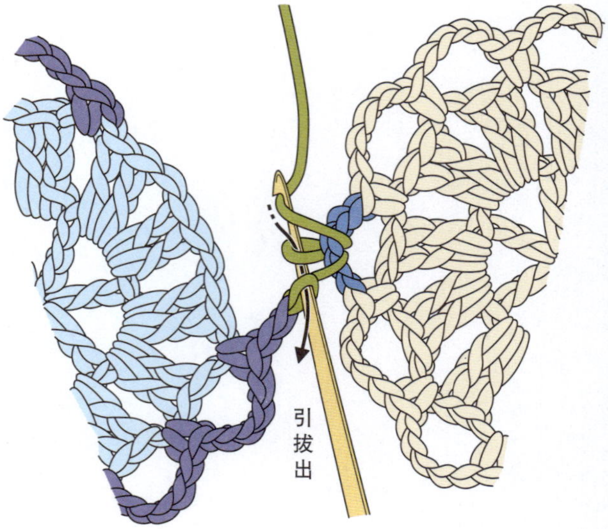

4 引拔出。

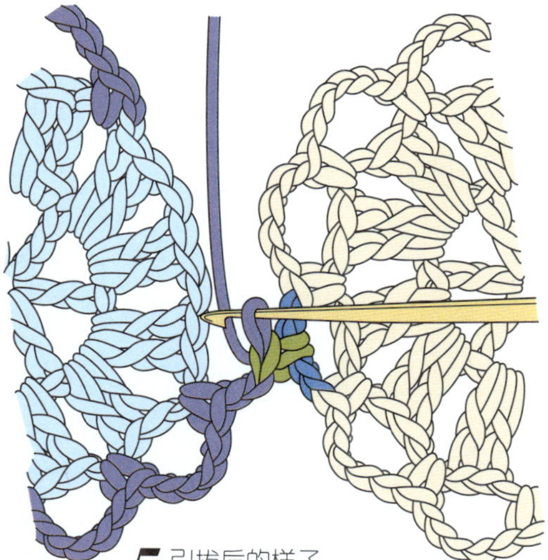

5 引拔后的样子。

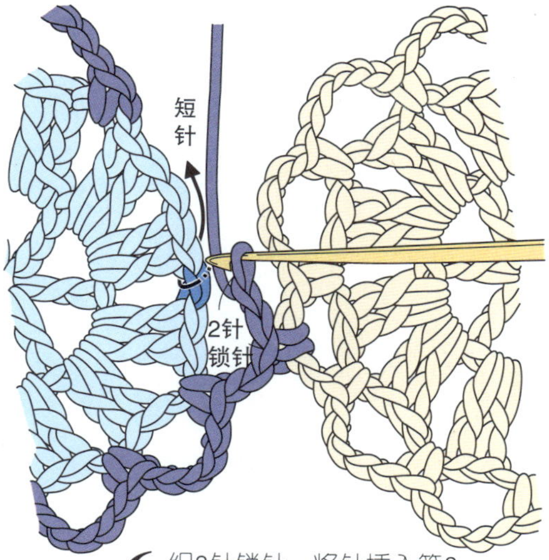

6 织2针锁针，将针插入第2片花样的整段中织短针。

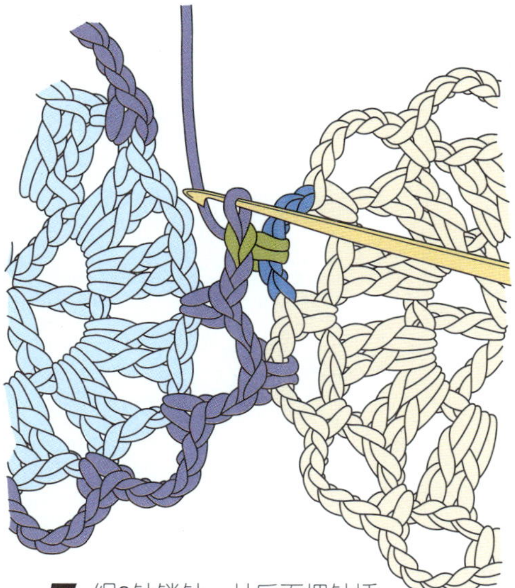

7 织2针锁针，从后面把针插入第1片的整段中织短针。

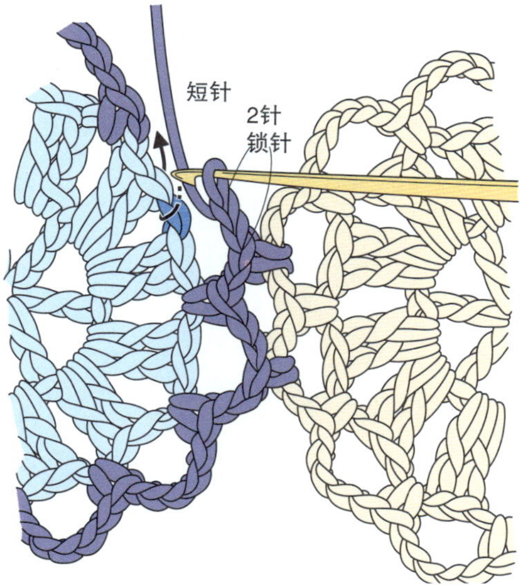

8 织2针锁针，按步骤6的说明，在第2片上织短针。

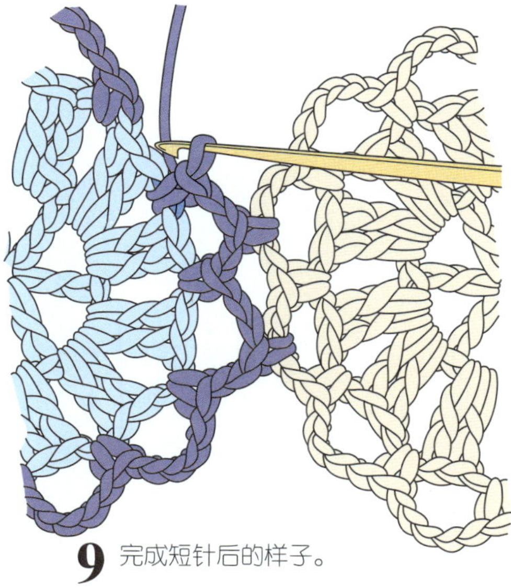

9 完成短针后的样子。

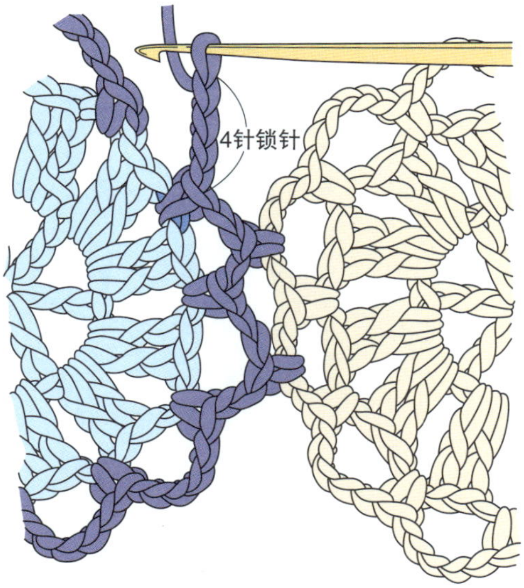

10 在第2片的最后织4针锁针，参考第49页的说明收尾。

用短针进行4片连接的方法

用短针进行4片连接的要点同用引拔针进行连接，都在转角处。第3、4片不是和第1片连接，而是和第2片连接。

连接第1、2片

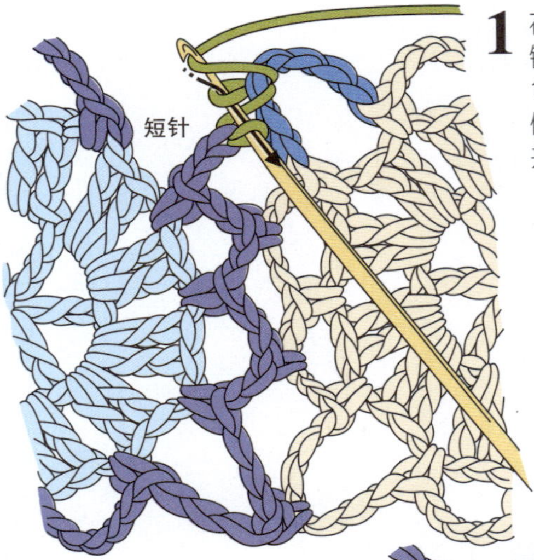

1 在连接部位的前面织3针锁针，将针从后面插入第1片整段的锁针中。针钩住线并拉出。再次钩住线并引拔出。

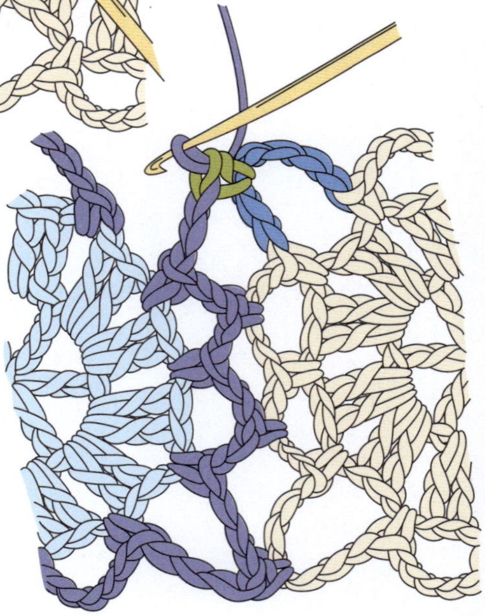

2 编织短针。

连接第3片

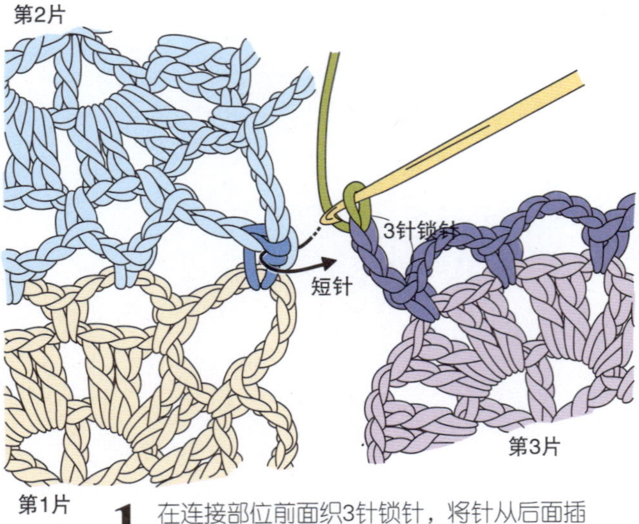

1 在连接部位前面织3针锁针，将针从后面插入第2片短针下面的2根线中。

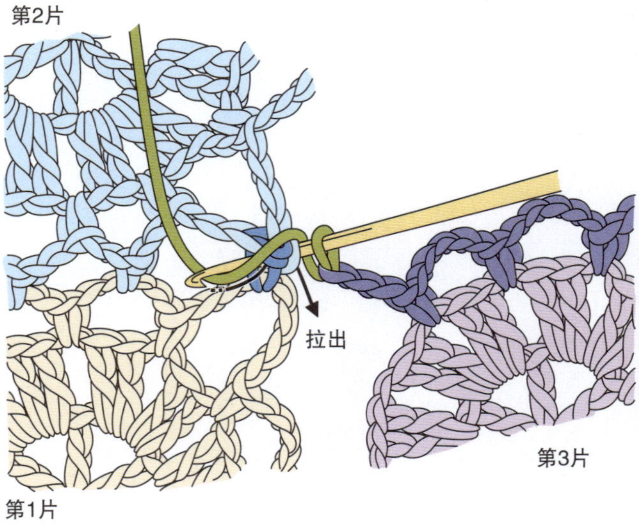

2 针钩住线并拉出。

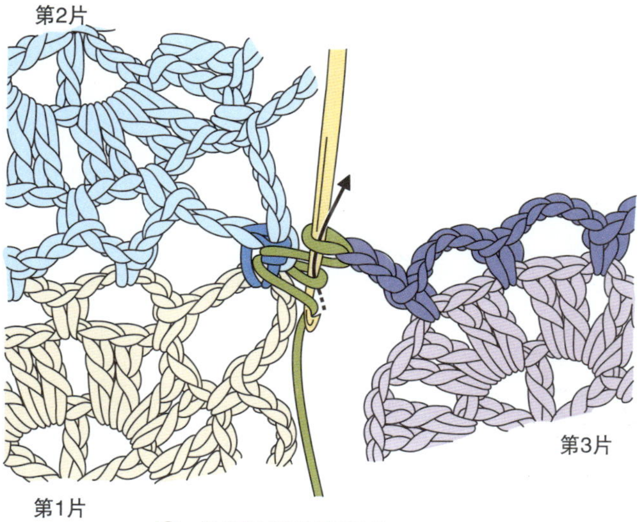

3 针钩住线并引拔出。

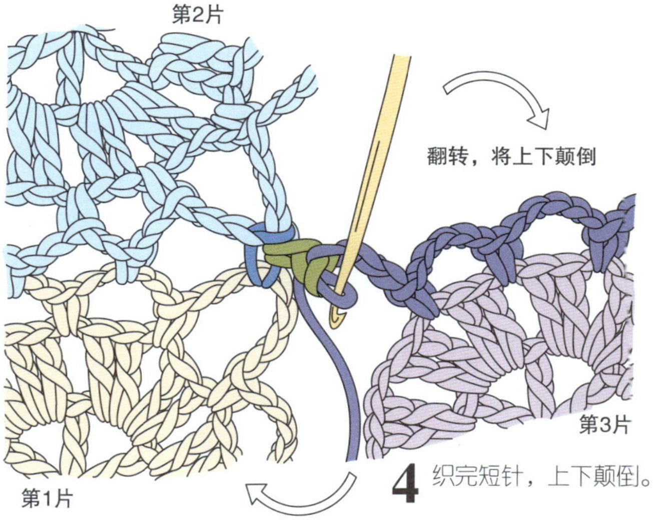

4 织完短针，上下颠倒。

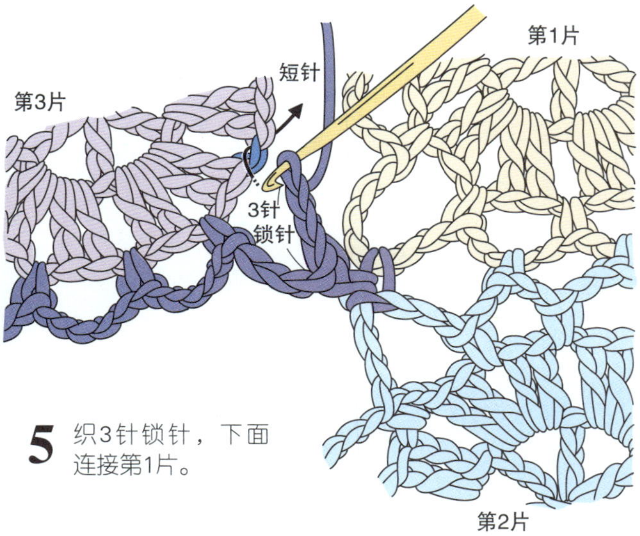

5 织3针锁针，下面连接第1片。

连接第4片

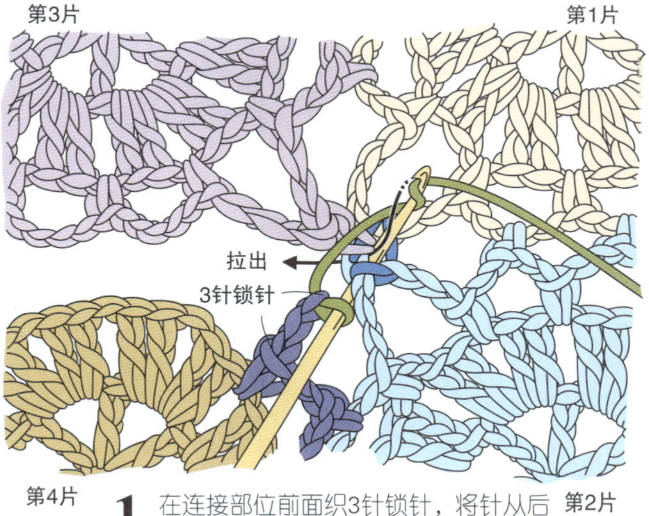

1 在连接部位前面织3针锁针，将针从后面插入第2片短针下面的2根线中，钩住线并拉出。

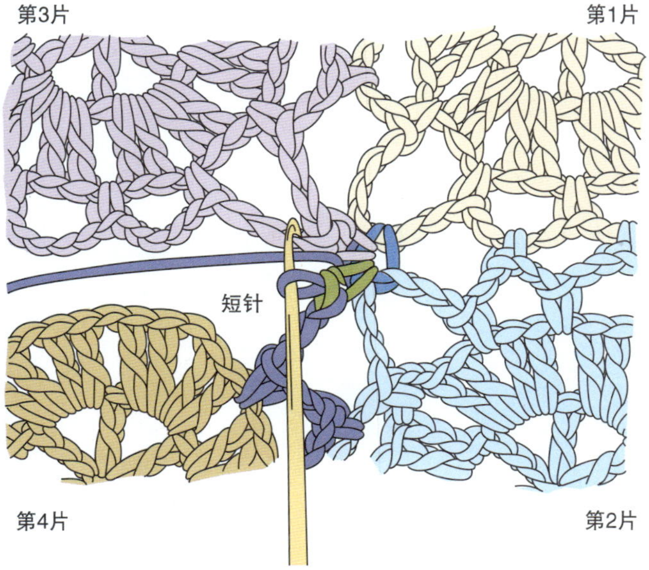

2 针钩住线引拔出，再织短针。

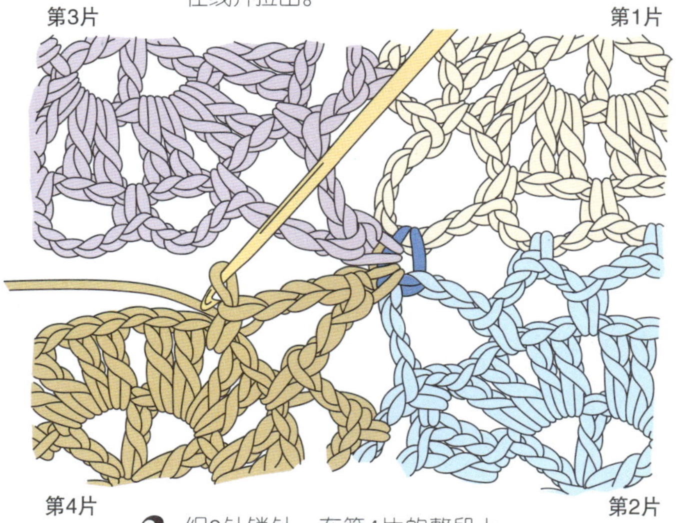

3 织3针锁针，在第4片的整段上织短针。下面连接第3片。

用长针进行连接的方法

织第1针时，要先把针从第2片抽出，从第1片织长针连接。然后挑起第1片的长针顶部进行编织。这样连接后会很结实，适用于长针编织的花样。

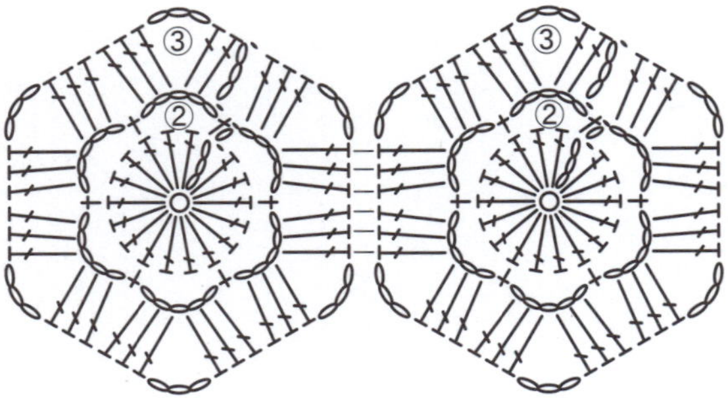

第2片　　第1片

第1针的编织方法

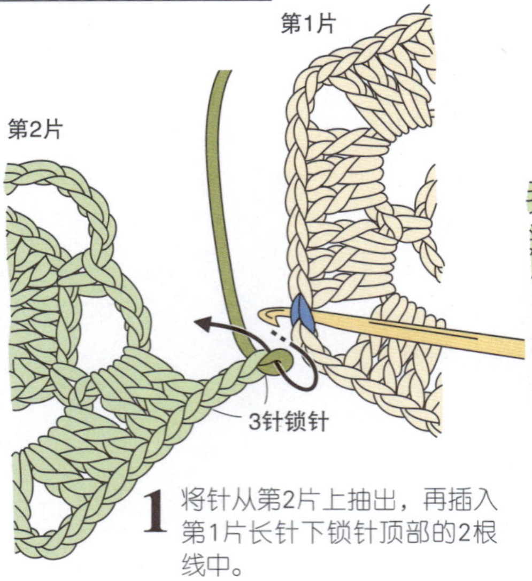

1 将针从第2片上抽出，再插入第1片长针下锁针顶部的2根线中。

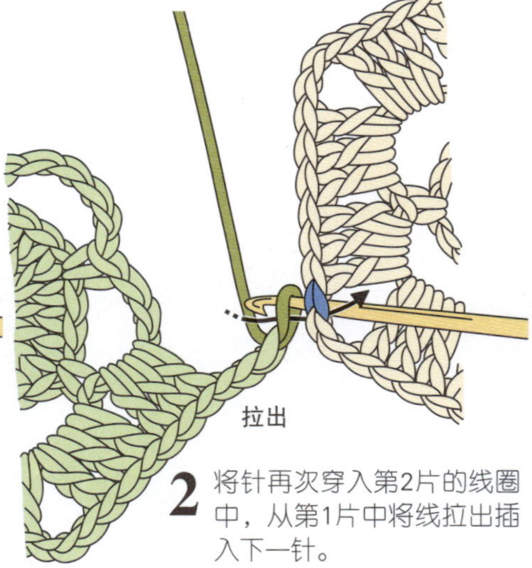

2 将针再次穿入第2片的线圈中，从第1片中将线拉出插入下一针。

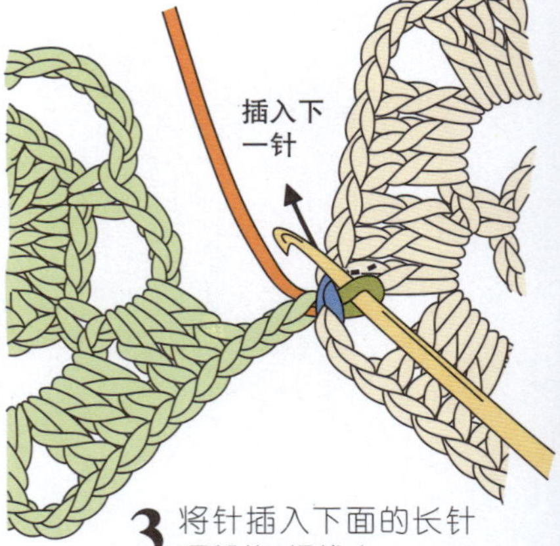

3 将针插入下面的长针顶部的2根线中。

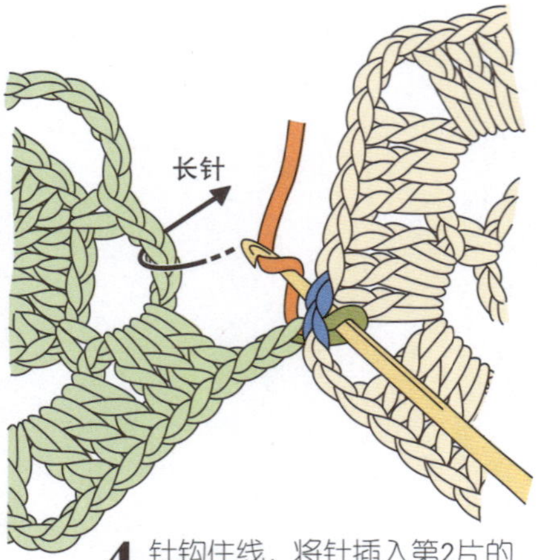

4 针钩住线，将针插入第2片的整段中织长针。

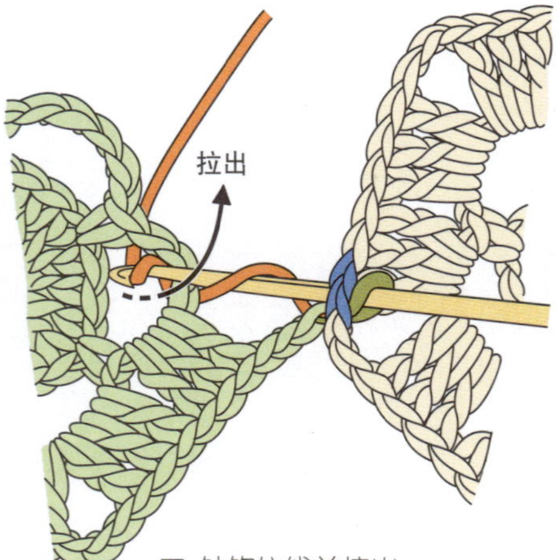

5 针钩住线并拉出。

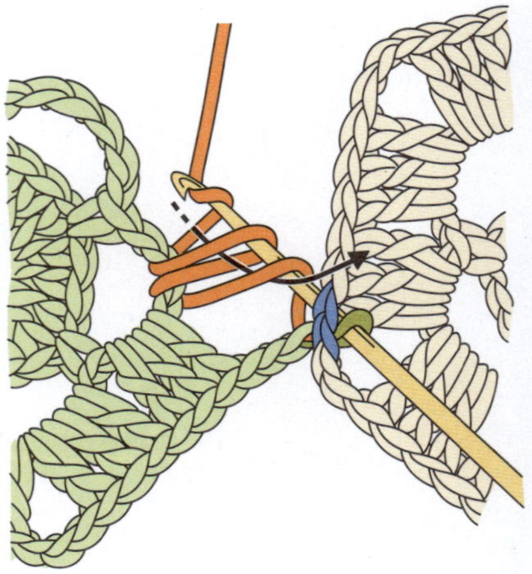

6 从2个圈中引拔出。

第2针的编织方法

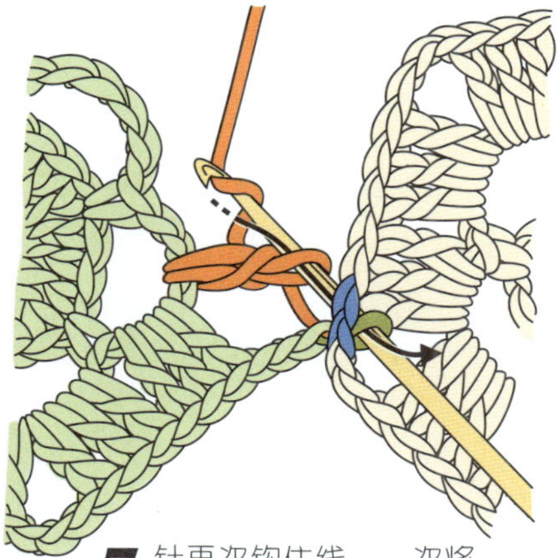

7 针再次钩住线，一次将线从针上所有的线圈中引拔出。

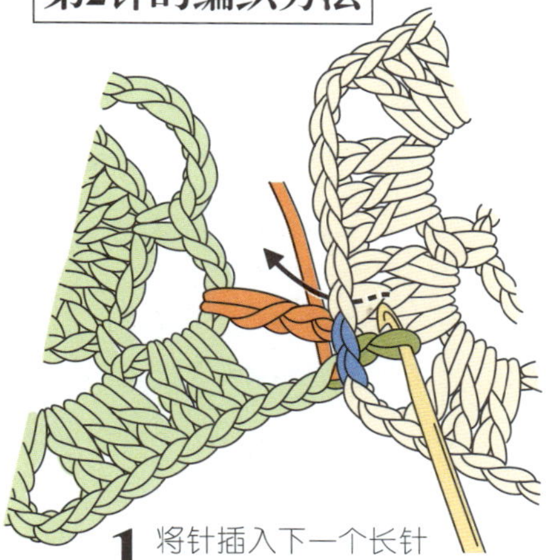

1 将针插入下一个长针顶部的2根线中。

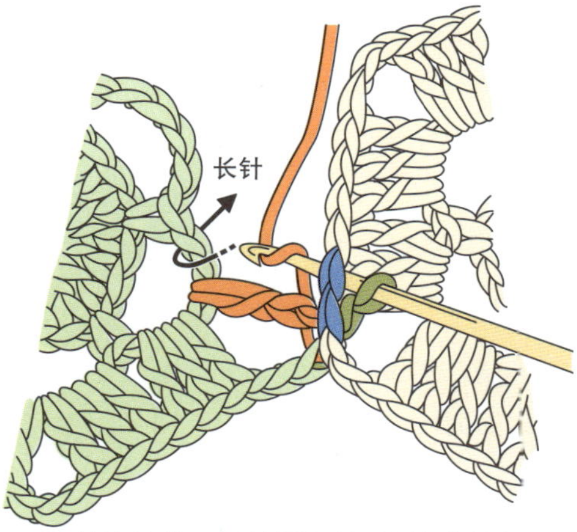

2 针钩住线，把针插入第2片的整段中。针钩住线，并从2个线圈中引拔出。

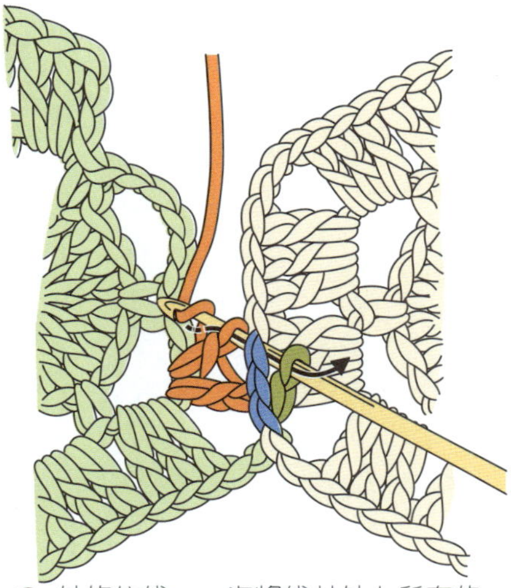

3 针钩住线，一次将线从针上所有的线圈中引拔出。

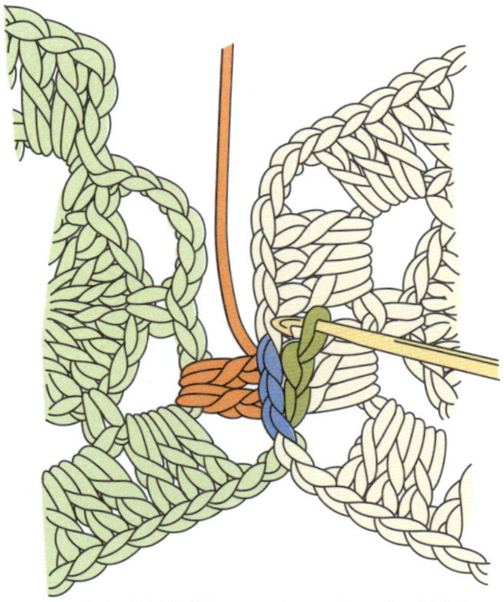

4 完成长针的样子。接下来，把针插入第1片长针顶部的2根线中织长针。

一边的结束方法

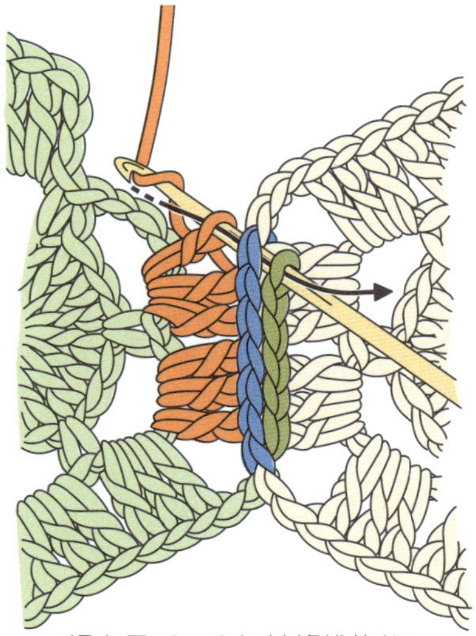

1 织完最后一个长针将线钩住。

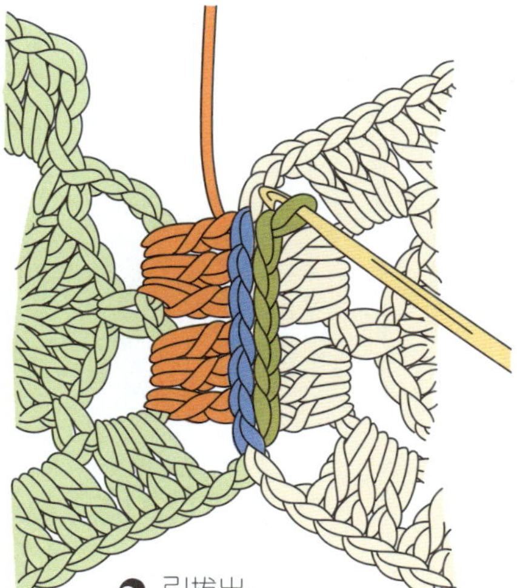

2 引拔出。

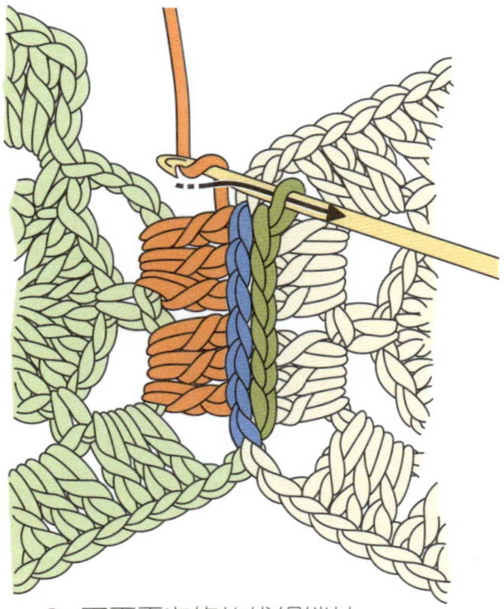

3 下面再次钩住线织锁针。

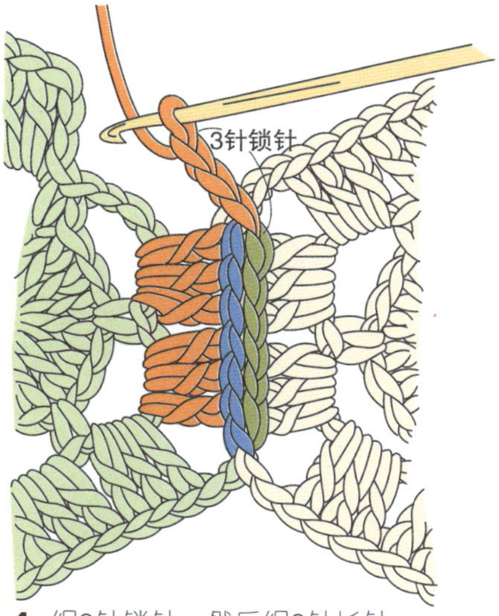

4 织3针锁针，然后织3针长针。参考第48页说明将线头收尾。

花瓣顶部连接的方法

从花瓣前面穿过另一边的花样织长针，在最后一个花瓣处边织边连接。

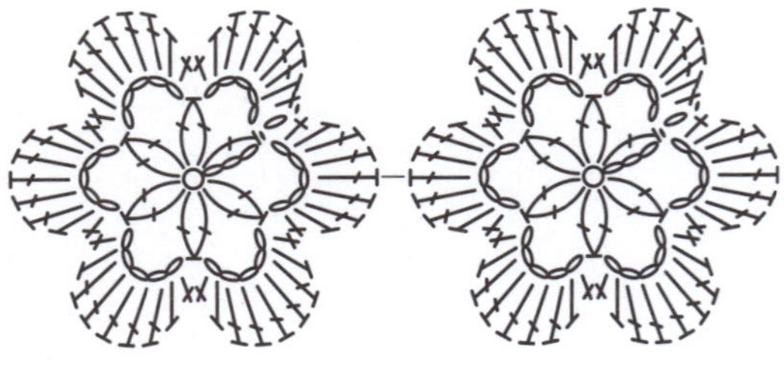

第2片　　第1片

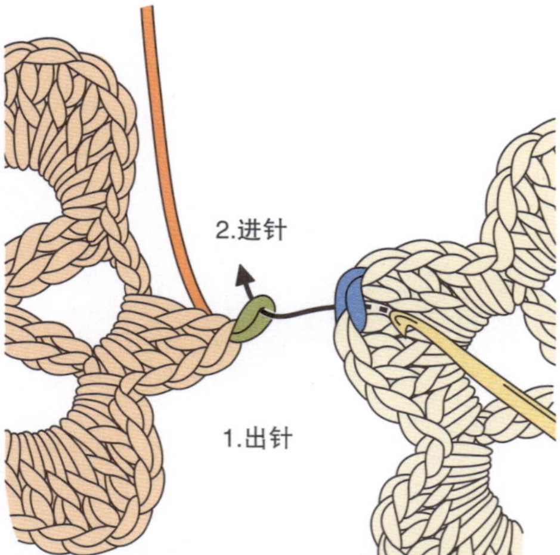

1 把针从第2片的线圈中抽出，再插入第1片长针顶部的2根线中。

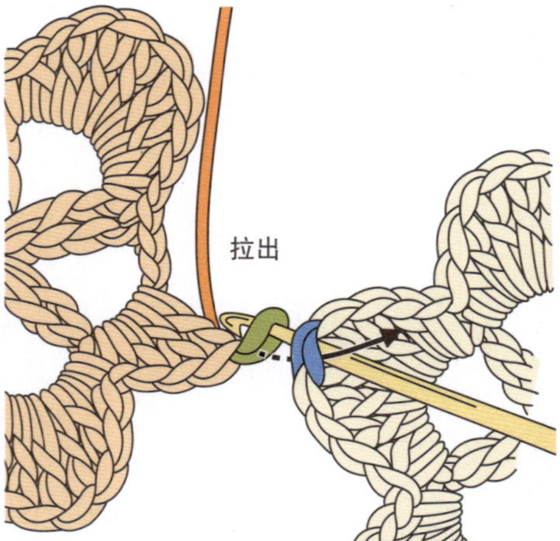

2 将针重新穿入第2片的线圈中，从第1片的2根线中拉出。

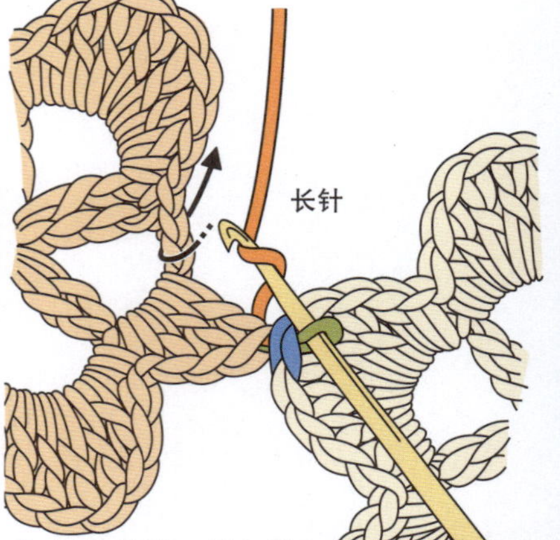

3 针钩住线，插入第2片的整段中织长针。

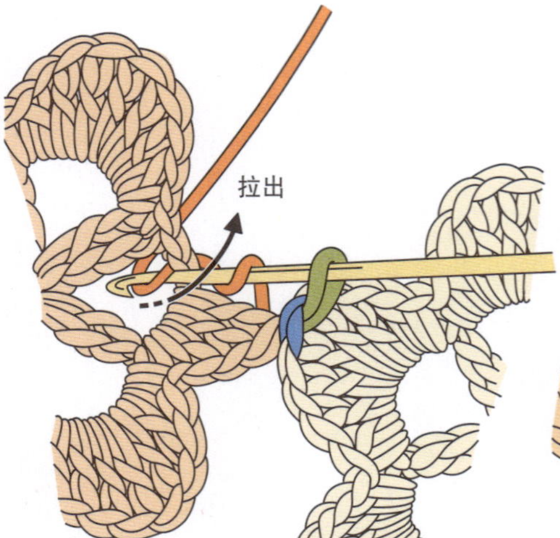

4 针钩住线并拉出。

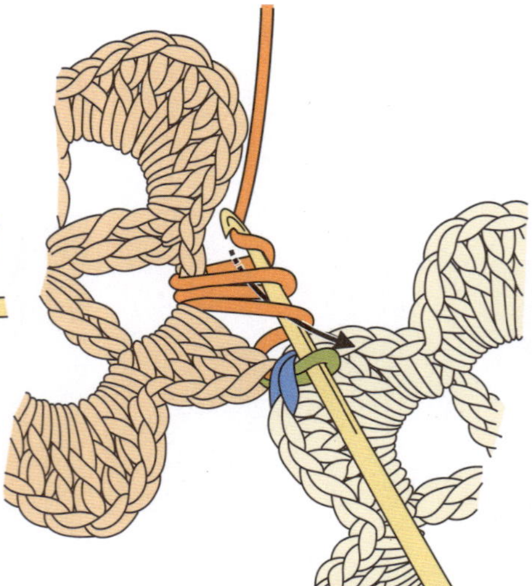

5 针钩住线从2个线圈中引拔出。

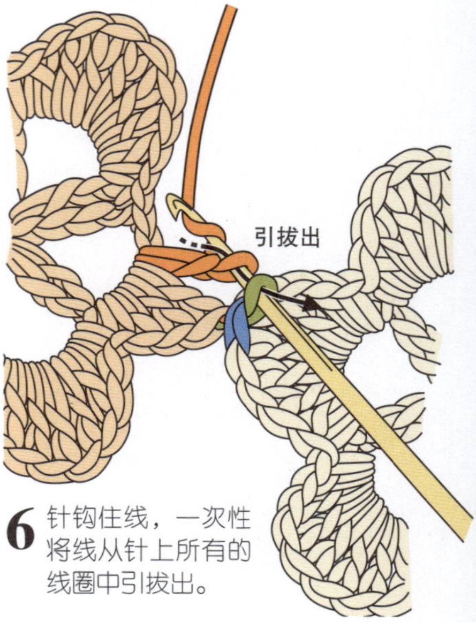

6 针钩住线，一次性将线从针上所有的线圈中引拔出。

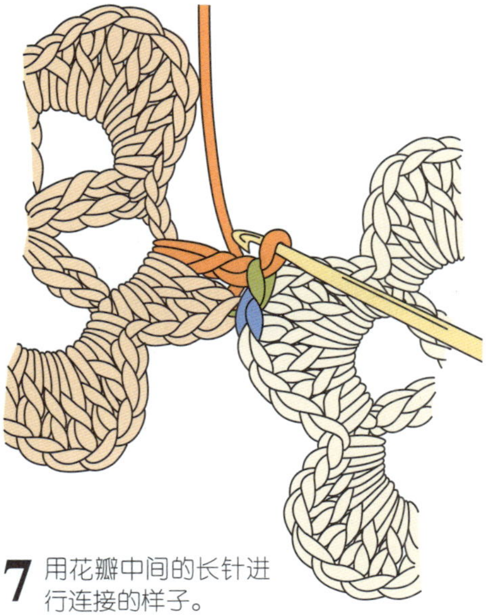

7 用花瓣中间的长针进行连接的样子。

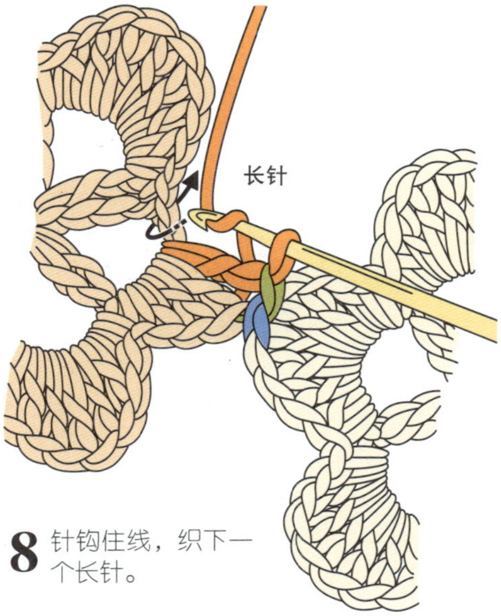

8 针钩住线，织下一个长针。

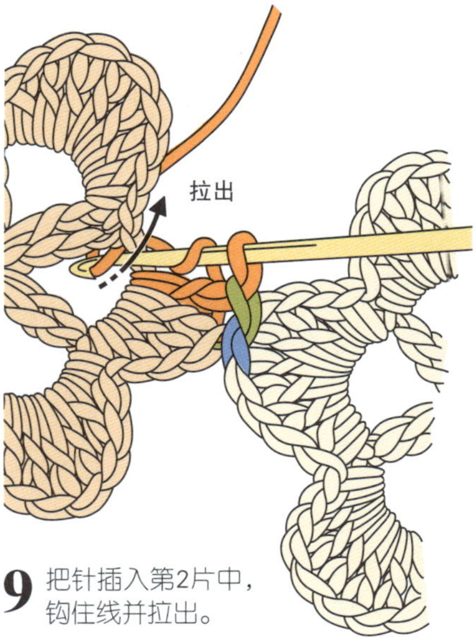

9 把针插入第2片中，钩住线并拉出。

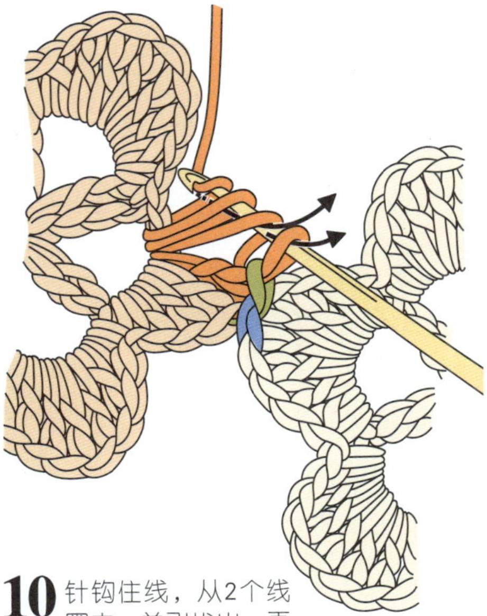

10 针钩住线，从2个线圈中一并引拔出。再次钩住线，从2个线圈中一并引拔出。

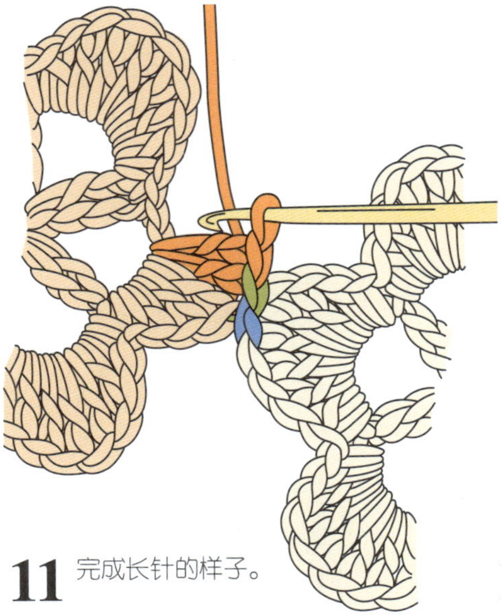

11 完成长针的样子。

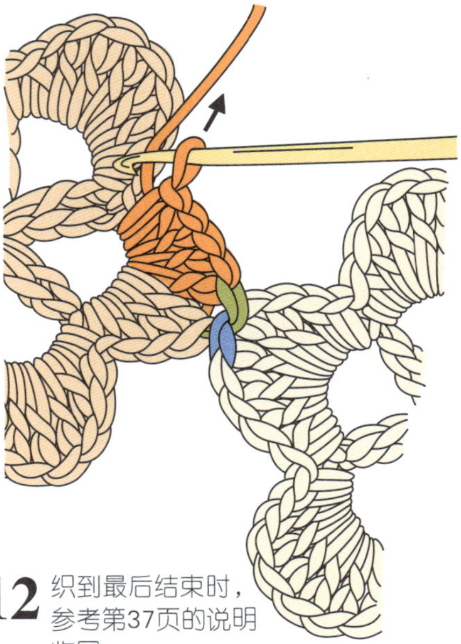

12 织到最后结束时，参考第37页的说明收尾。

织完所有花片后进行连接的方法

织完所有的花样边收线边连接。因为每片都已经织好，所以可以很轻松地进行连接。通常是先横向后纵向。

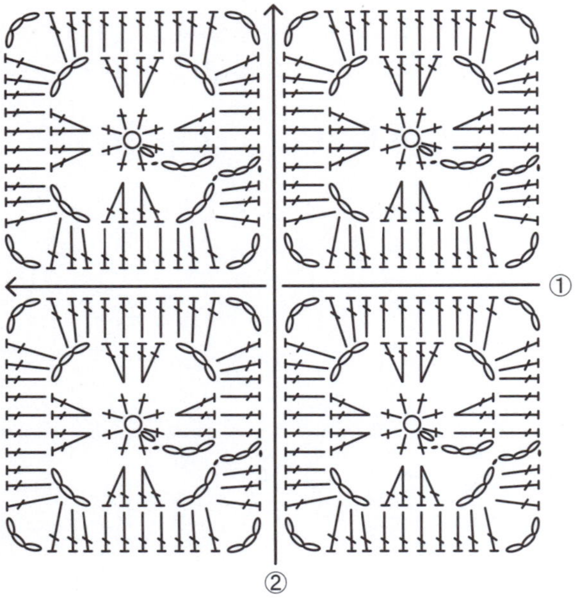

用短针进行连接的方法
（正面对着自己，在半针上编织）

横向　第1排

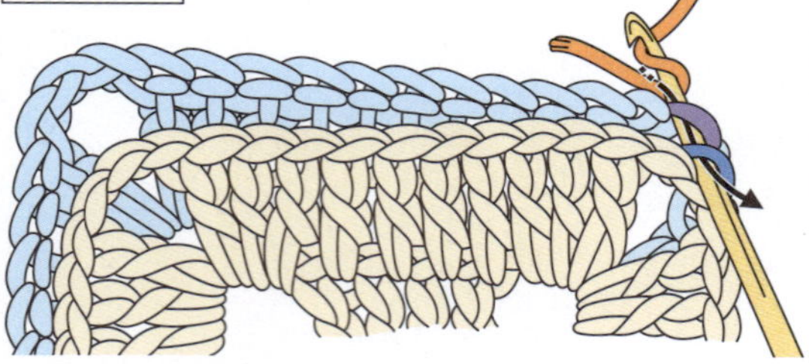

1 将2片反面相对，将针插入转角处锁针后面的半针中，然后钩住线。

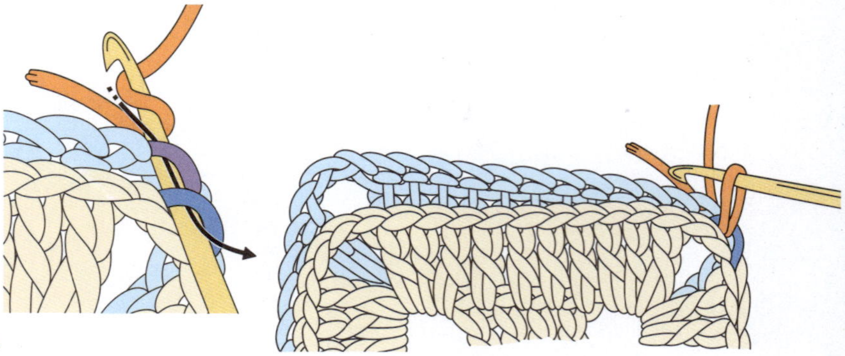

2 将线引拔出，线头放在左边。

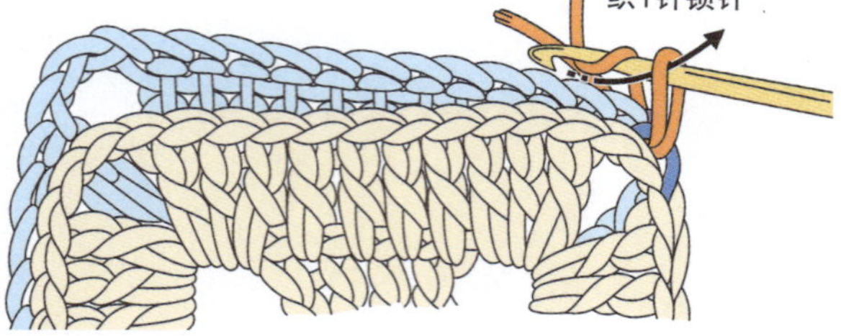

3 织1针锁针。

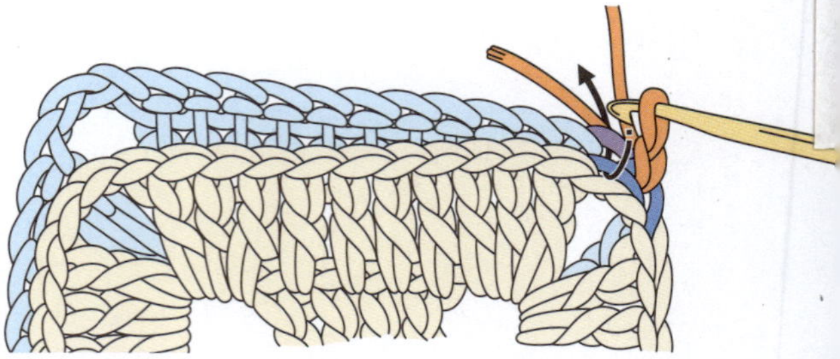

4 下面的锁针也是挑起后面的半针进行编织。

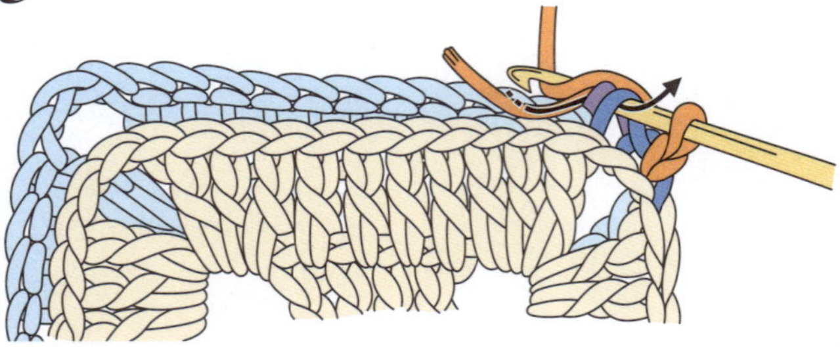

5 将线头放在针的上方，钩住线并拉出。

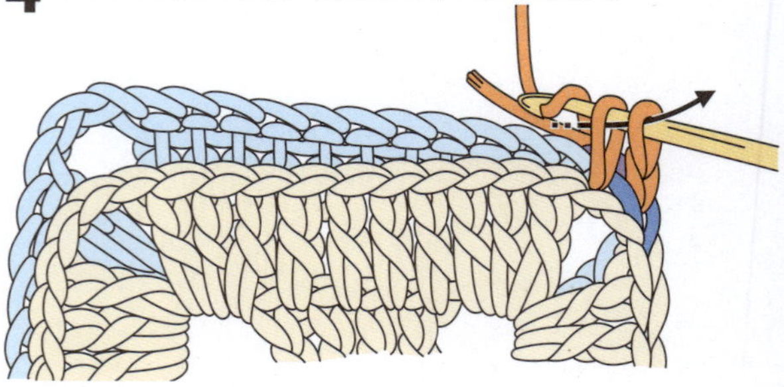

6 针钩住线并引拔出。

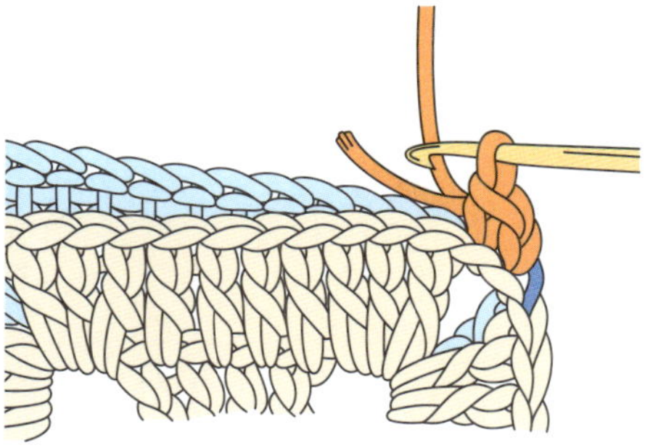

7 边包住线头边织短针。

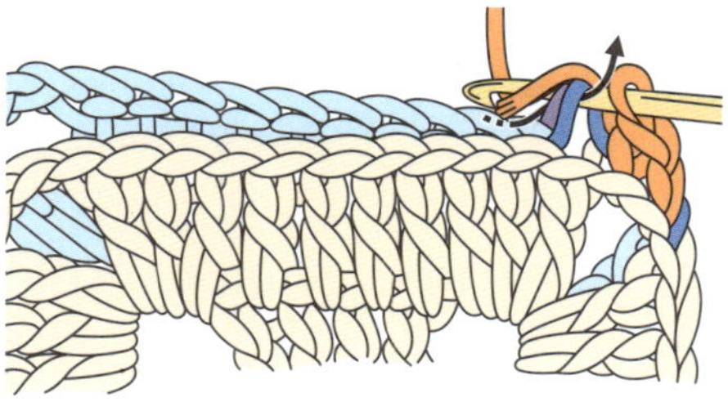

8 挑起下个长针顶部后面的半针，钩住线并拉出。

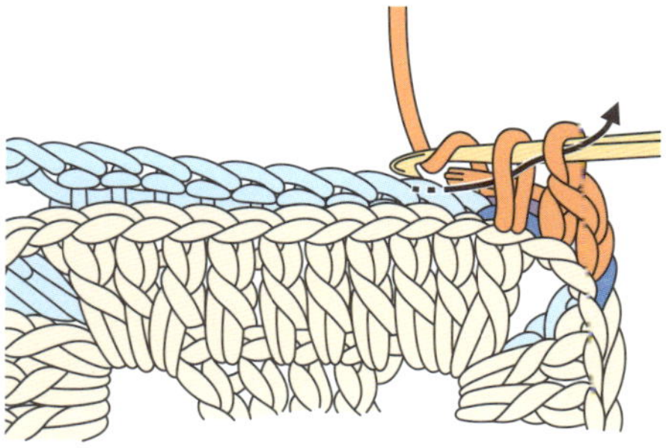

9 针钩住线并引拔出。

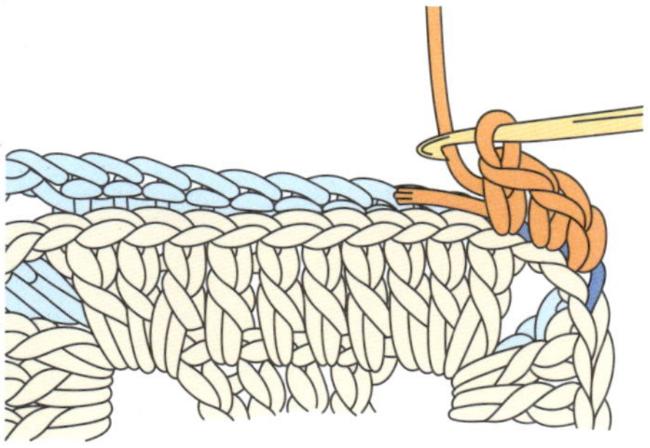

10 完成下一个短针的样子。

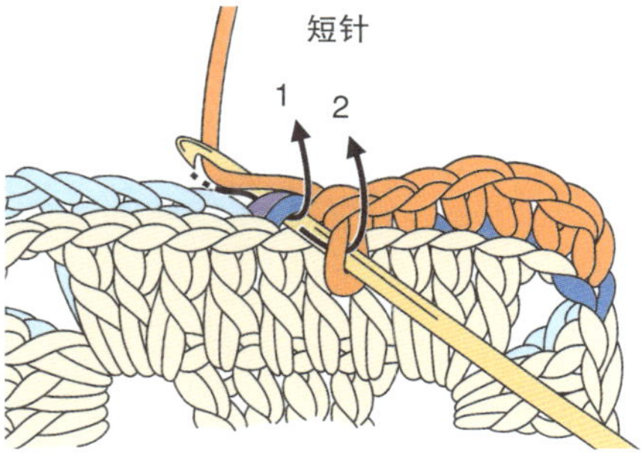

11 重复步骤8~10。

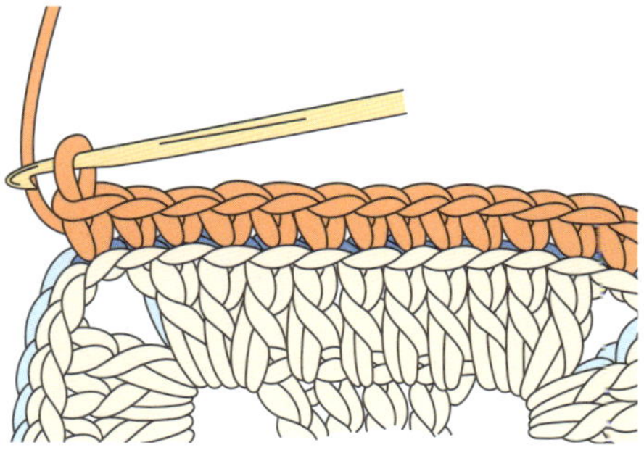

12 织到下一个转角处的第2个锁针为止。

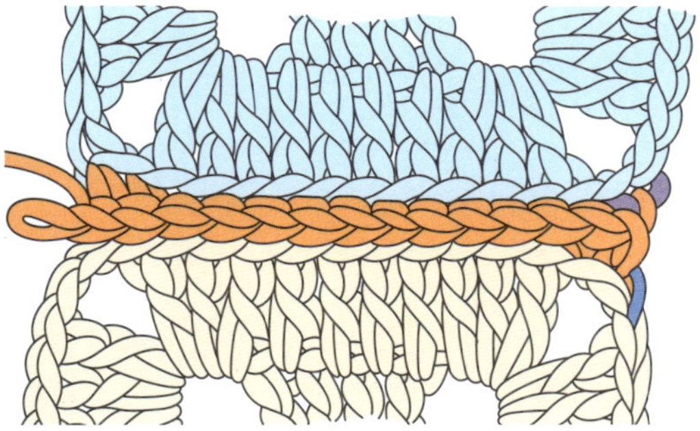

13 将织片打开后的样子。

要点

2个花样的每个半针对齐。若变换连接线的颜色，作品也会给人不同的感觉。

第2排

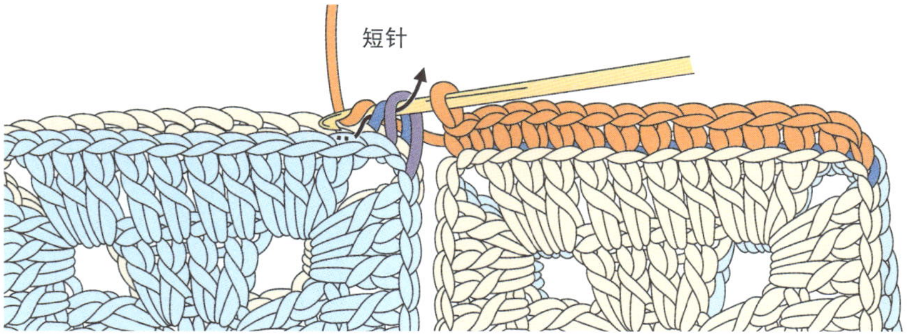

1 将针插入第2排花样转角中间锁针后面的半针中，钩住线。

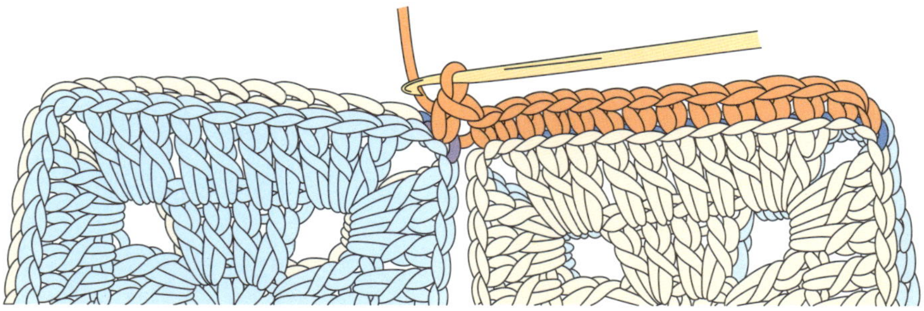

2 将线拉出，织短针。然后重复第1排的步骤4~12。

纵向

第1排

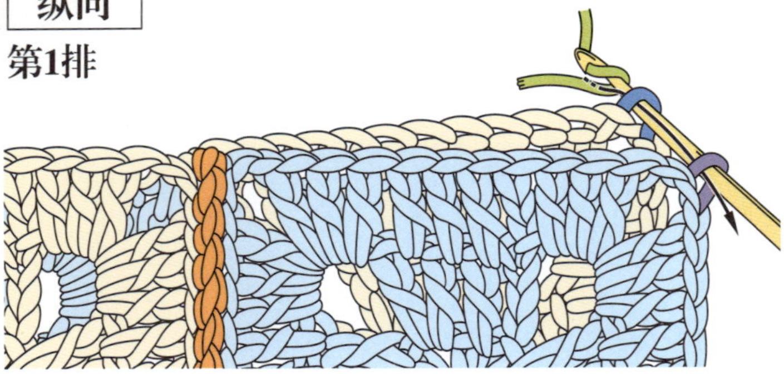

1 将针插入转角中锁针后面的半针中，钩住线并拉出，织锁针。

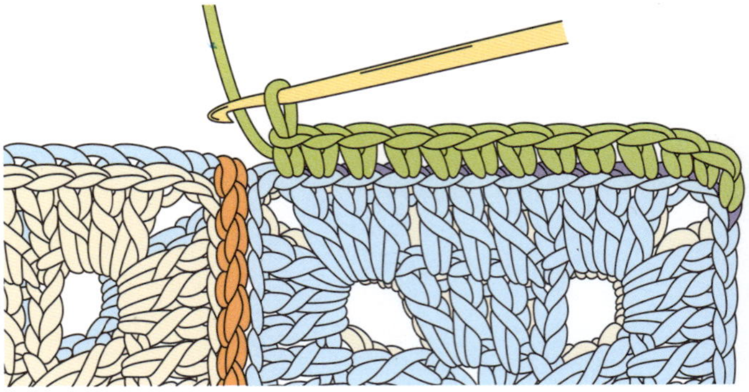

2 重复横向连接的步骤4~10，连接到下个转角的第1针锁针为止。

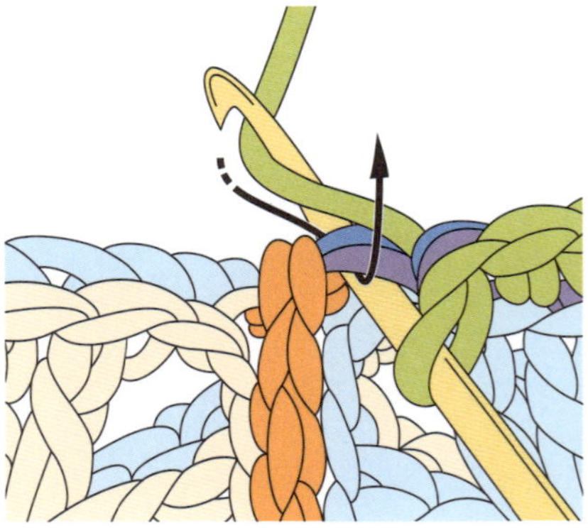

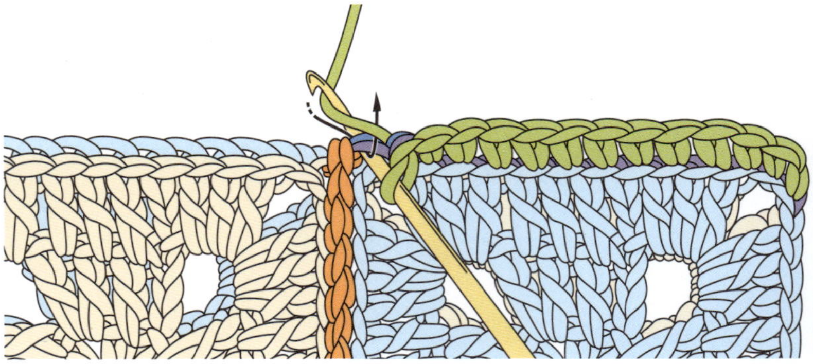

3 转角中间的锁针要在同一针处进针，织短针。

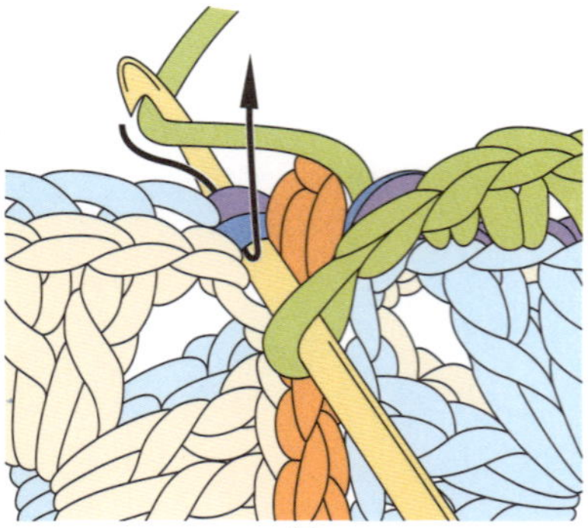

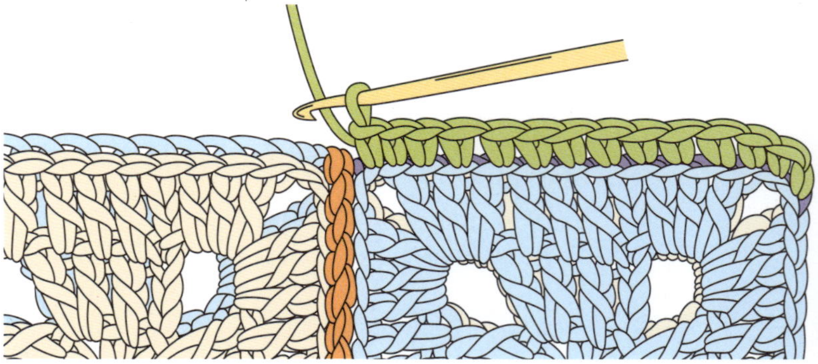

4 完成转角中间的短针编织。

第2排

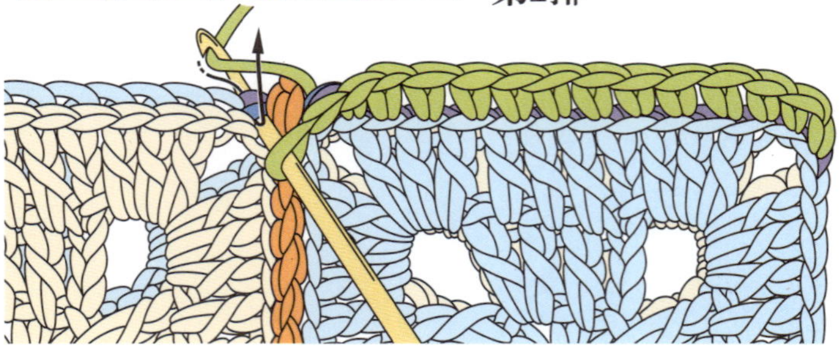

1 将针插入第2排转角中间锁针后面的半针中（穿过横向连接的1针），钩住线。

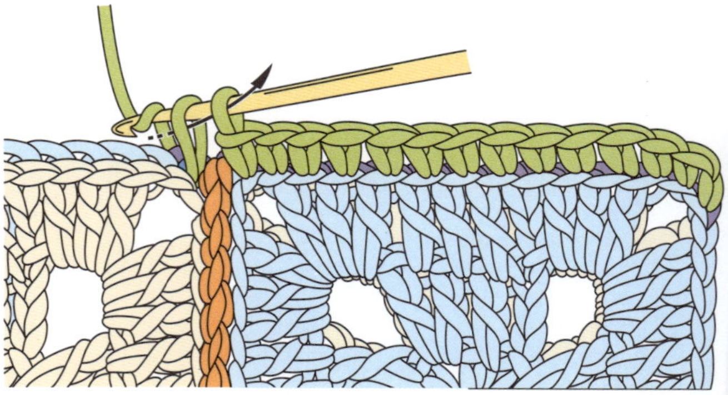

2 将线拉出，针钩住线并引拔出。

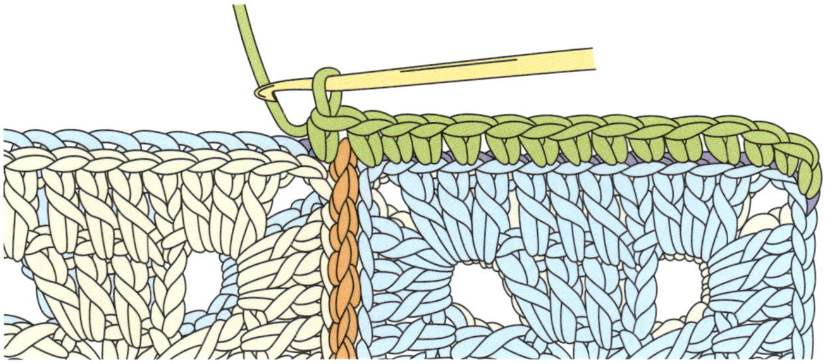

3 完成第2排第1针短针的样子。

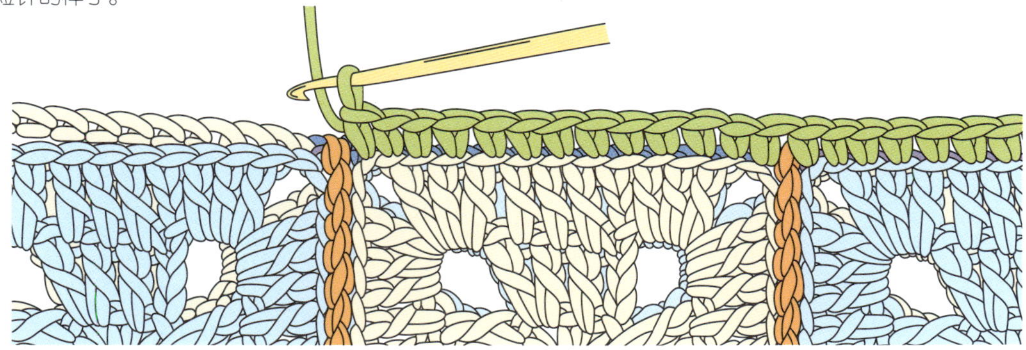

4 第3排以后的连接步骤同第2排。

用引拔针连接的方法（正面相对，挑半针编织）

正面

反面

横向

第1排

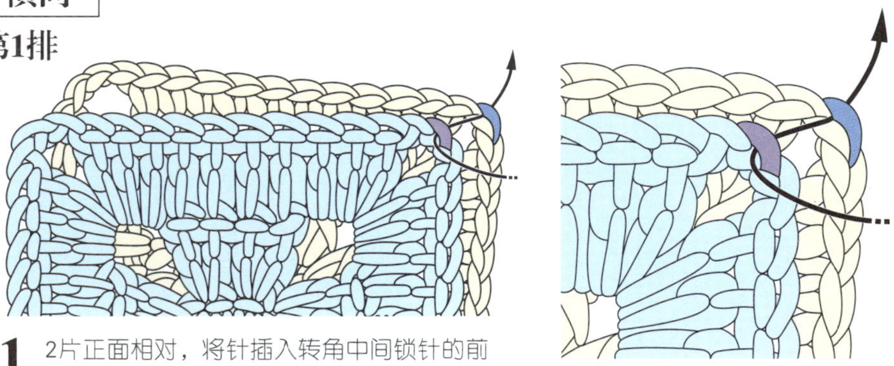

1 2片正面相对，将针插入转角中间锁针的前面半针中。

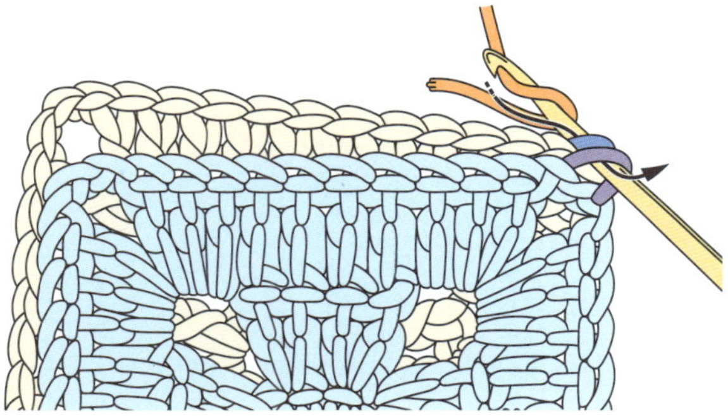

2 针钩住线并引拔出。

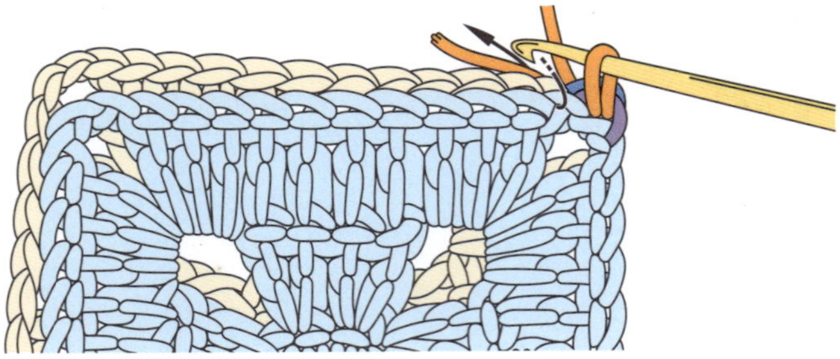

3 下面的锁针也是从前面的半针进针。

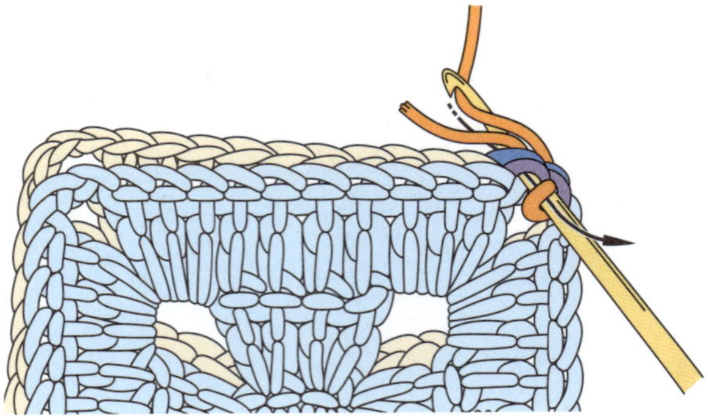

4 将线头放在针上，针钩住线并引拔出。

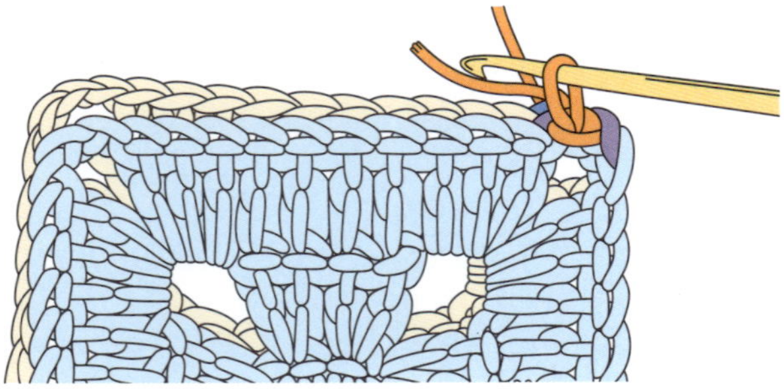

5 完成引拔后的样子。

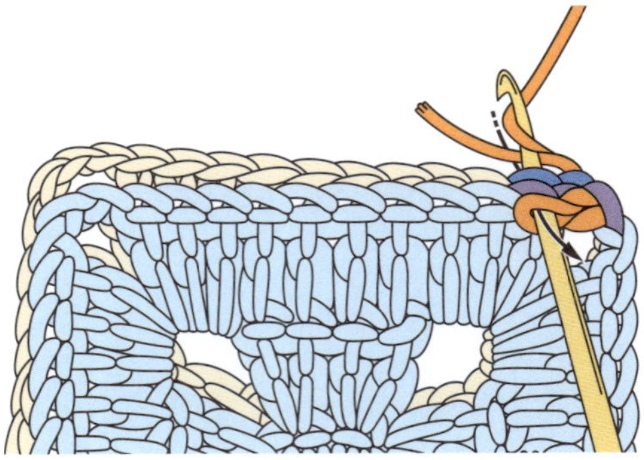

6 下面也是在长针顶部前面的半针进针，线头放在针的下面。针钩住线并引拔出。

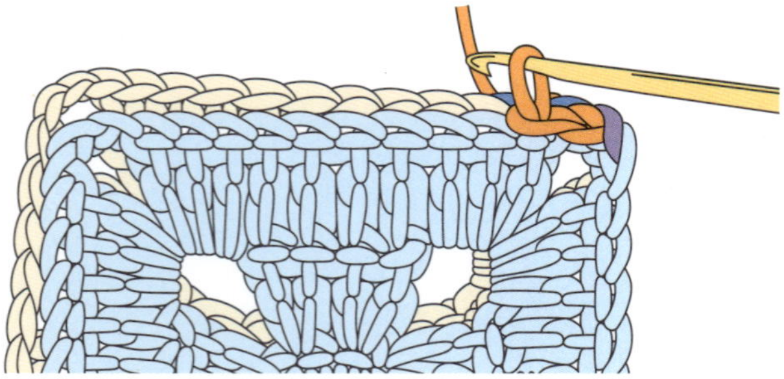

7 完成引拔后的样子。

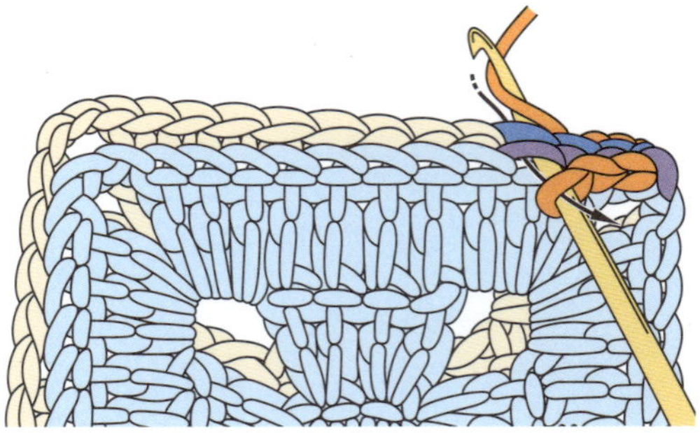

8 然后重复步骤6。

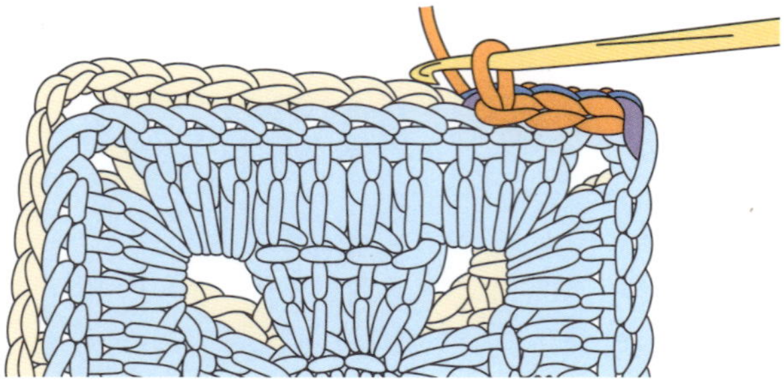

9 完成3针引拔后的样子。

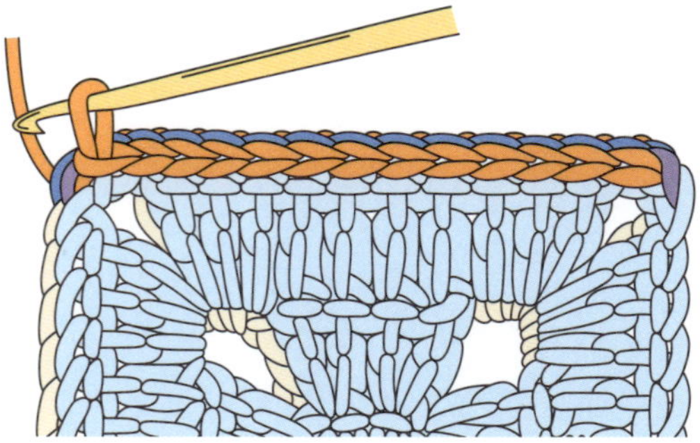

10 织到下一个转角处的锁针为止。

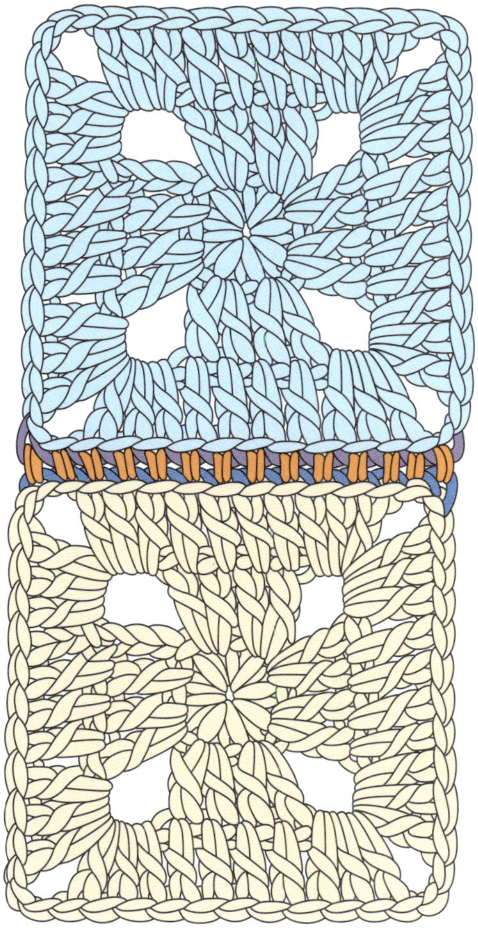

11 将织片展开，花样边缘的半针都很整齐地排列着。

要点

连接起始处的线头要放在反面，藏在引拔针的针目里。结束时的线头也同样处理。

第2排

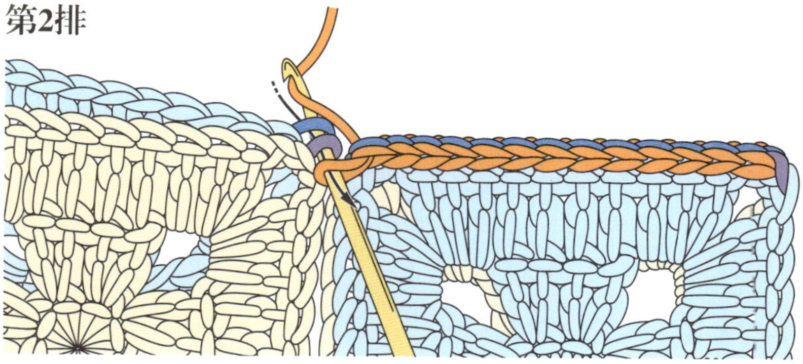

1 将针插入第2排花样转角中间锁针前面的半针中，针钩住线并引拔出。

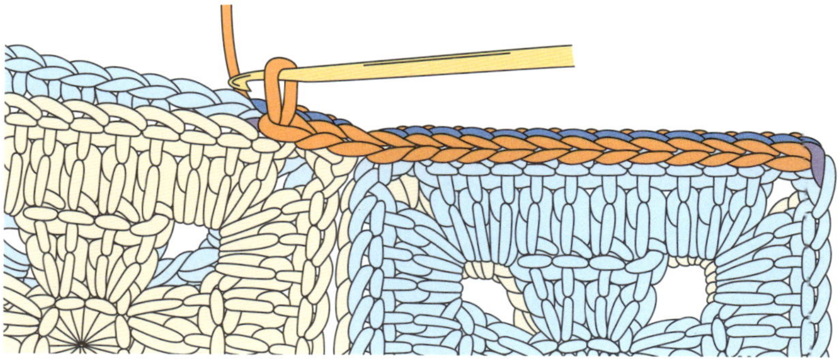

2 下面的连接方法同第1排。

纵向

第1排

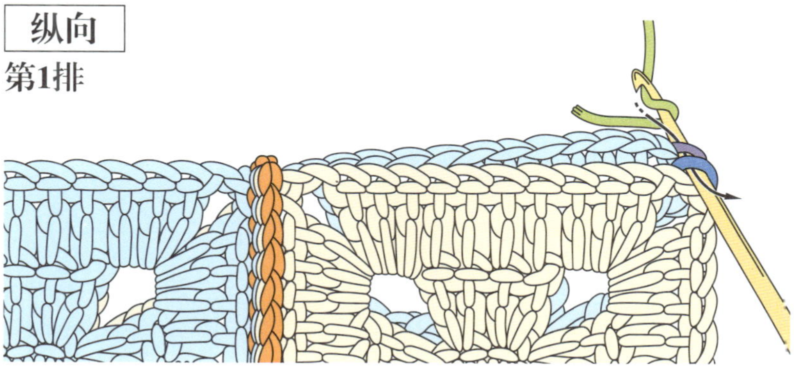

1 将针插入转角中间锁针的前面半针中，钩住线并引拔出。

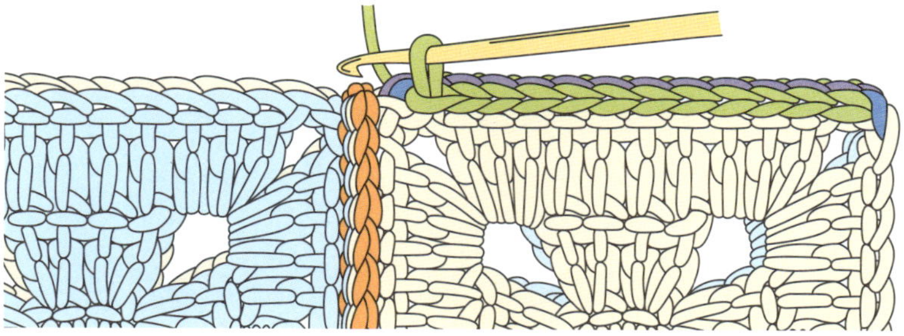

2 参考横向连接第1排步骤3~7的说明，连到转角中间的锁针为止。

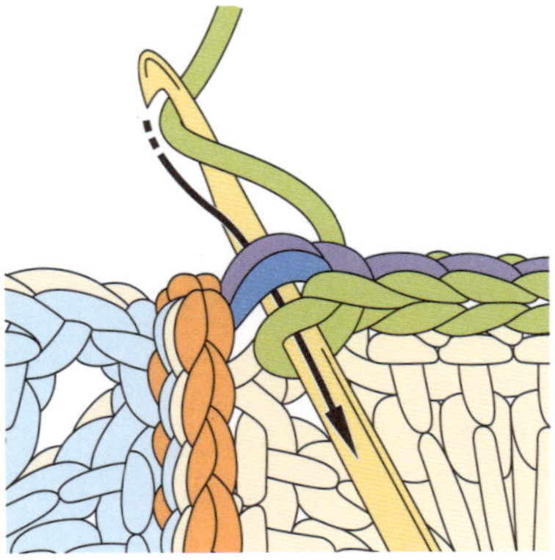

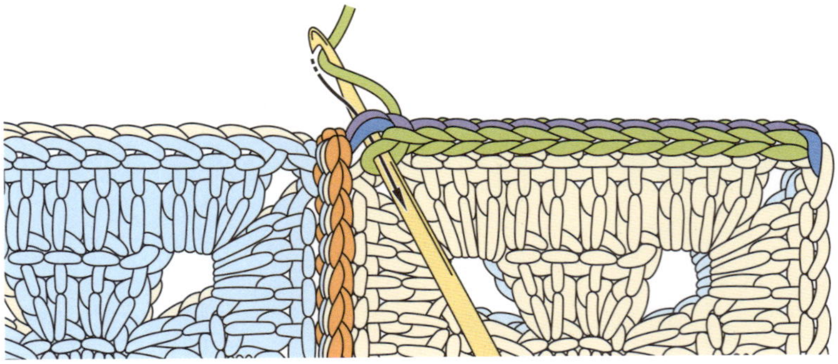

3 转角中间的锁针要穿过横向连接的位置，但要在同一针处进针，钩住线并引拔出。

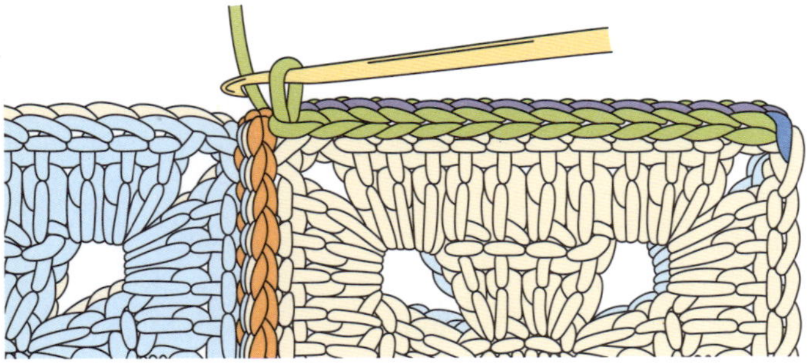

4 转角中间引拔出的样子。

第2排

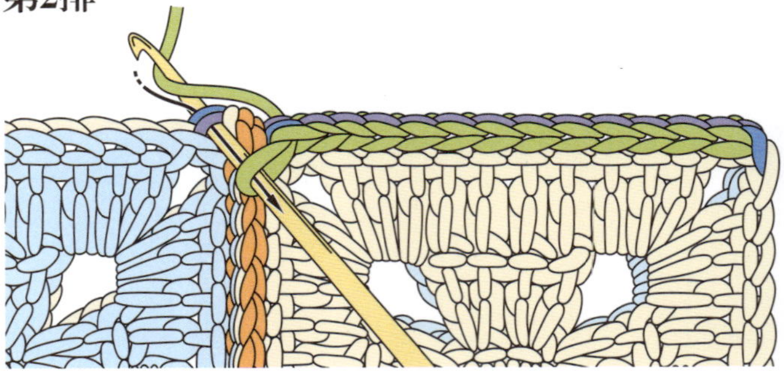

1 将针插入第2排花样转角中间的锁针前面的半针中（穿过横向连接的部位），钩住线并引拔出（参见第66页）。

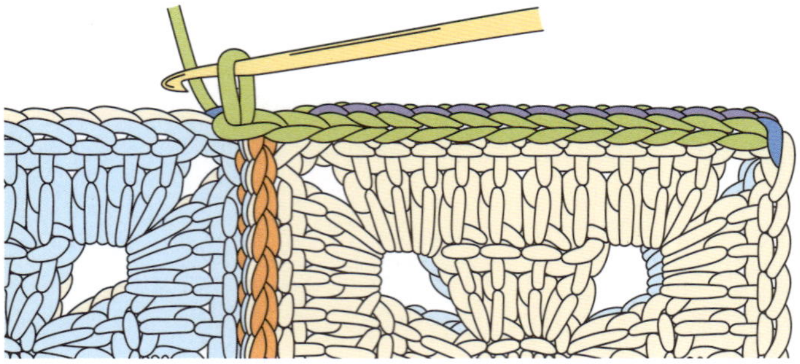

2 完成引拔后的样子。

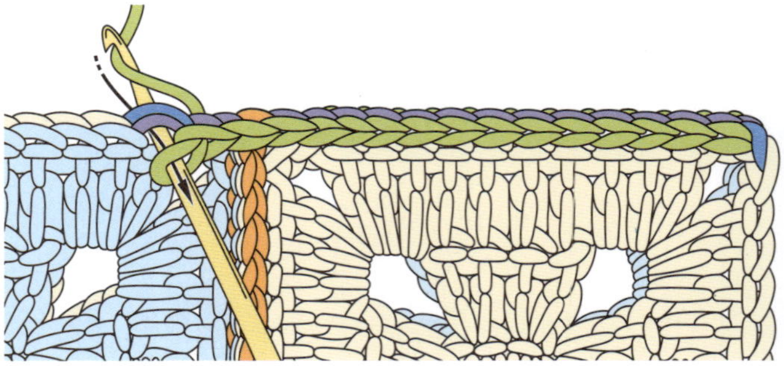

3 下面都是在长针顶部的前面的半针上引拔后连接。

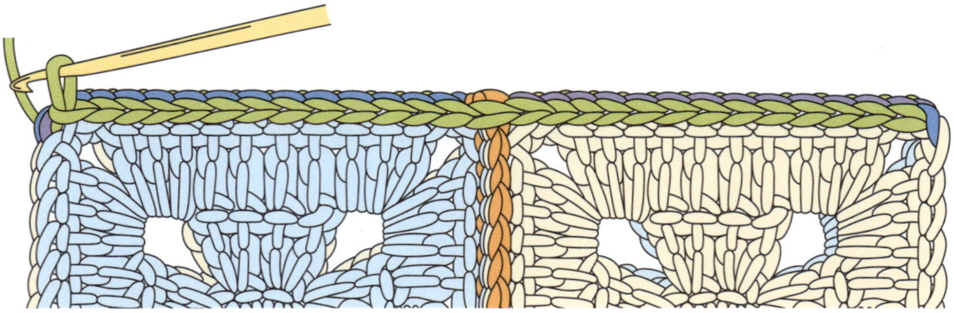

4 第2排连接完毕的样子。

用卷针缝连接的方法（反面相对，将针目全部缝合）

这是挑起边缘上2根线缝合的方法。适合长针等编织较密集的花样。但不适合连接接合部位较少的网状等镂空花。缝合线需准备约60cm（太长不方便卷针缝，线也会磨损）。

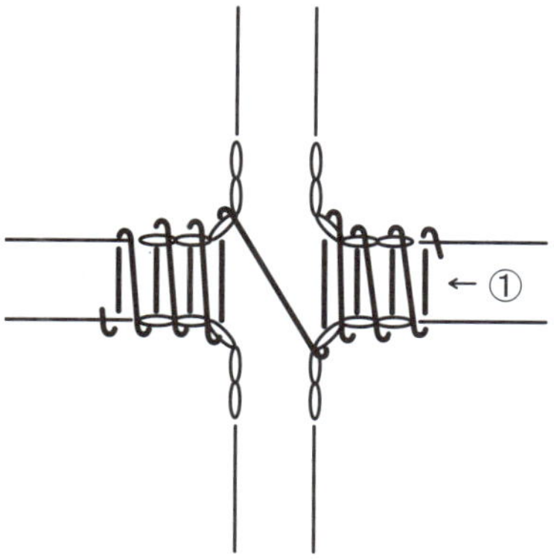

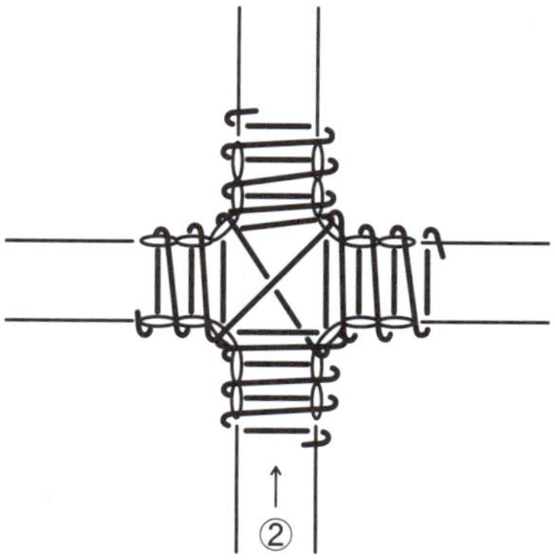

横向

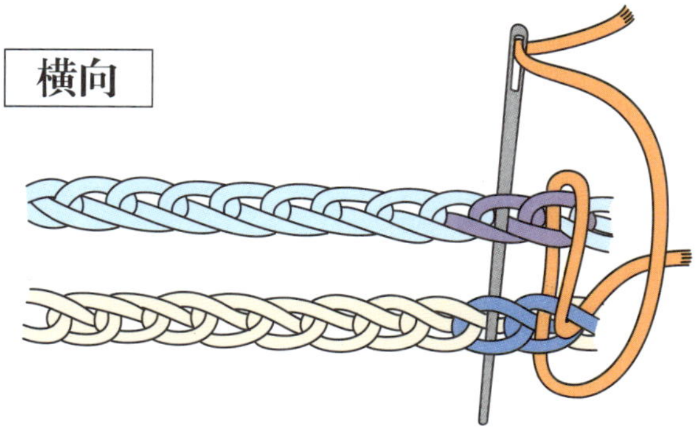

第1排

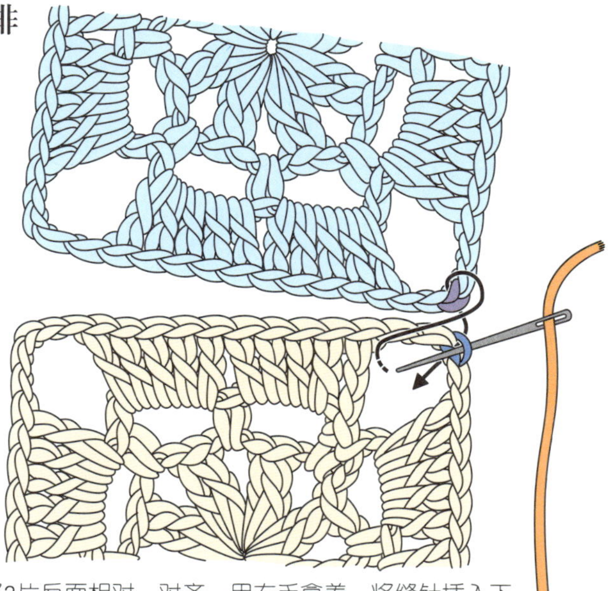

1 将2片反面相对，对齐，用左手拿着。将缝针插入下面的花样转角中间锁针的后面半针中，把线拉出。

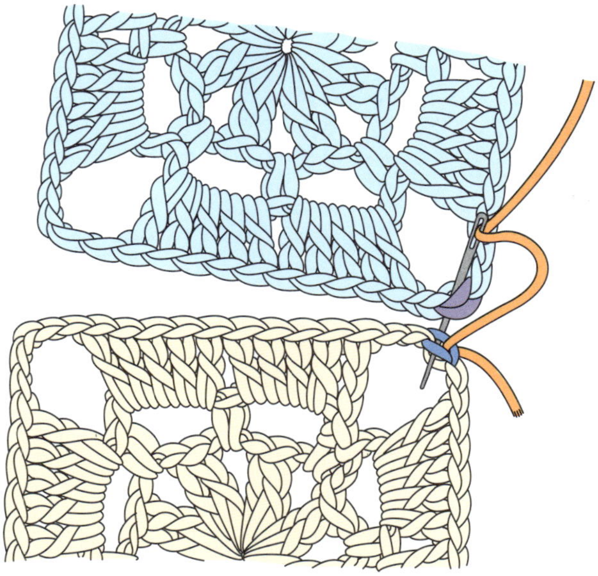

2 从上向下，将针插入2片转角中间的锁针上面的2根线中。

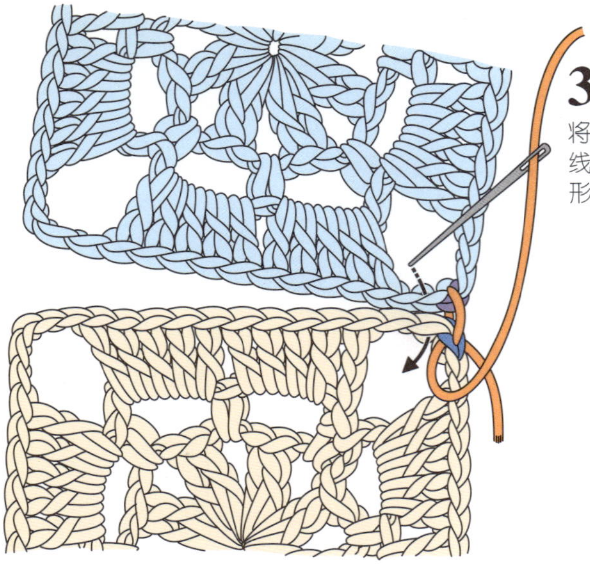

3

将线拉出，但要保持线的整齐以免花样变形。

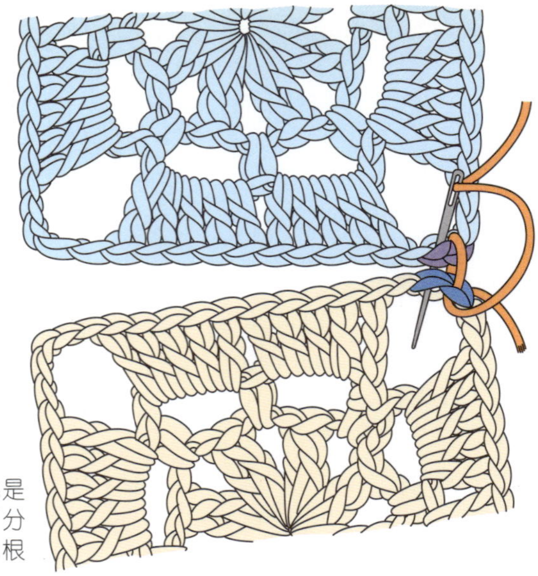

4

下一个锁针处也是同样，从上向下分别插入顶部的2根线中。

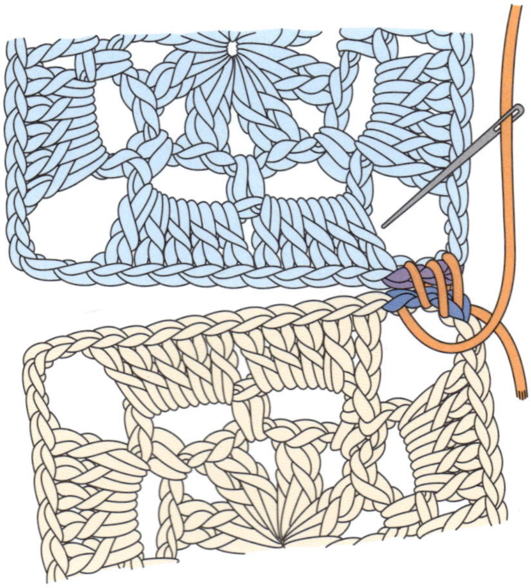

5

将线拉出，下面的锁针处也是把针插入顶部的2根线中，将线拉出。

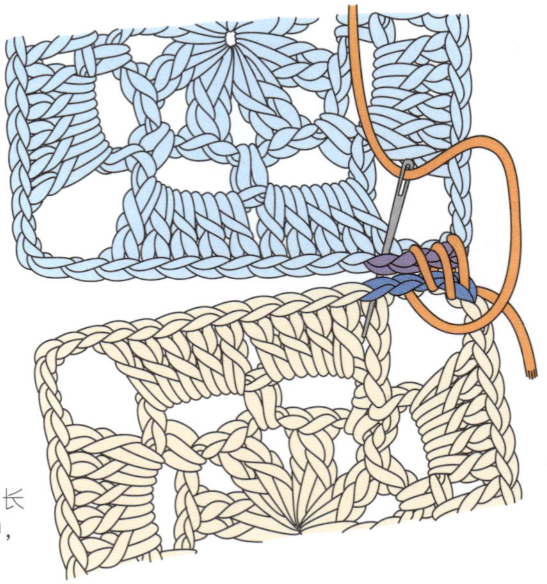

6

将针插入下一个长针顶部的2根线中，拉出。

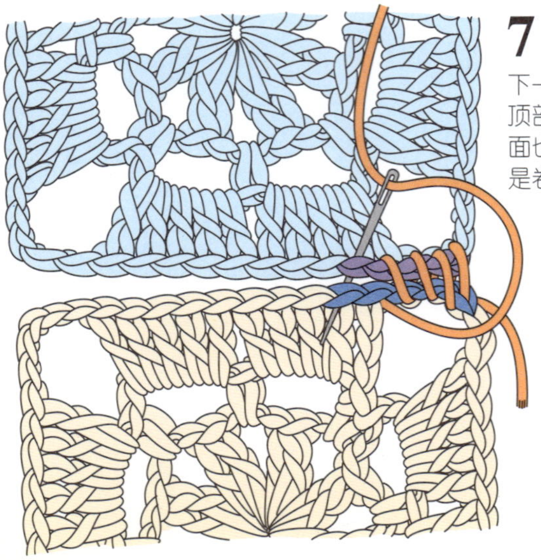

7

下一针也是在长针的顶部插入，拉出。后面也同样，每一针都是卷针缝。

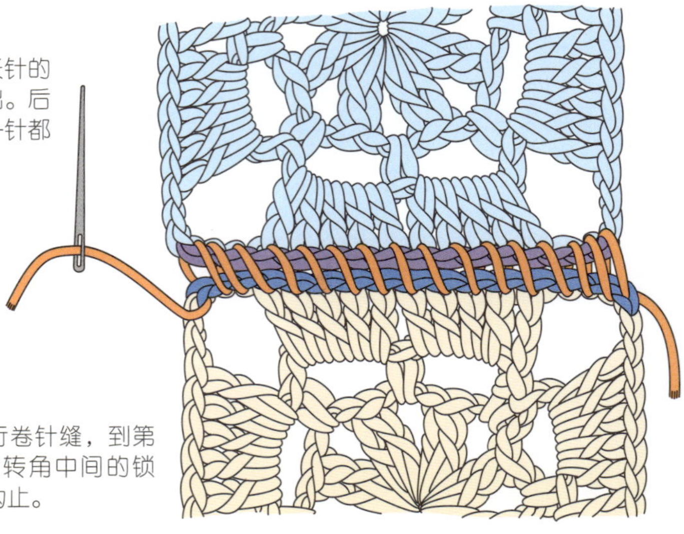

8

进行卷针缝，到第2个转角中间的锁针为止。

第2排

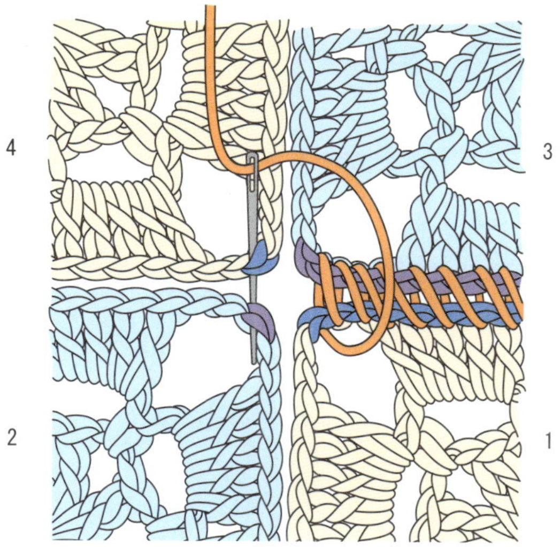

1 将2片反面相对，对齐。将针从上向下分别插入2片转角中间锁针上面的2根线中。

2 拉出线，下一个锁针也一样，将针从上向下插入顶部的2根线中。

纵向

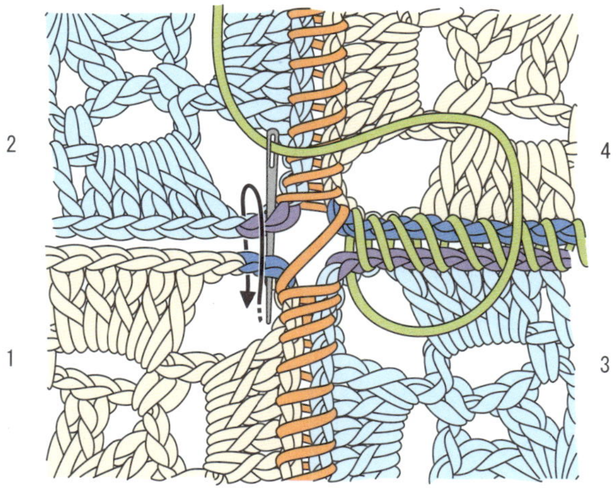

1 第1排和横向的缝法是相同的。

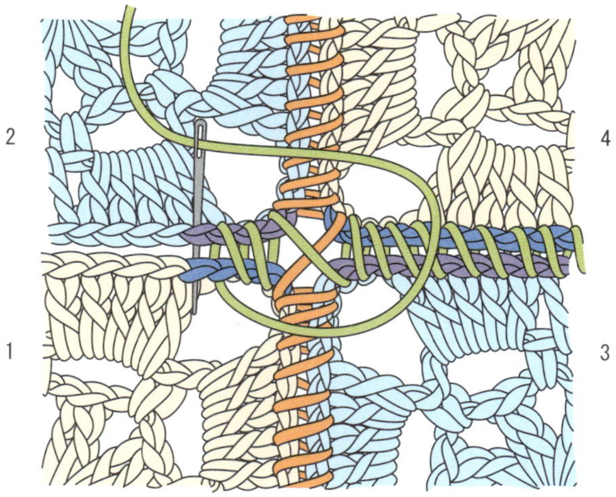

2 第1排和第2排是一样的，将针从上向下插入转角中间锁针顶部的2根线中。

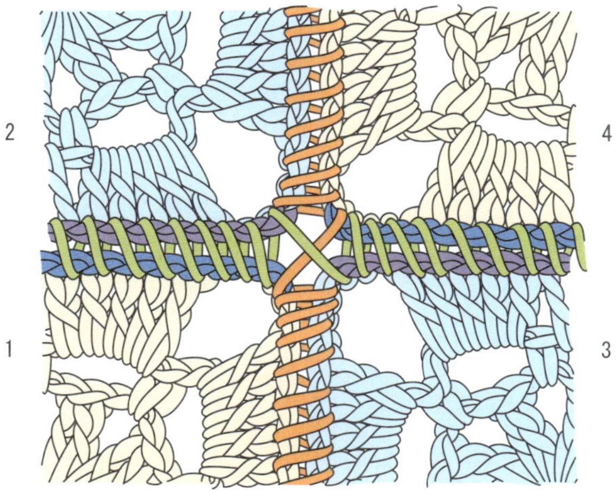

3 交叉点的花形很漂亮。

要点

缝到一半线不够时，要接新线继续织。从线不够的那针开始，卷针缝的线头要留在反面，藏在缝合的位置。

用卷针缝连接的方法（反面相对，缝合半针）

这是挑起边缘上一根线缝合的方法。半针会很漂亮地排列在一起。连接完成后，连接部位的厚度会薄一点。

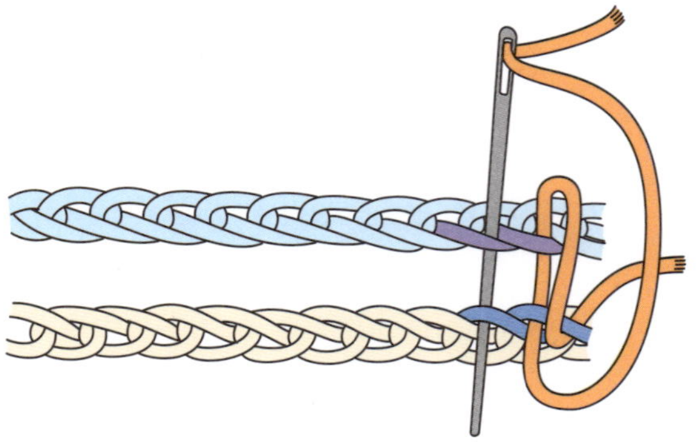

横向

第1排

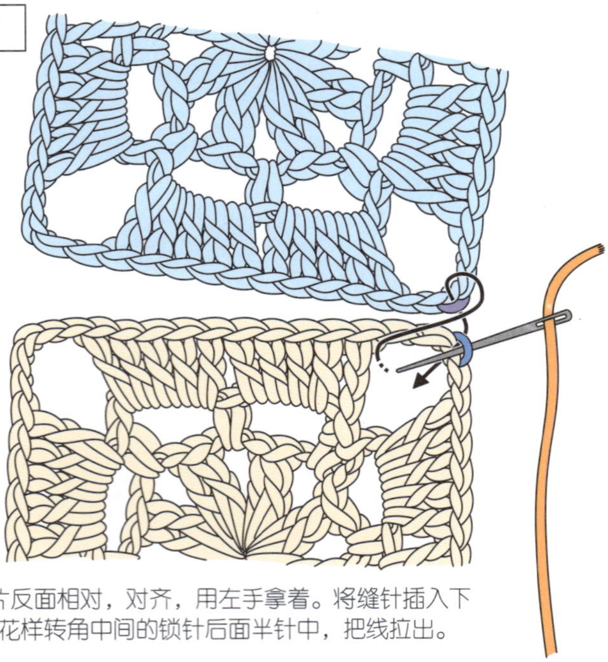

1 将2片反面相对，对齐，用左手拿着。将缝针插入下面的花样转角中间的锁针后面半针中，把线拉出。

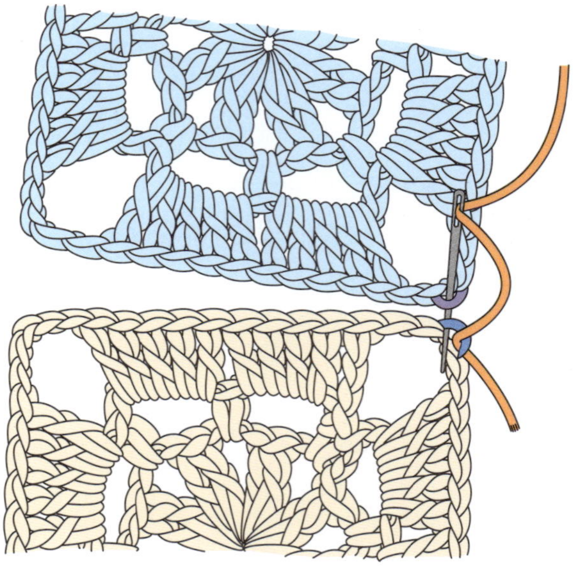

2 从上向下，将针插入上下2片转角中间的锁针上面的1根线中。

惯用左手的人

1 惯用左手的人是右手拿织片，从左向右编织。

2 将针从上片后面的中间半针插入，然后插入下片后侧的中间半针，将线拉出。

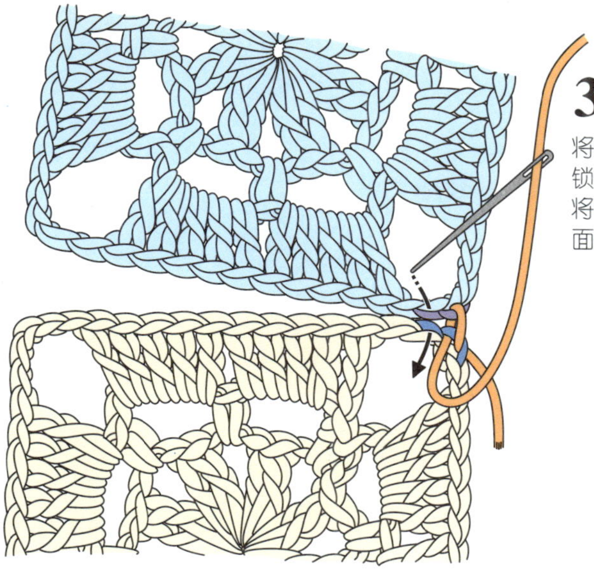

3

将线拉出，在下一个锁针处也同样处理，将针从上向下插入后面的1根线中。

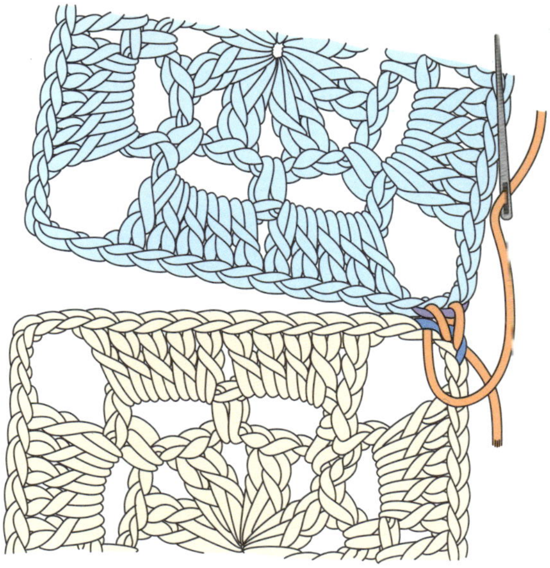

4

将线拉出。要拉整齐以避免花样变形。

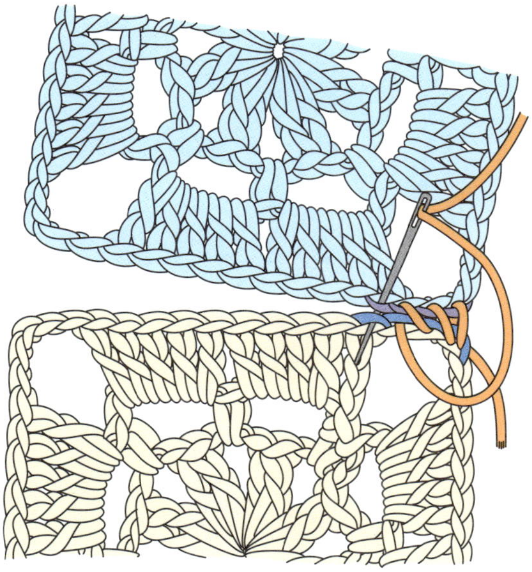

5

下一针也是同样将针从上向下插入后面的1根线中，将线拉出。

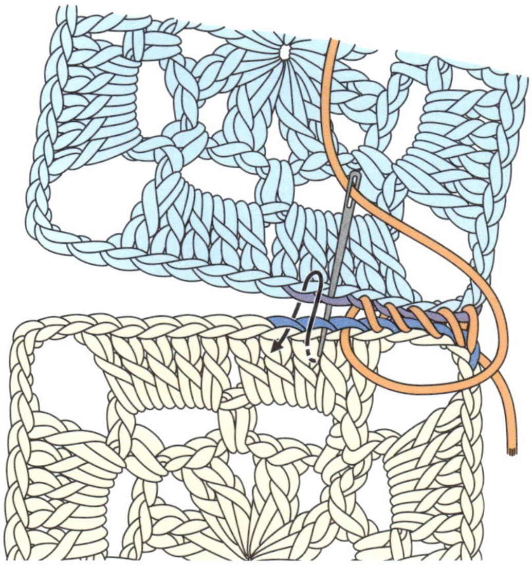

6

然后重复步骤5，每一针都做卷针缝。

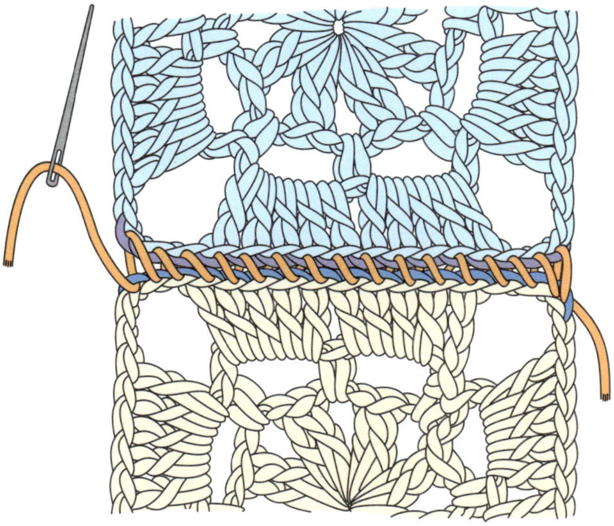

7 进行卷针缝，到第2个转角中间的锁针为止。

第2排

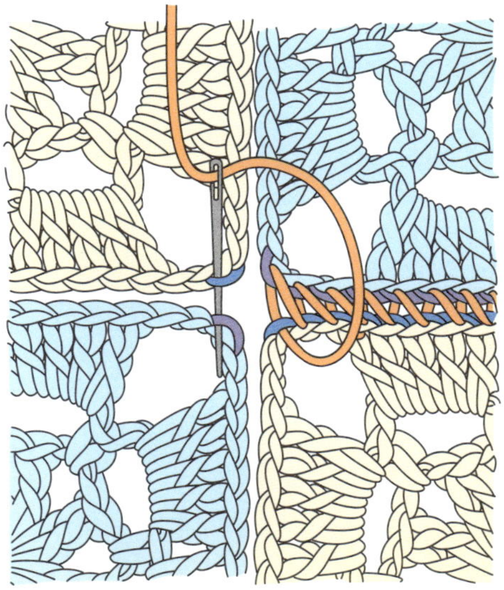

1

将2片反面相对，对齐。将针从上向下分别插入2片转角中间锁针后面的1根线中。

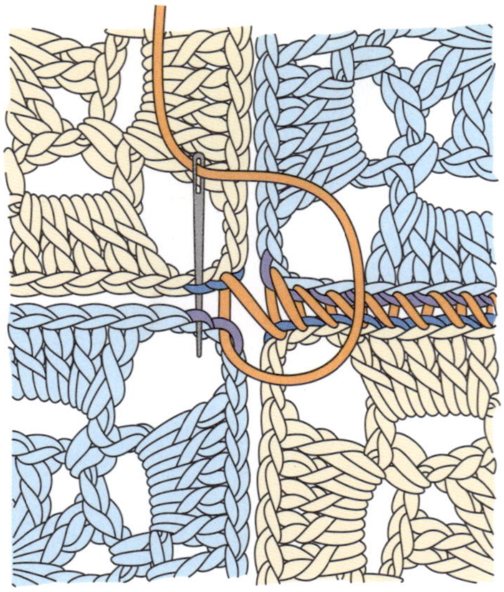

2

拉出线，下一个锁针也一样，将针从上向下插入后面的1根线中。

3

下一针是同样将针从上向下插入后面的1根线中，将线拉出。

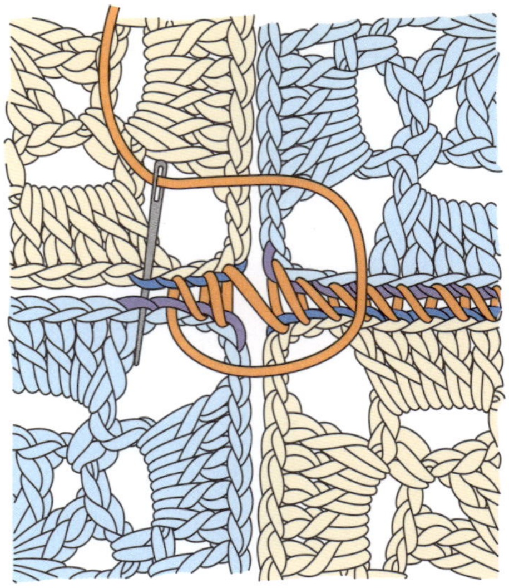

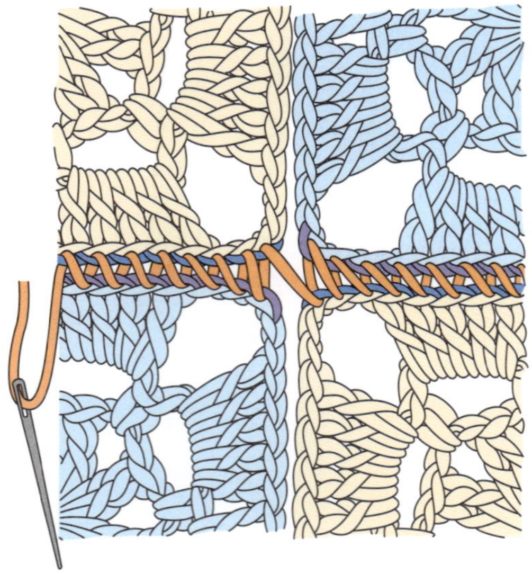

4

将后面的半针一一卷针缝。

纵向

1

第1排和横向以同样方式进行卷针缝。第2排和第1排是一样的，将针从上向下插入转角中间后面的半针的1根线中。

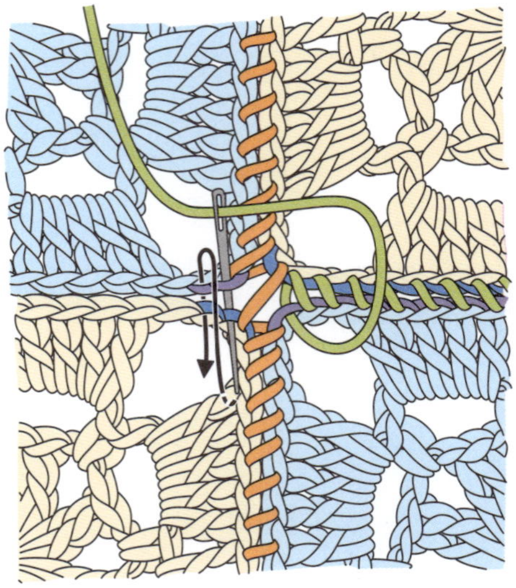

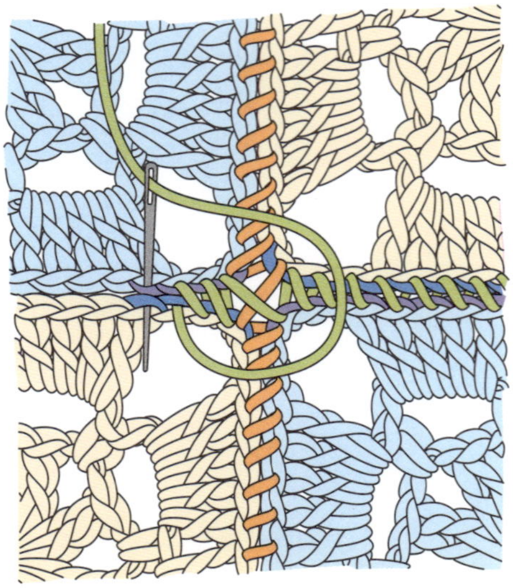

2

将后面的半针一一卷针缝。

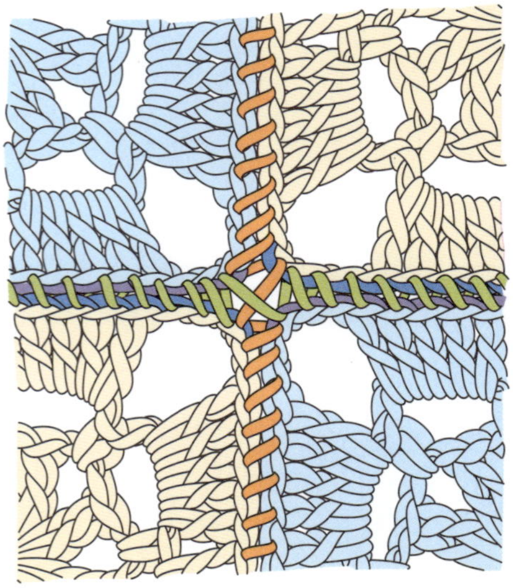

3

交叉的花形很漂亮。

用镂空网格编织连接的方法

在花样之间用镂空网格进行连接的方法，先横向再纵向。交叉点要分开，横向编织的锁针进行引拔。
织完后整个织片会比花样多一圈。

横向

第1排

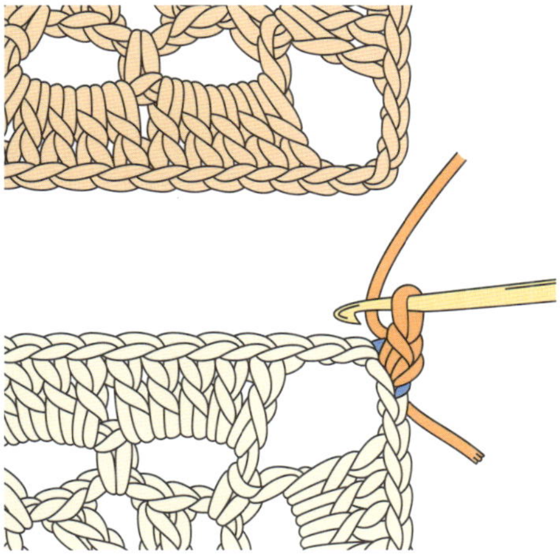

1 将2片反面相对，对齐，在下片转角中间的锁针半针和内侧共2根线上进行连接编织，立织1针锁针，然后织1针短针。

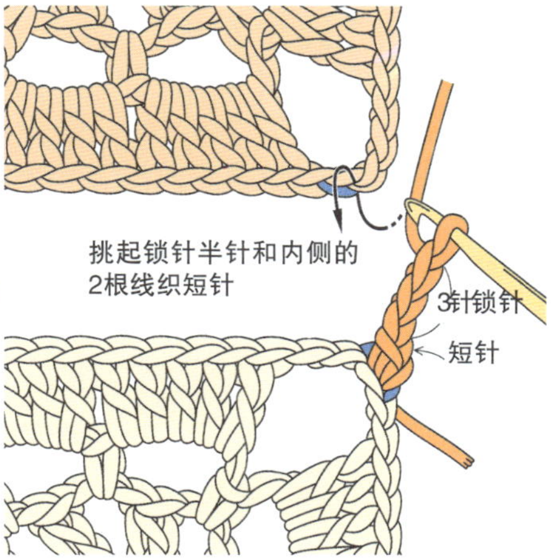

2 织3针锁针，然后将针从后面插入上片长针后面的1针中，穿过锁针的半针和内侧共2根线。

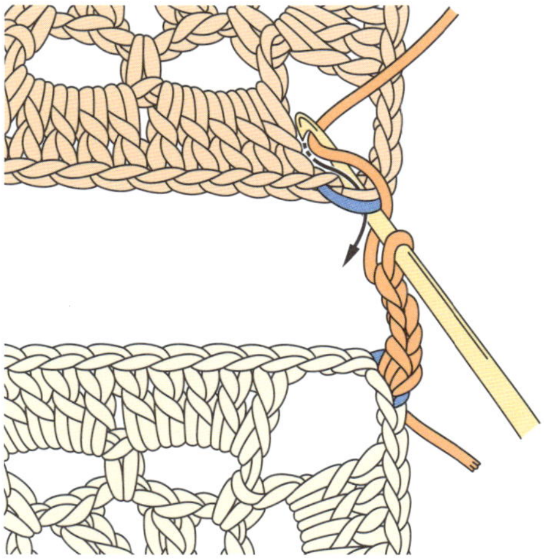

3 针钩住线并拉出。

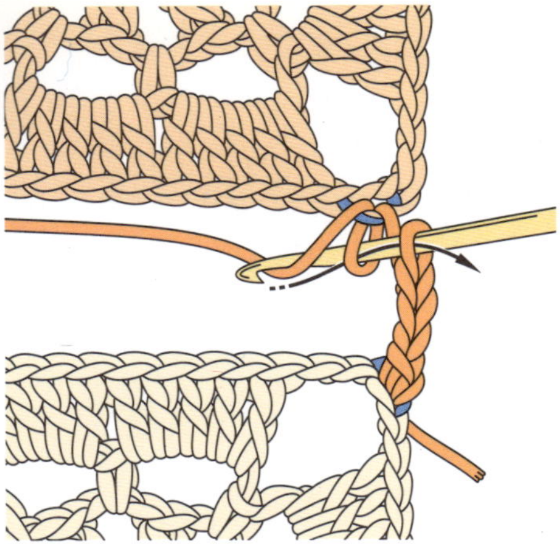

4 针钩住线并引拔出。

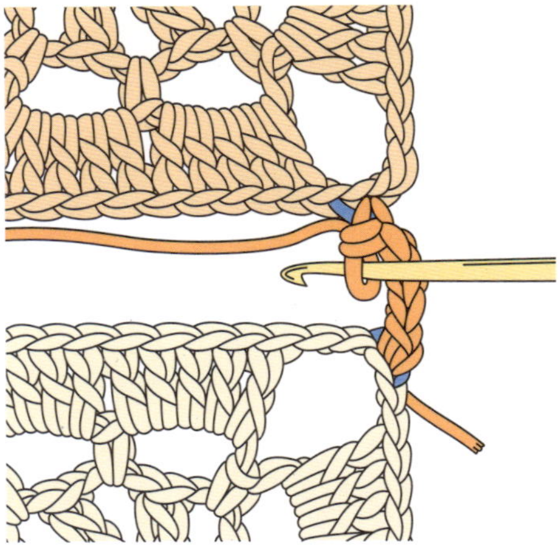

5 完成短针编织后的样子。

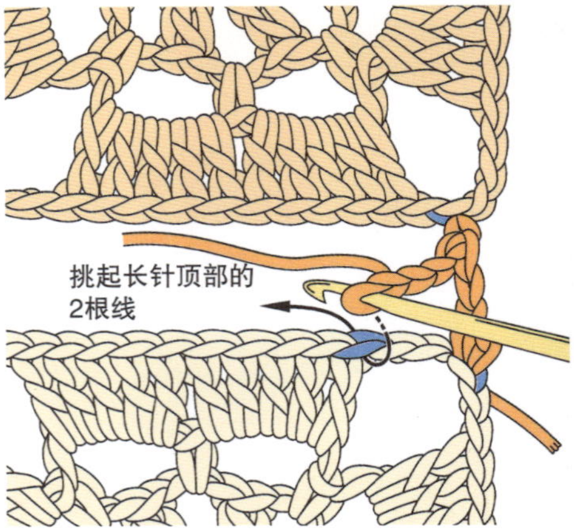

6 织3针锁针，将针插入下片的长针顶部的2根线中。

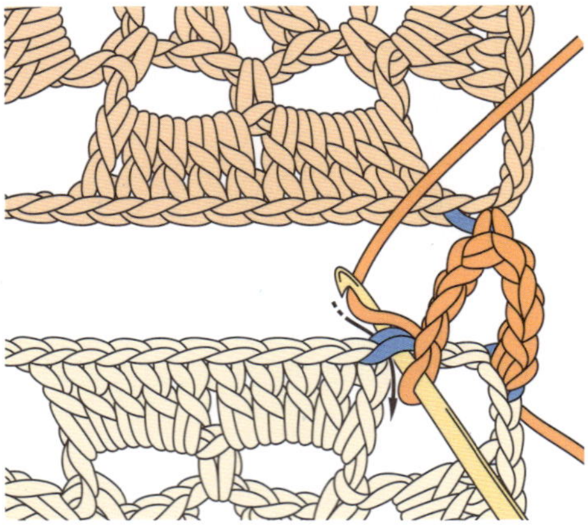

7 针钩住线并拉出。

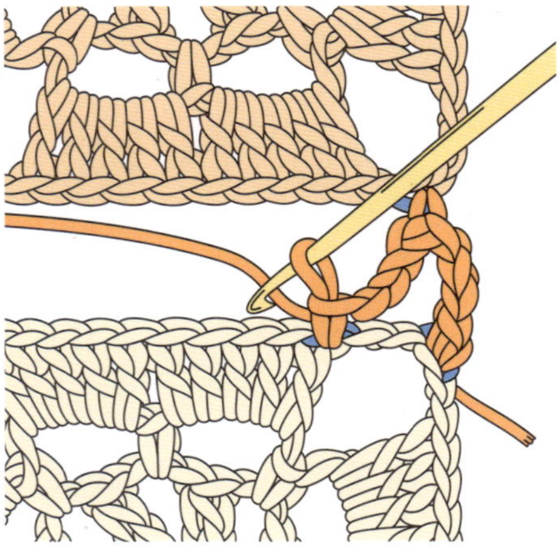

8 针钩住线并引拔出。完成短针编织后的样子。

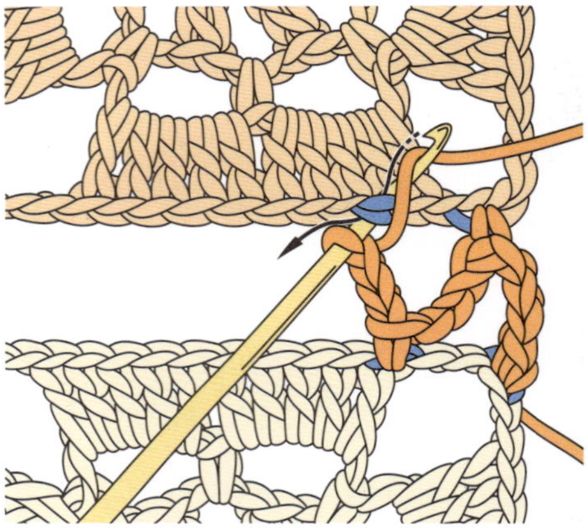

9 织3针锁针，然后从上片长针顶部的2根线后面进针，织短针。重复上面的步骤至这一排完成。

第2排

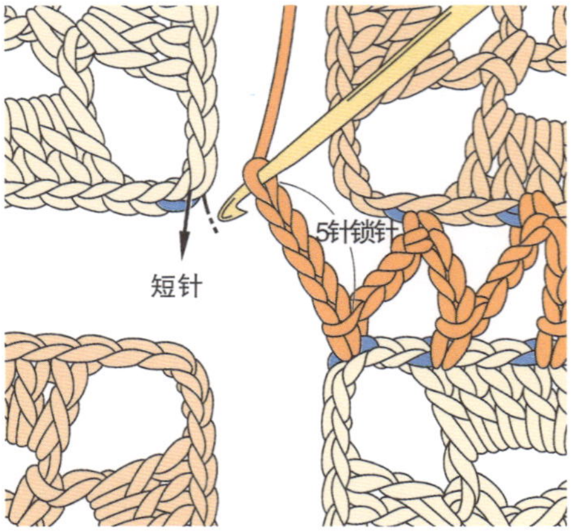

1 织5针锁针。将2片反面相对，对齐。将针从后面插入上片转角中间的锁针的半针和内侧共2根线中进行连接编织。

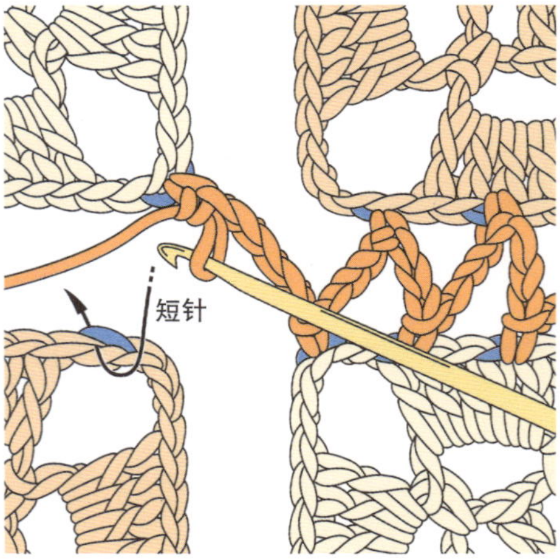

2 织短针，再织3针锁针，再将针插入下片的锁针的半针和内侧共2根线中织短针。

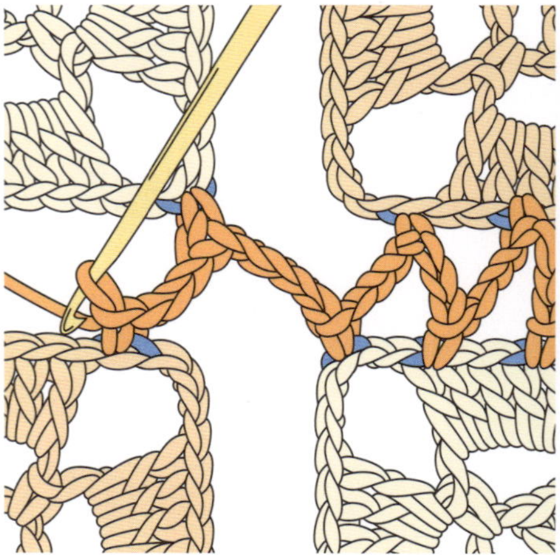

3 在上下2片之间重复织锁针和短针。

纵向　交叉部位的编织方法

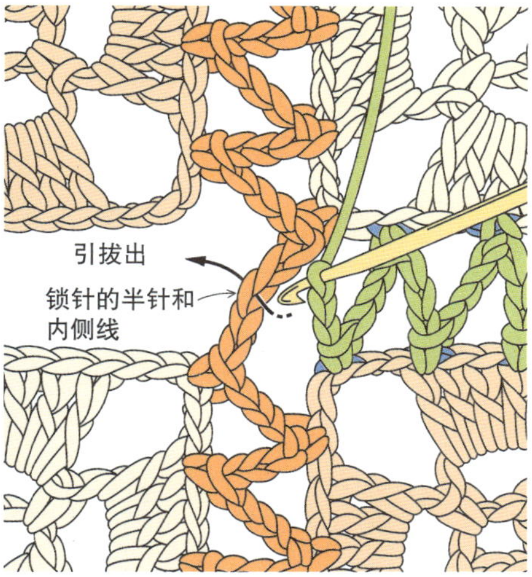

1 将针插入横向连接的第5针锁针的中间半针和内侧线中。

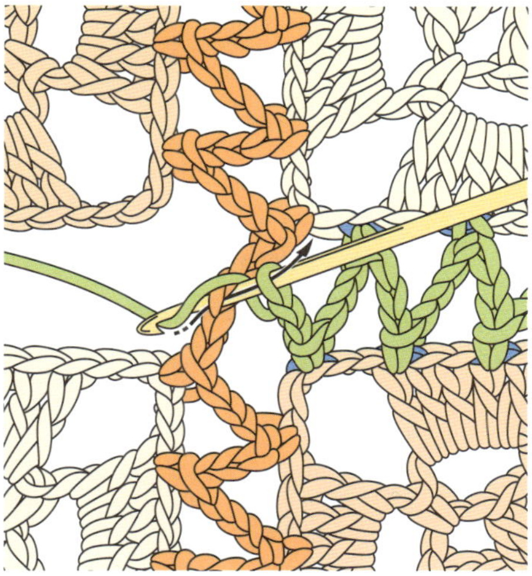

2 针钩住线并引拔出。

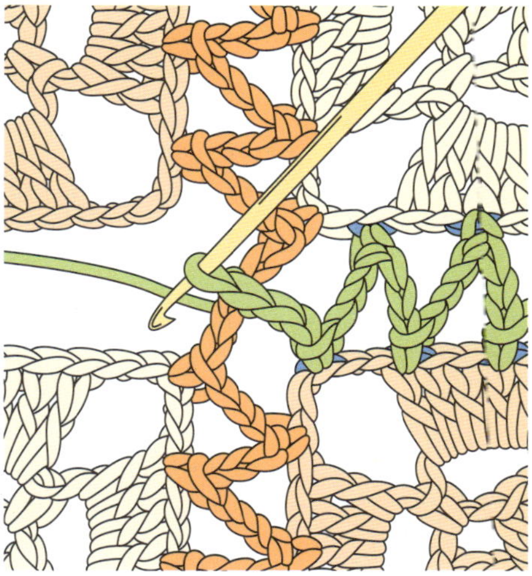

3 引拔后的样子。

第2排

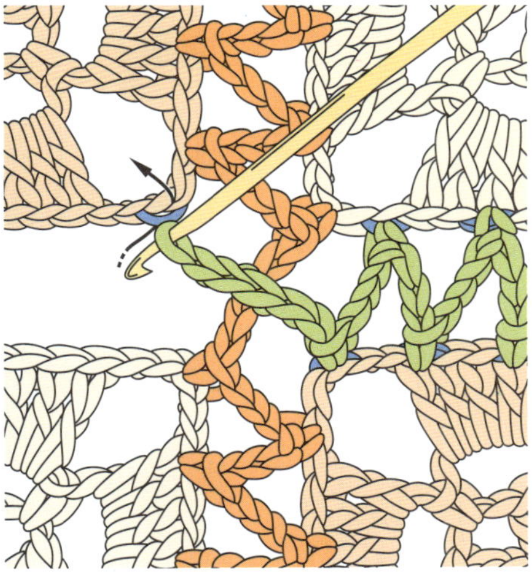

1 将针从后面插入上片锁针的半针和内侧共2根线中。

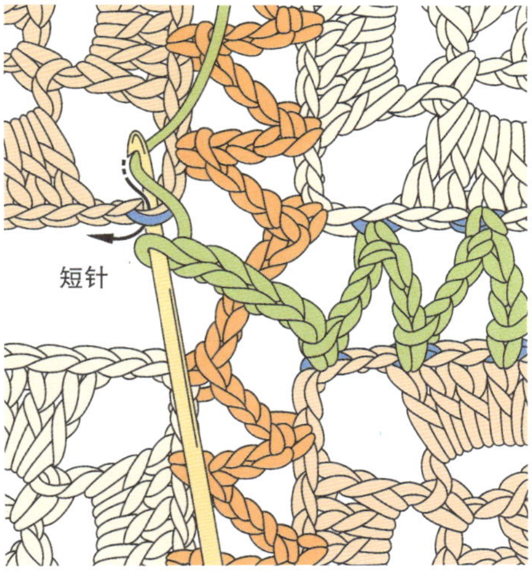

2 针钩住线。

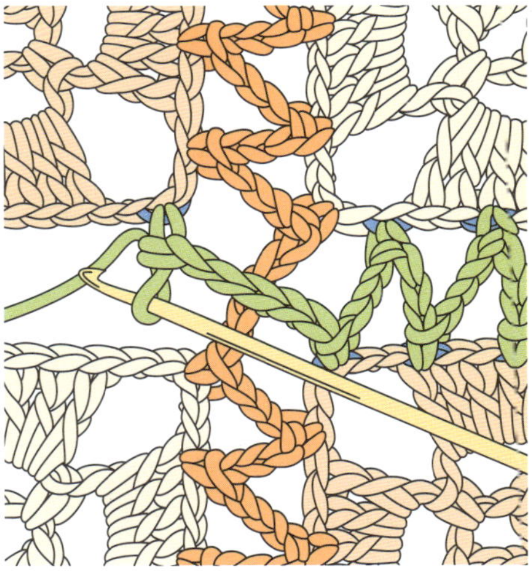

3 织短针。

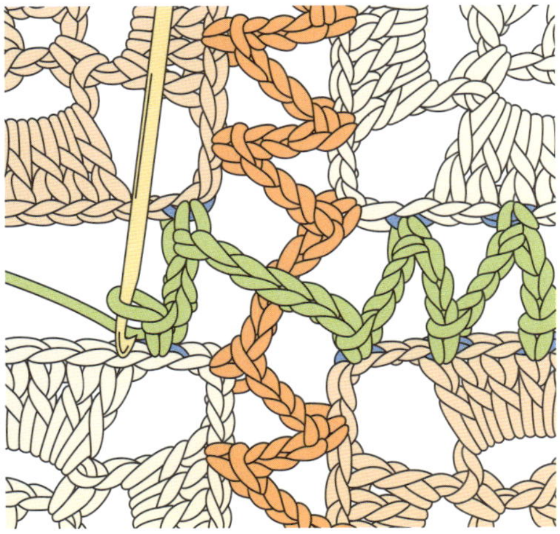

4 织3针锁针，接着在下片锁针的半针和内侧共2根线上织短针。

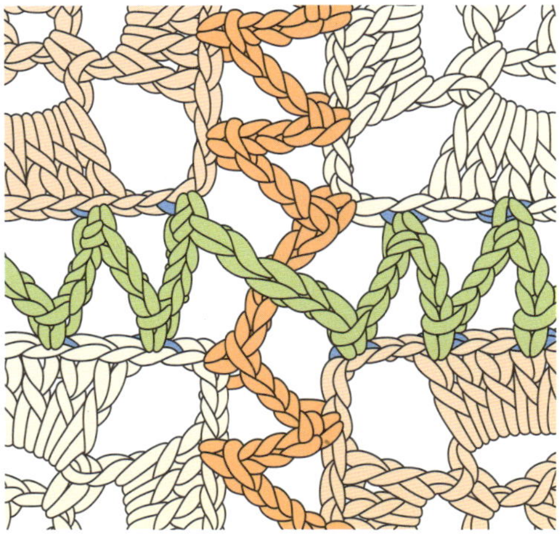

5 接下来重复织锁针和短针。

填补空间的连接方法

将花样连接在一起时，有时花样之间会出现较大的空间。填补这个空间有很多方法，虽然用蕾丝填补也是很漂亮的，但在衣服和小物品上这样做是很难的。建议用镂空网格来填补。

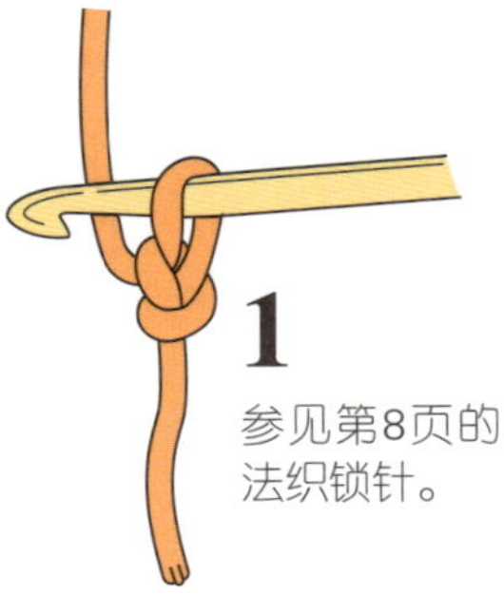

1 参见第8页的方法织锁针。

用网格填补空间

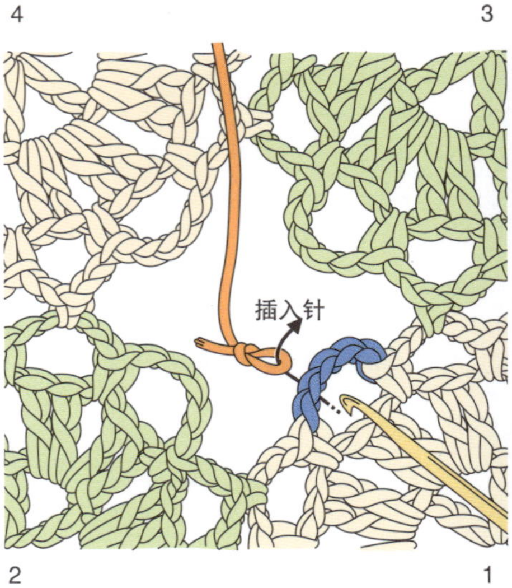

2 将针抽出，再将针插入第1个花样的网格空间中，将锁针拉出来。

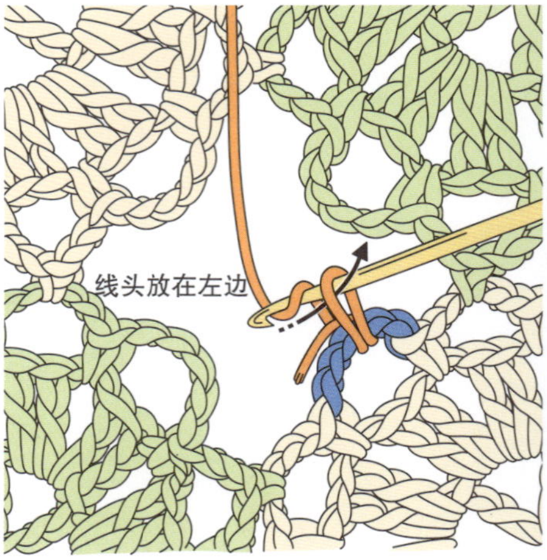

3 将线头放在左边包住，针钩住线并引拔出。

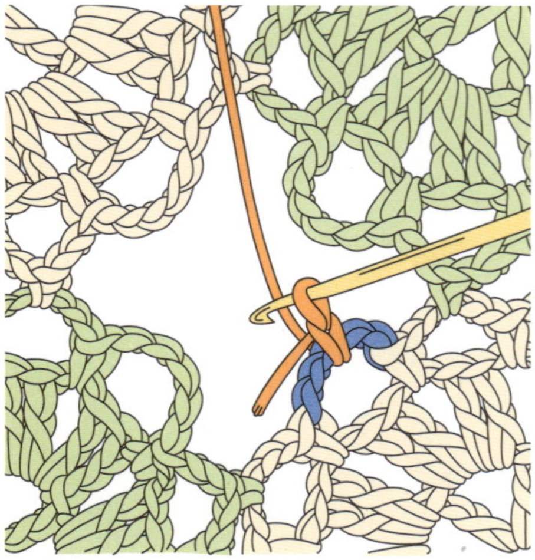

4 立织1针锁针。

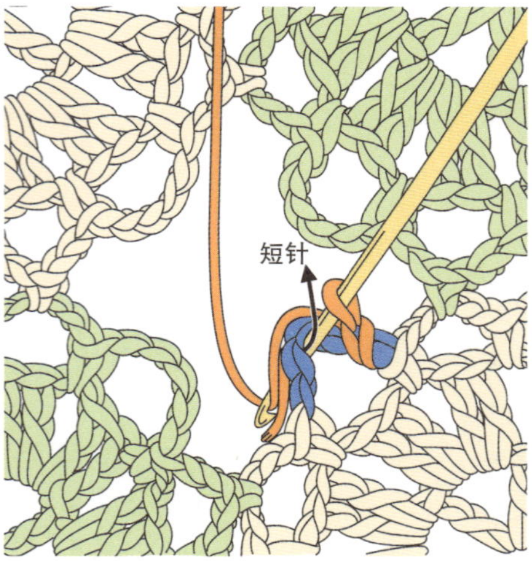

5 将针插入同一个网格空间中，针钩住线。

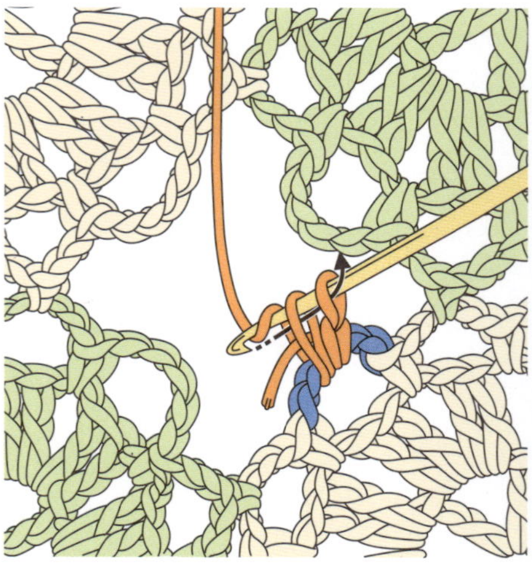

6 将线拉出，针再次钩住线并引拔出。

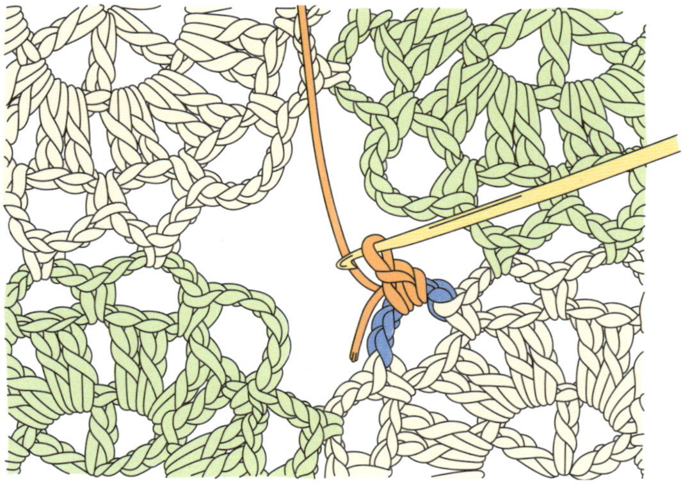

7 完成1针短针后的样子。

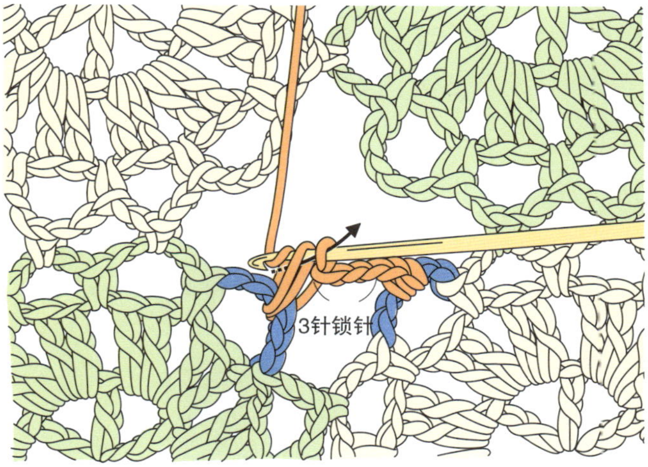

8 织3针锁针，将针插入下一个花样的网格花的整段中，织短针。

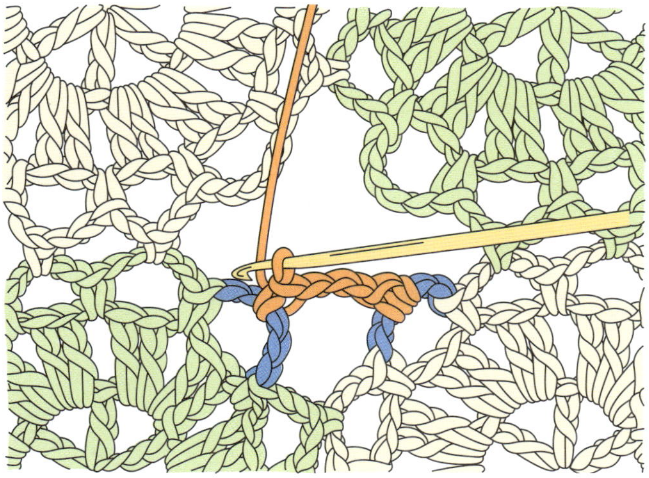

9 完成短针编织后的样子。

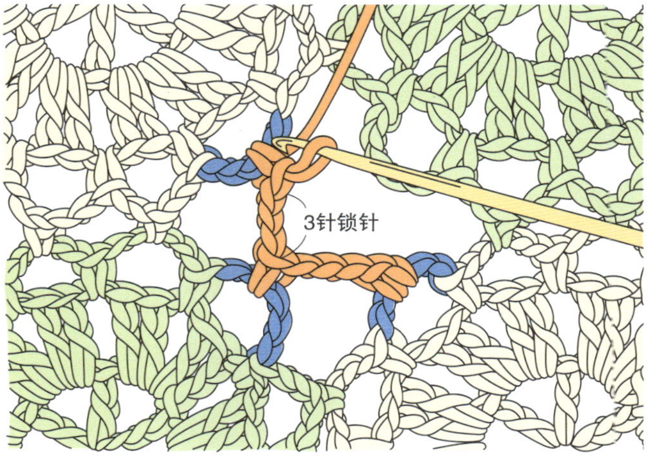

10 织3针锁针，然后将针插入下一个花样的网格花的整段中，织短针。

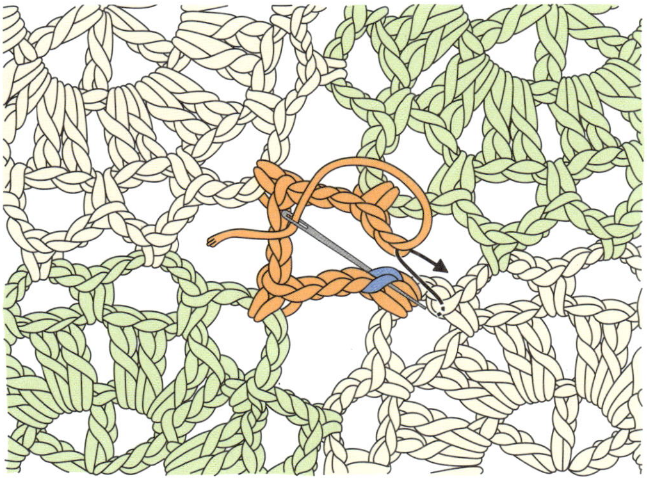

11 织3针锁针，将针插入最后一个花样的网格花的整段中，织短针。再织2针锁针，参见第49页的说明收尾。

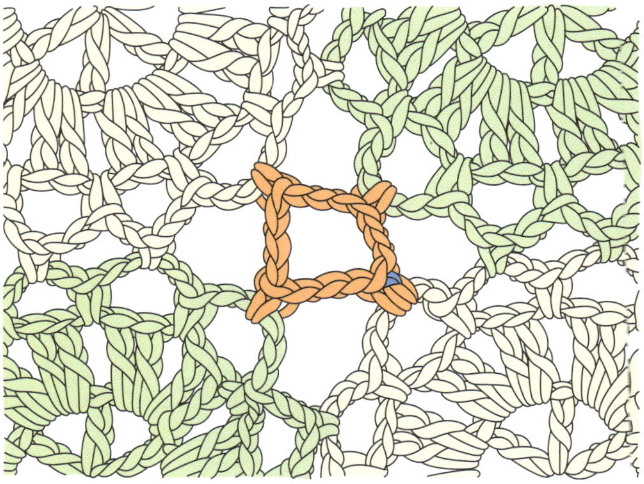

12 填补花样间的空间，会使织片更牢固不变形。

改变花样排列的方法

同样的花样，会因为排列不同产生不同的效果。别致的连接方法会呈现出意想不到的效果。读者不一定要按本书上所载的方法进行连接，大家可以充分发挥自己的想象力，使作品更有创意。

四边形图案的连接

直线连接

规则地在半针上进行卷针缝，使织片整齐地排列在一起。

斜向连接

将织片进行斜向连接，中间的空间使用其他花样进行填补，这样的图案应用范围很广泛。

花（六边形）图案的连接

错开连接

将2排花样交错相对、连接，连接成没有空隙的图案。

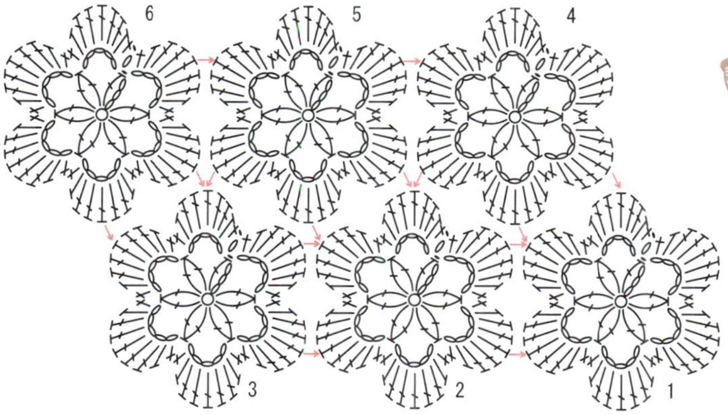

端点连接

在每个花片的端点进行连接。因为这样的连接会出现很多空隙，所以比较适合蕾丝桌布或马海毛披肩等作品。

直线连接

很规则的连接方法，还可以填补花样之间的空隙。因为连接成的织片很结实，所以较适合衣服等作品。

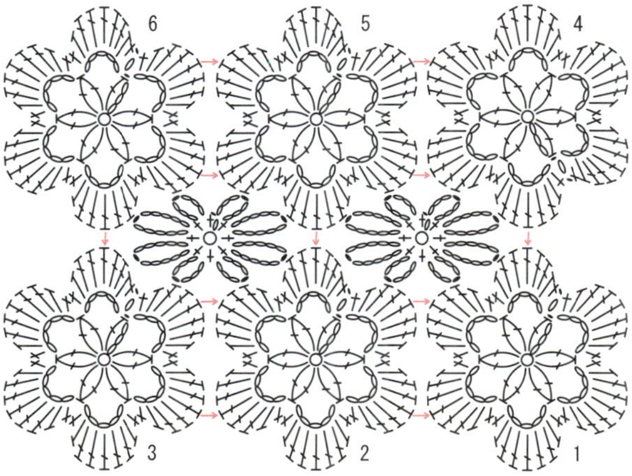

网格（八边形）图案的连接

错开连接

将2排花样交错连接，看起来像几何图形。

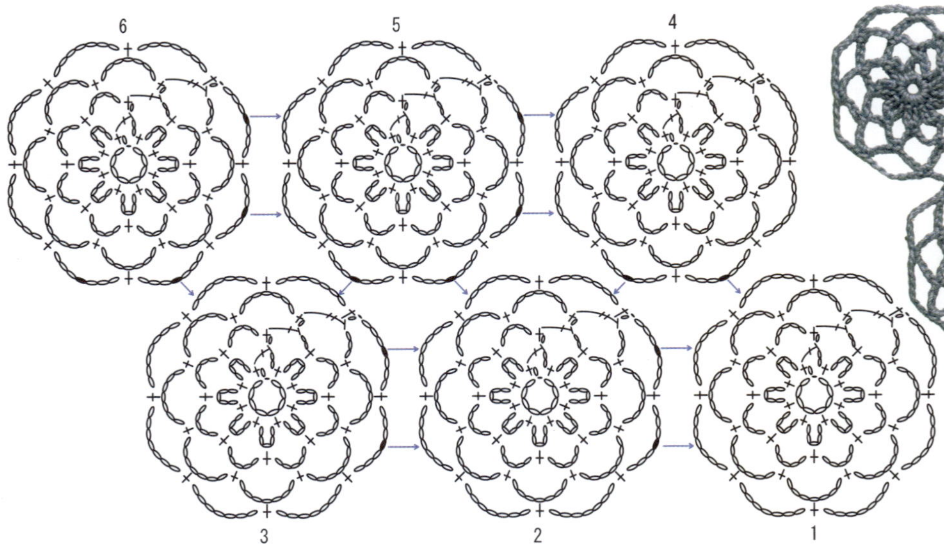

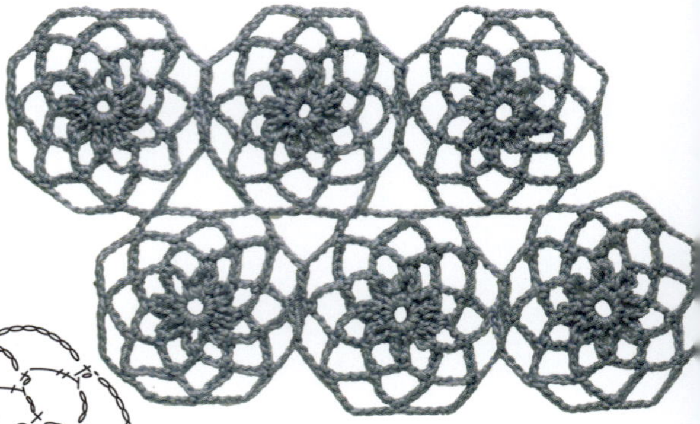

直接连接

2排花样的边与边对齐，规则地连接在一起，给人以很质朴的感觉。

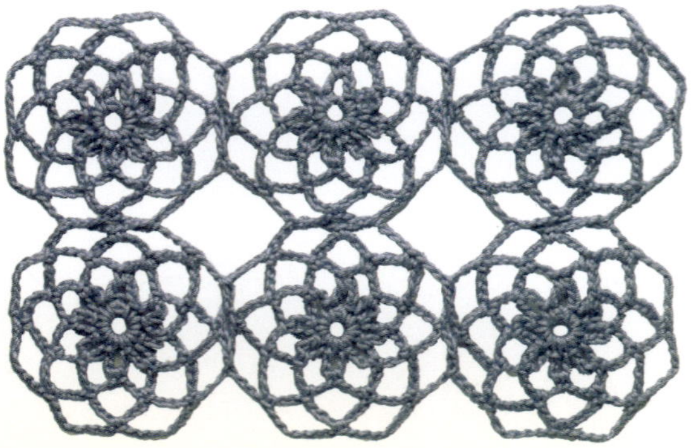

斜向连接并填补空隙

将花样的角与角相连接，空隙部分用其他花样进行填补。

三角形图案的连接

上下错开连接

将三角形的尖和底交错放置在一起，然后连接起来。
从远处看，长针部分会形成大花瓣。

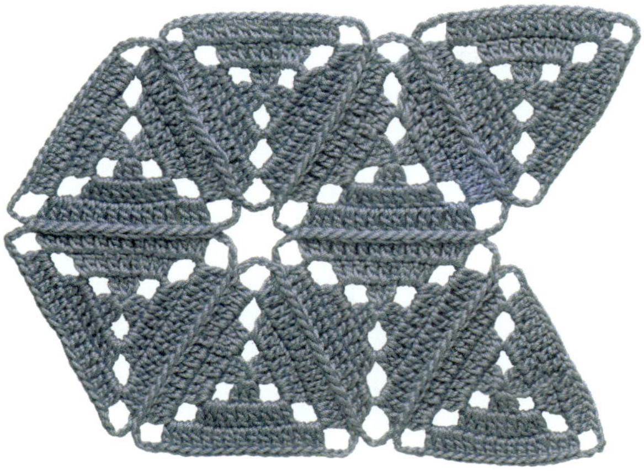

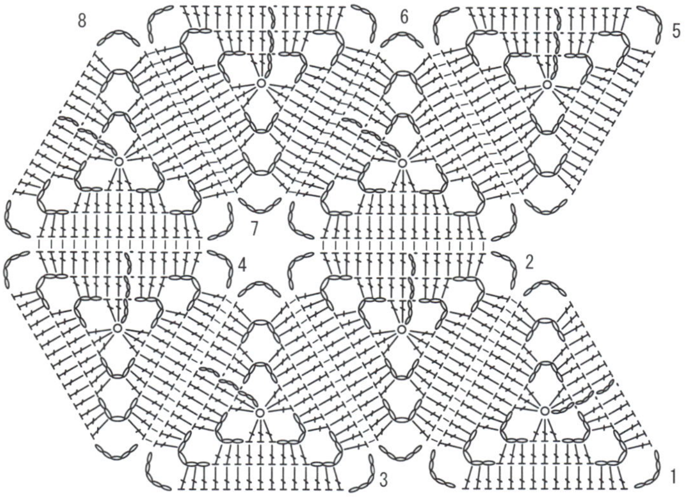

直接错位连接

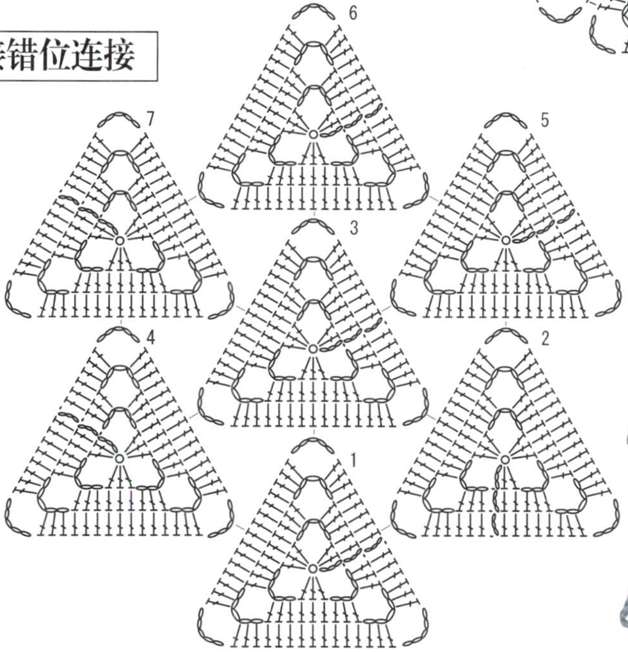

纵向做垂直连接，横向将角和边进行连接。虽然空隙较多，但也很特别。
虽然方法和上面是相同的，但完成后的感觉却截然不同。

直线、角和角连接

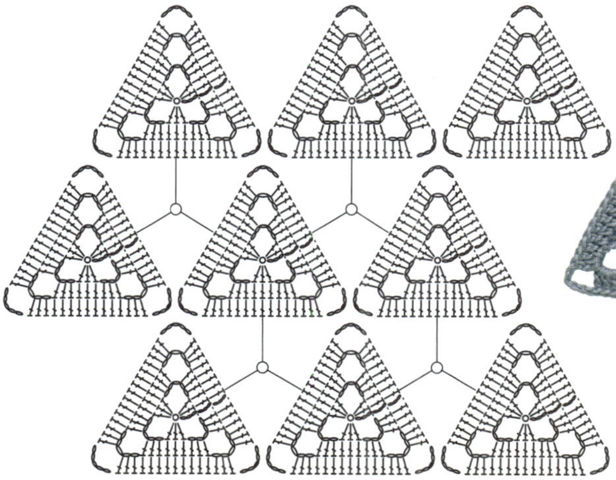

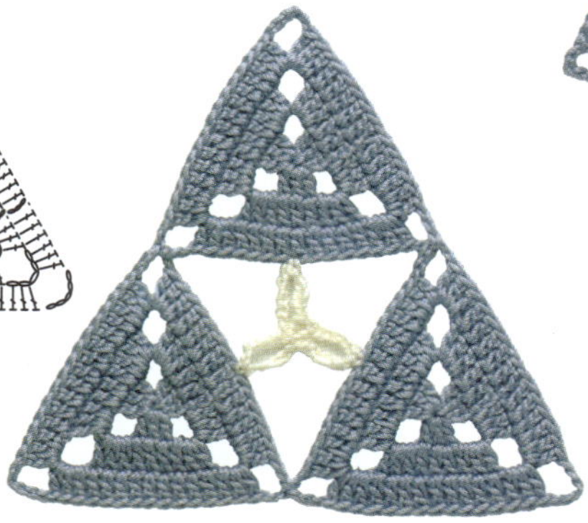

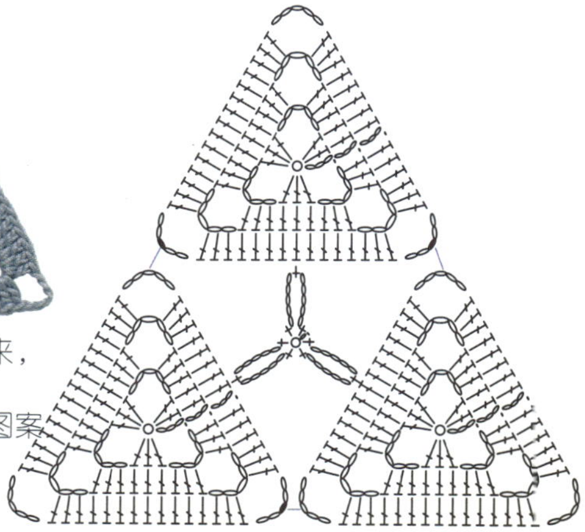

像棋盘上的棋子一样连接起来，
空隙部位用其他图案填补。
因为要进行多次连接，所以图案会较有趣味。

钩针编织的基本技法

针目的高度和立织针的针数

立织针是各行的起点，所织的锁针针数对应这一行的高度。用锁针的针数确定行的高度时，会呈现下图所示的状态。对应短针的是1针立织锁针，不计算在针数内，但对应中长针以上长度的立织锁针都计为1针。除短针外，立织的锁针都需要适合各种针的高度，而编织的实际针数要减掉立织的1针。如果使用超粗毛线，有时也会将对应短针的立织针算作1针。

引拔针

短针

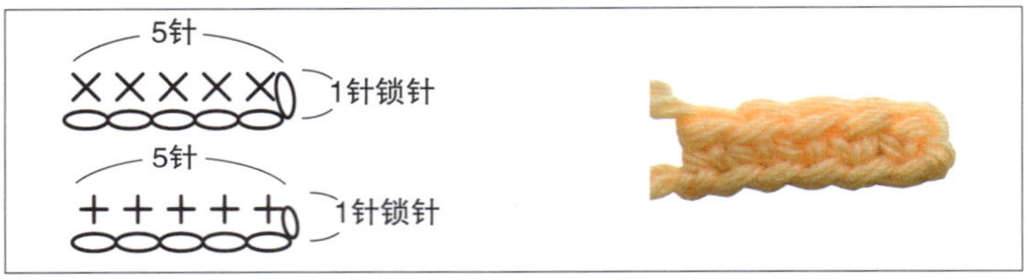

中长针

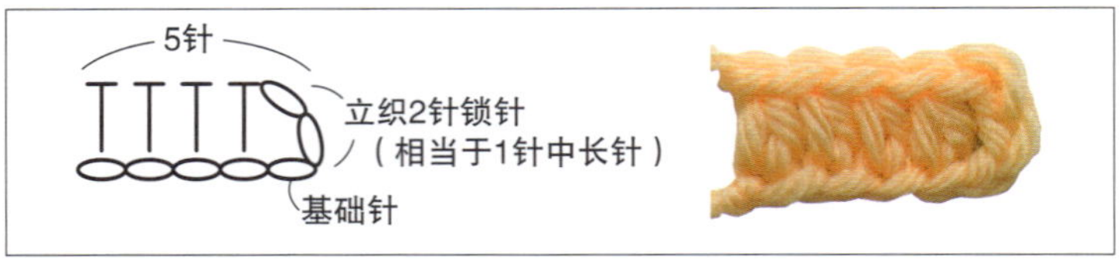

长针

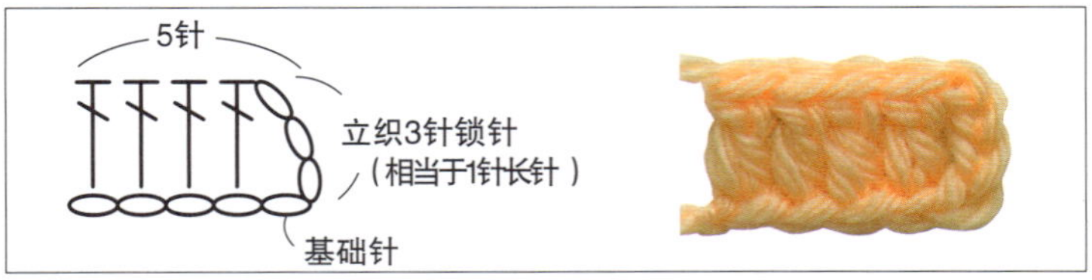

长长针

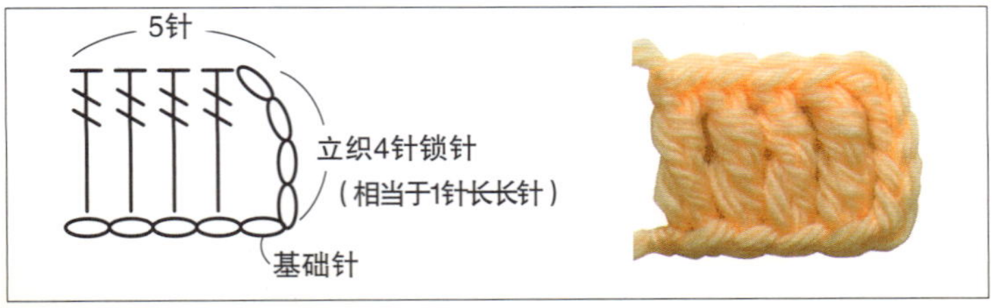

编织符号图的看法

将钩针编织的全部针数都标示出来，形成编织图。编织图如无特别说明，一般都是从正面看到的效果。正面编织常见的是环形编织的花样，而叶子等图案，则是要正反面交替编织的（称为往返编织）。

从中间开始进行的环形编织

以环形起针，从中间向外边加针边织。织片正面对着自己，按编织图编织。

正反面交替进行的编织

立织锁针是在奇数行（①、③、⑤）时要正面对着自己，在偶数行（②、④）时是反面对着自己进行编织。

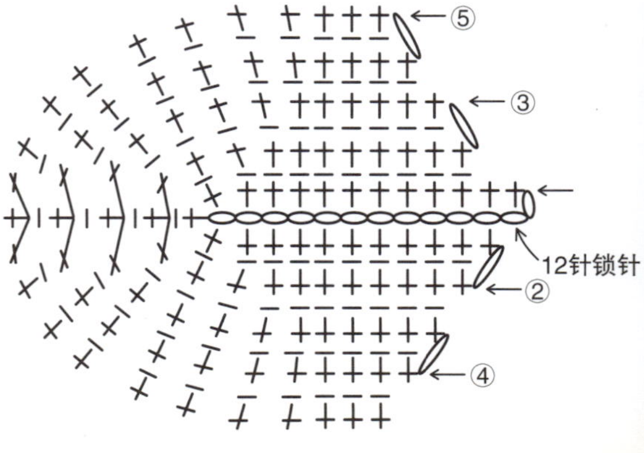

针法符号和编织方法

针法符号是表示编织针法的符号，是按照日本工业标准（Japanese Industrial Standards, 简称JIS）制定的。使用JIS符号表示时，一般是指“织片正面对着自己”。

锁针

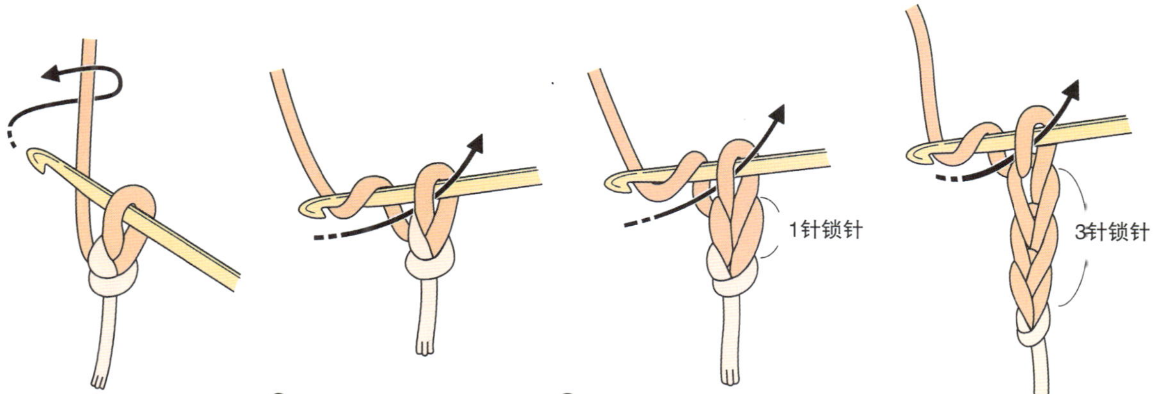

1 按箭头所示转动钩针，钩住线。

2 从针上的线圈中将线拉出。

3 钩住线，从第2个锁针中拉出。

4 重复“钩线并拉出”的动作。

引拔针

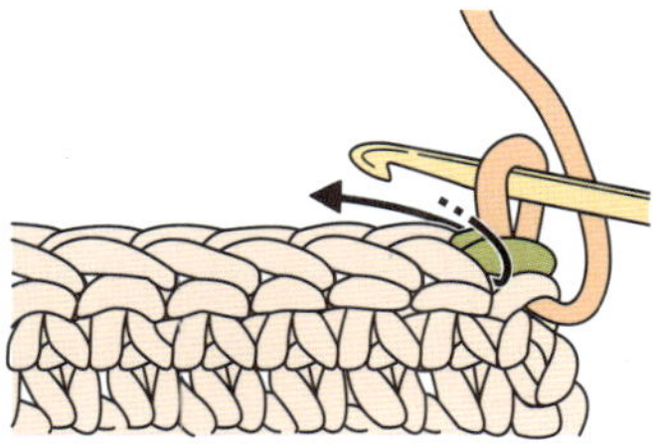

1 将针插入前一行顶部的2根线中。

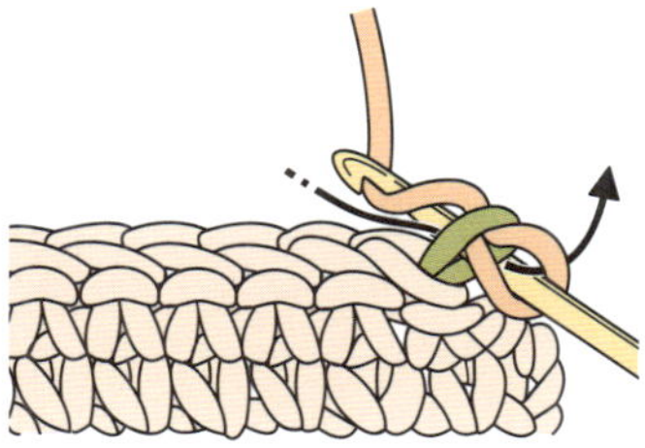

2 针钩住线，按箭头所示将线引拔出。

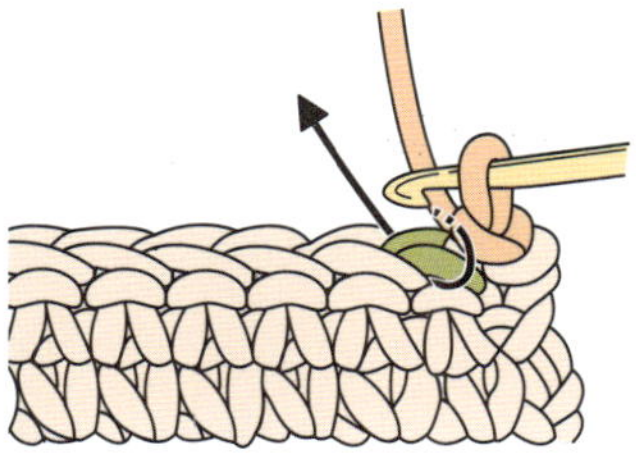

3 将针插入前一行第2针顶部的2根线中。

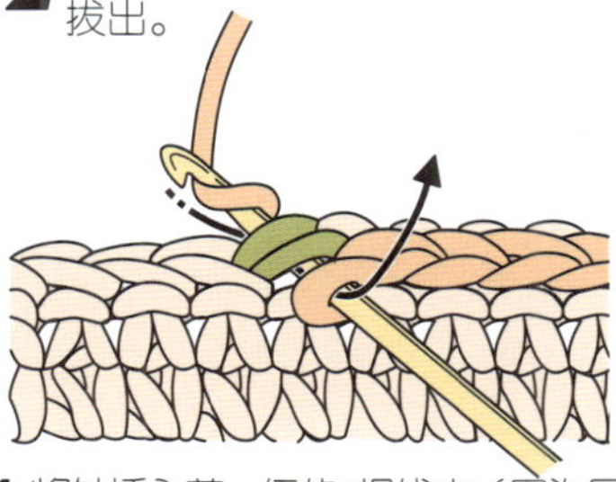

4 将针插入前一行的2根线中（因为易变形，拉线时不能太紧）引拔出。

在长针上编织的情景

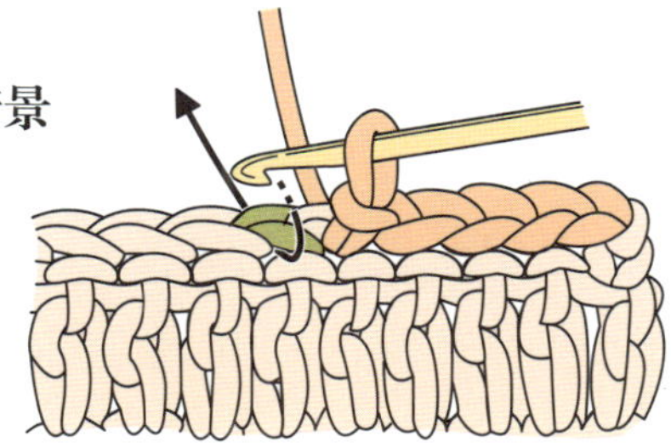

如果织片的底部是长针，编织方法也和短针一样。

短针

本书的符号　JIS符号

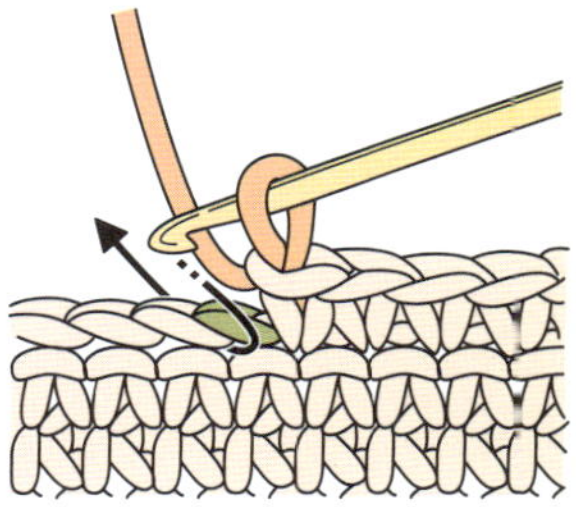

1 按箭头所示，将针插入前一行顶部的2根线中。

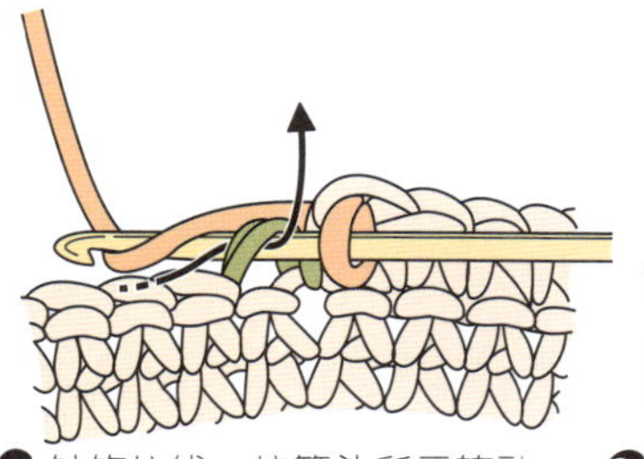

2 针钩住线，按箭头所示转动钩针。

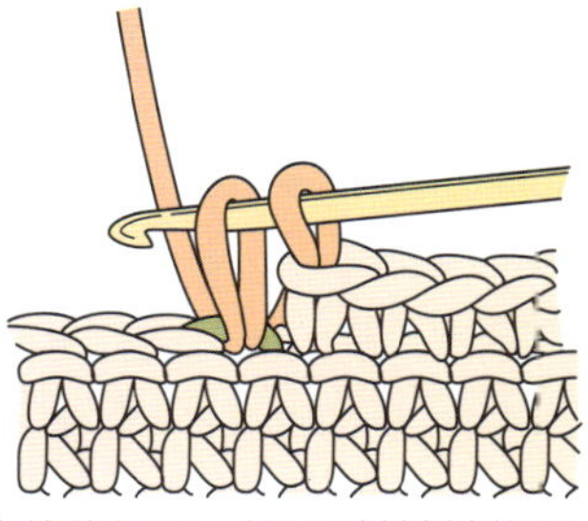

3 将线拉出，拉出1针锁针的长度。

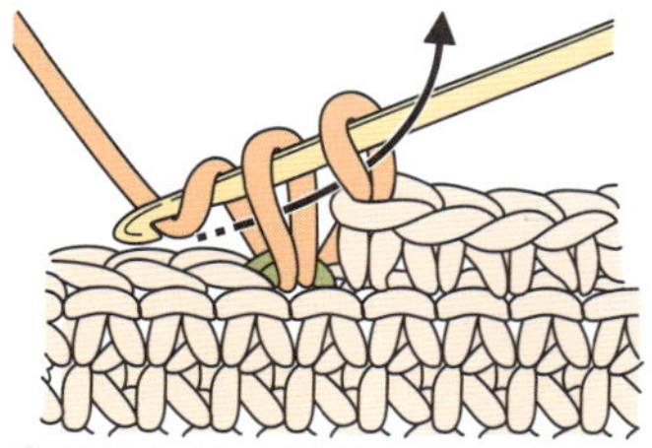

4 针钩住线，从针上的2个圈中一次引拔出。

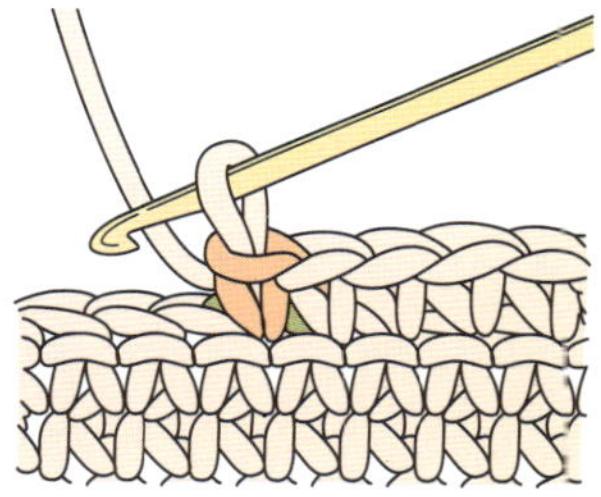

5 完成短针编织后的样子。

中长针

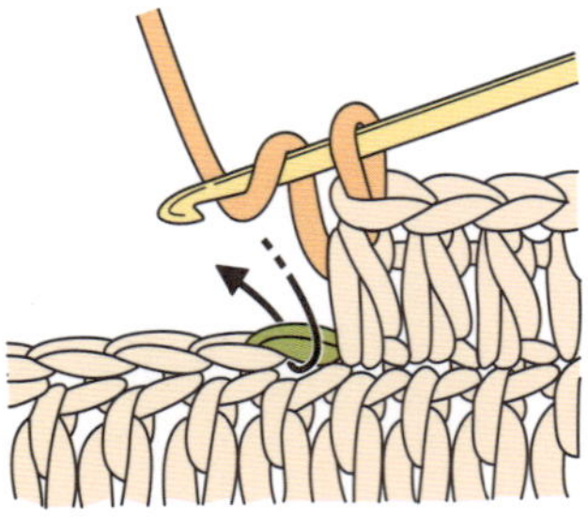

1 针钩住线，按箭头所示，将针插入上一行顶部的2根线中。

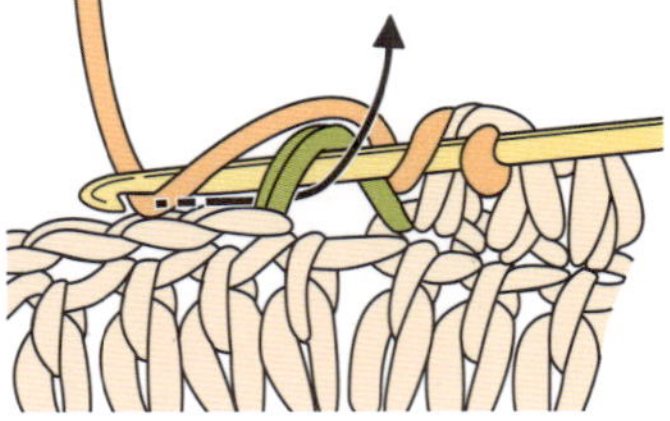

2 针钩住线，按箭头所示转动钩针。

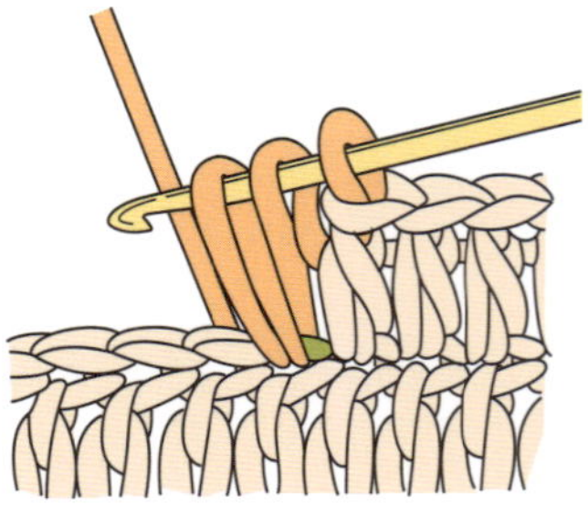

3 拉出线，拉出2针锁针的长度。

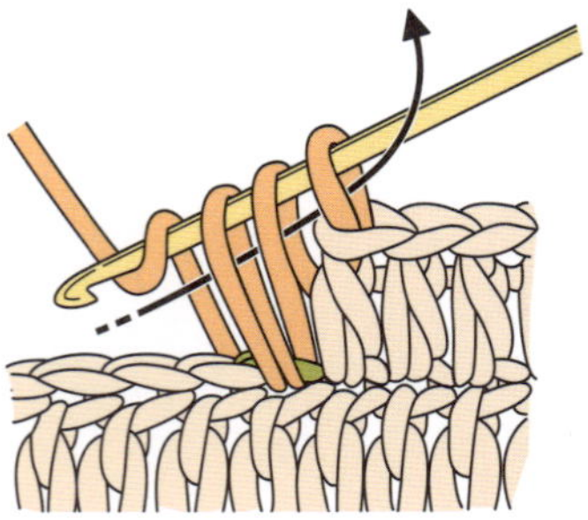

4 针再次钩住线，按箭头所示，从针上的3个圈中一次引拔出。回到步骤1。

长针

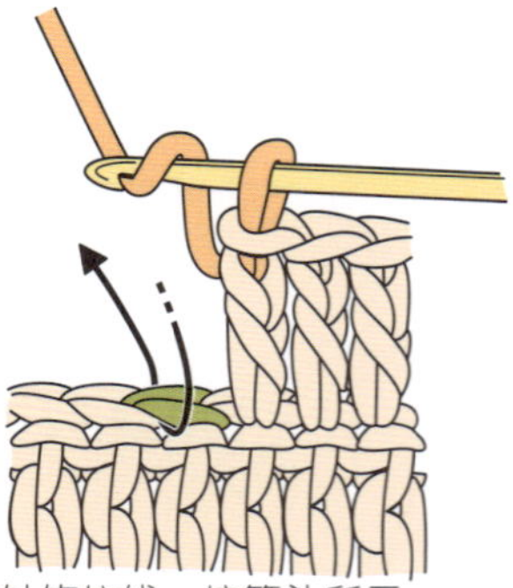

1 针钩住线，按箭头所示，将针插入前一行顶部的2根线中。

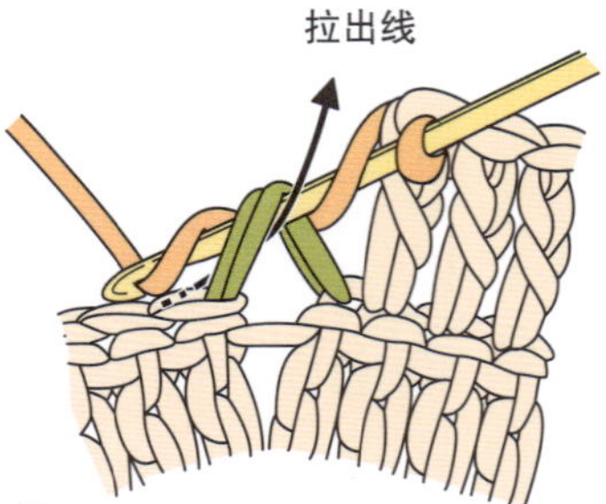

2 针钩住线，按箭头所示转动钩针。

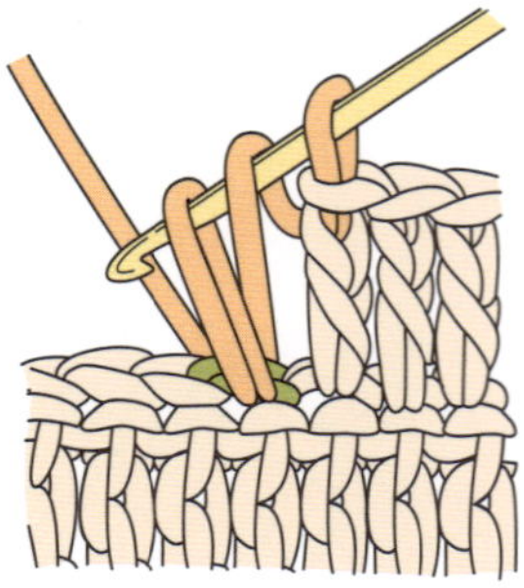

3 拉出线，拉出2针锁针的长度。

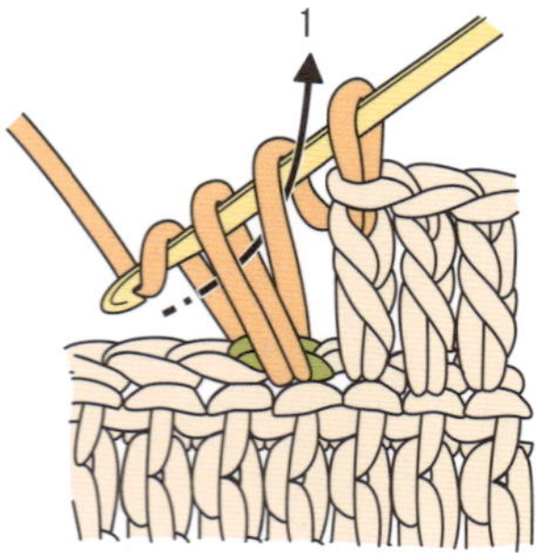

4 针钩住线，按箭头所示，从针上的2个圈中一次拉出。

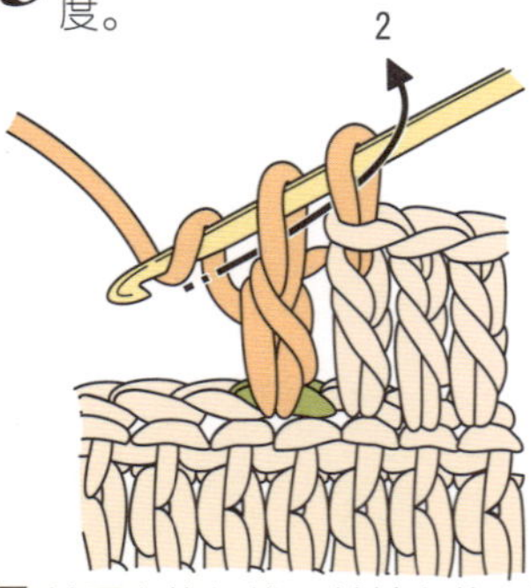

5 针再次钩住线，从针上的2个圈中一次引拔出。

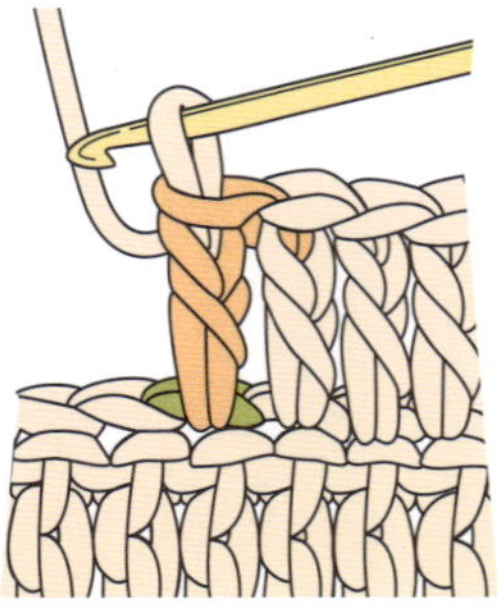

6 完成长针后的样子。

长长针

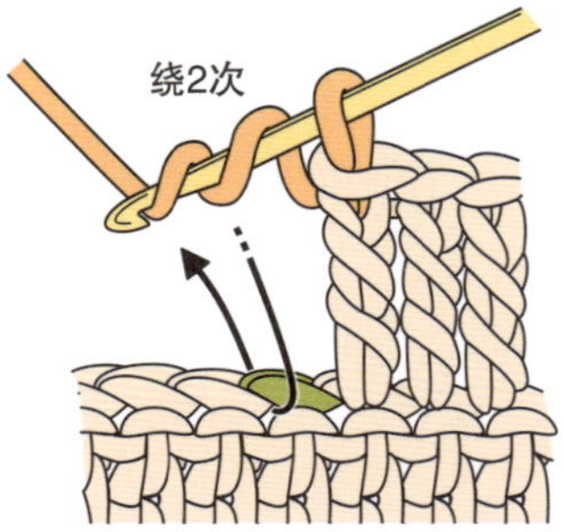

1 线在针上绕2次，按箭头所示，将针插入前一行顶部的2根线中。

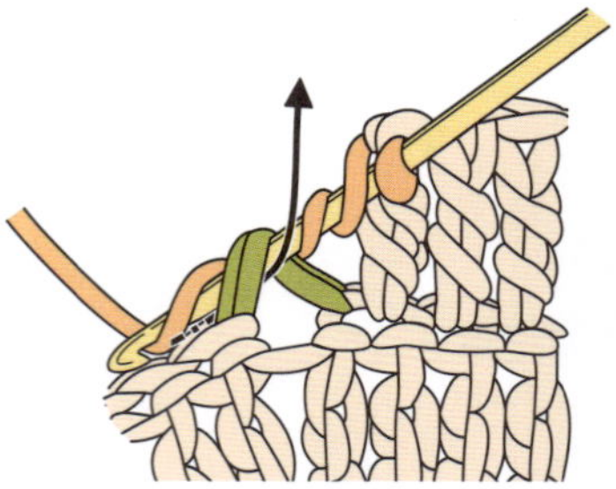

2 针钩住线，按箭头所示拉出线，拉出2针锁针的长度。

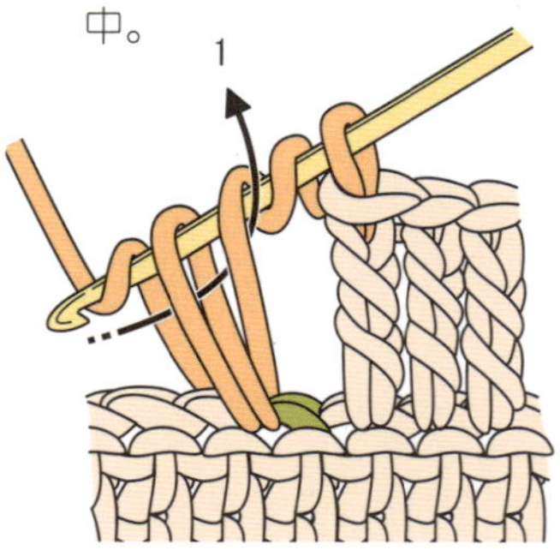

3 针钩住线，按箭头所示，从针上的2个圈中一次拉出。

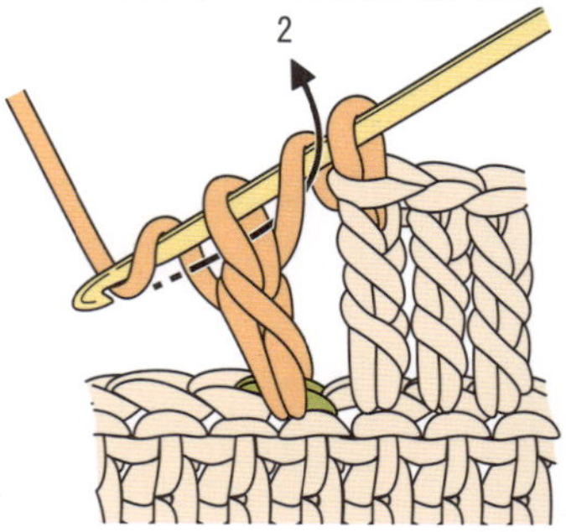

4 针再次钩住线，从针上的2个圈中一次拉出。

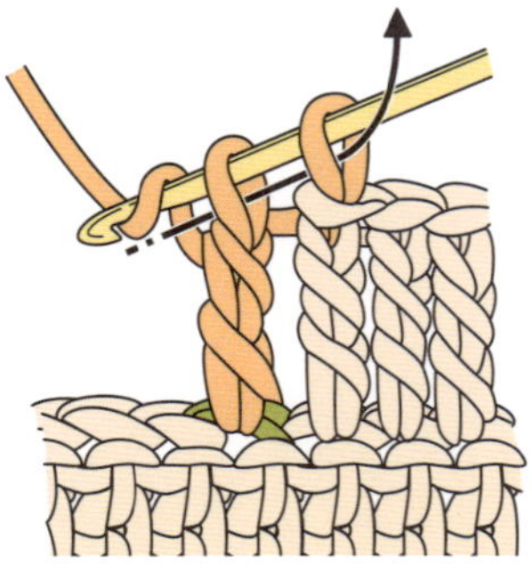

5 针再次钩住线，从针上的2个圈中一次引拔出。

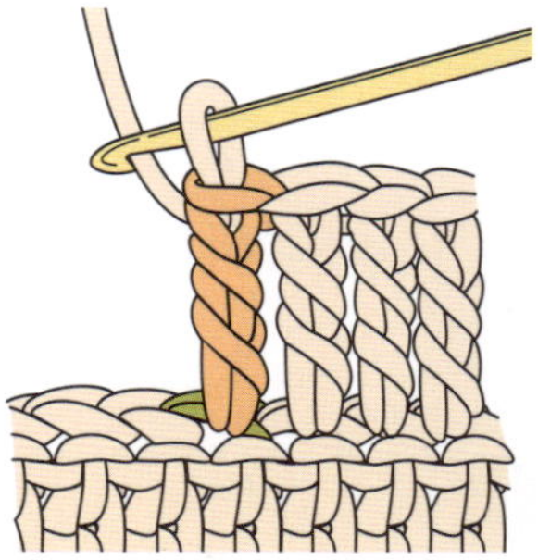

6 完成长长针后的样子。

短针2针并1针

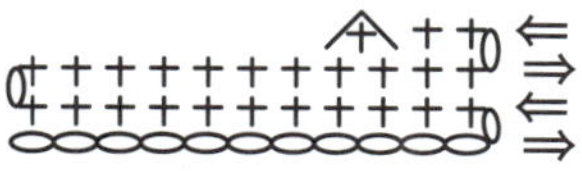

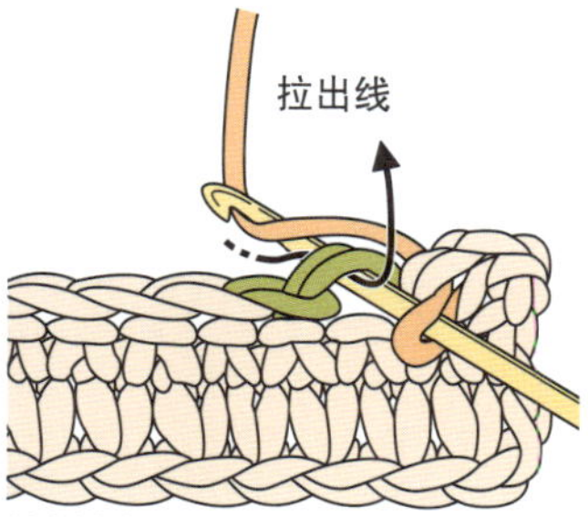

1 将针插入前一行顶部的2根线中，钩住线。

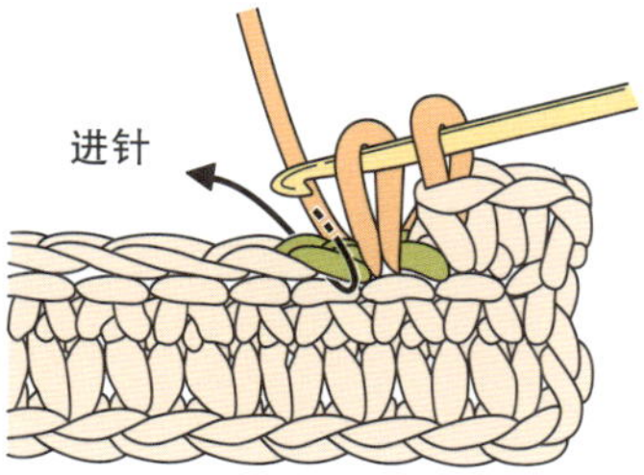

2 拉出线，拉出1针锁针的长度（未完成的短针），下一针也是把针插入顶部的2根线中。

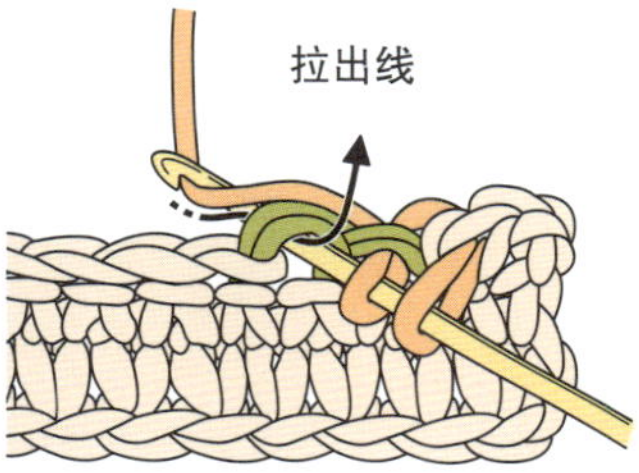

3 钩住线，拉出1针锁针的长度。

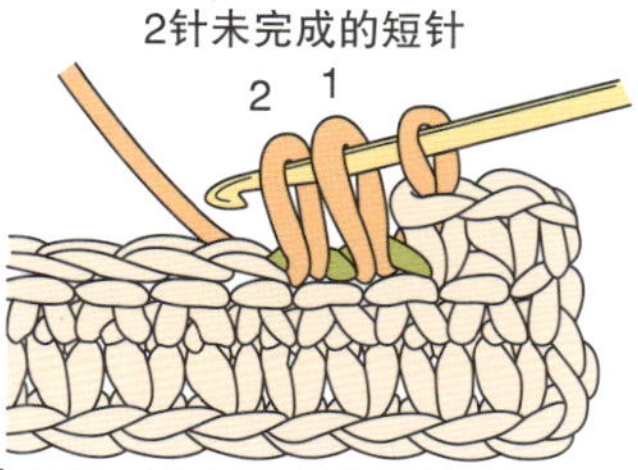

4 织好2针未完成的短针。

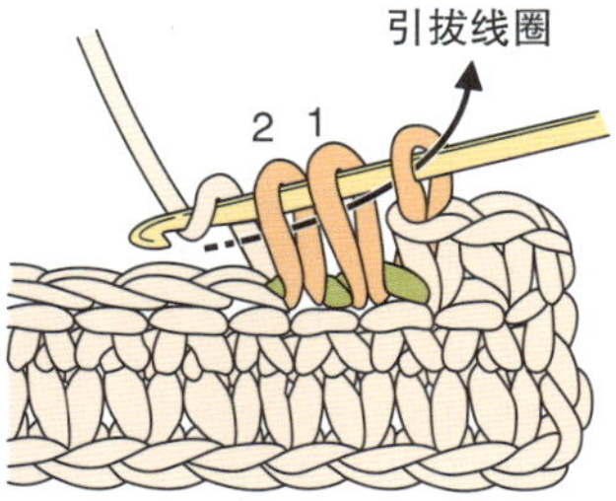

5 针钩住线，从针上的3个圈中一次引拔出。

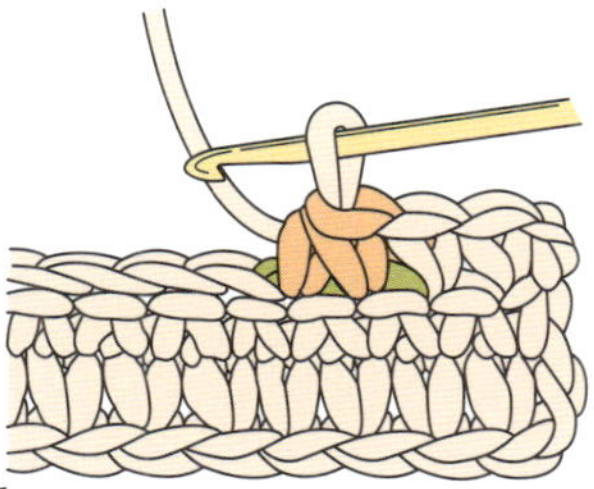

6 完成短针2针并1针（减1针）。

短针1针放2针

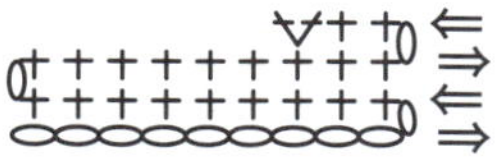

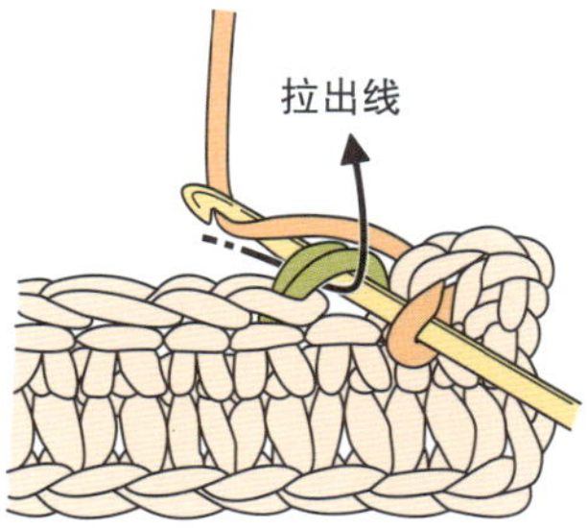

1 将针插入前一行顶部的2根线中，钩住线。

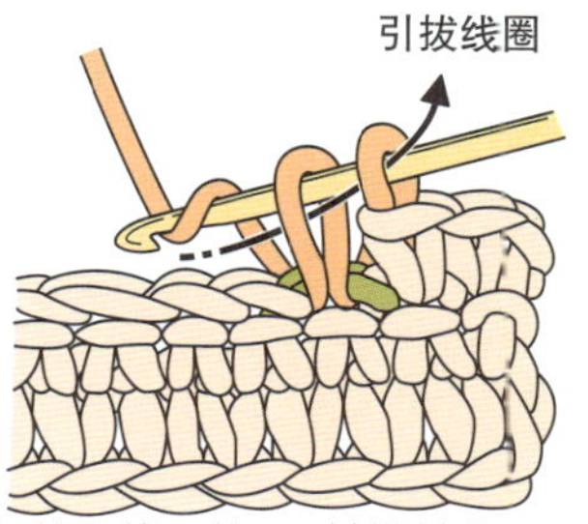

2 拉出线，拉出1针锁针的长度，再次钩住线引拔出。

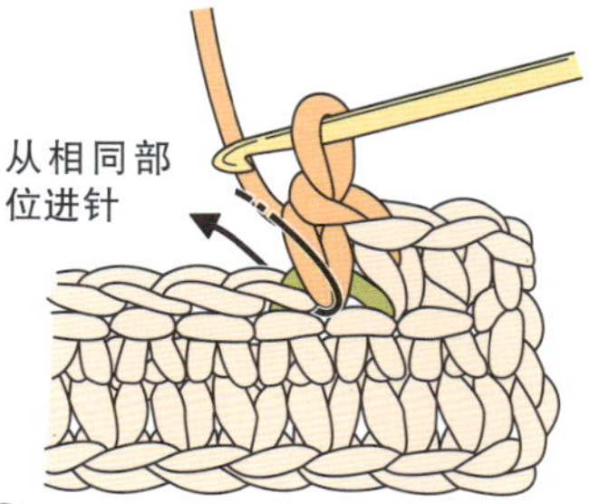

3 再次把针插入相同的一针顶部的2根线中。

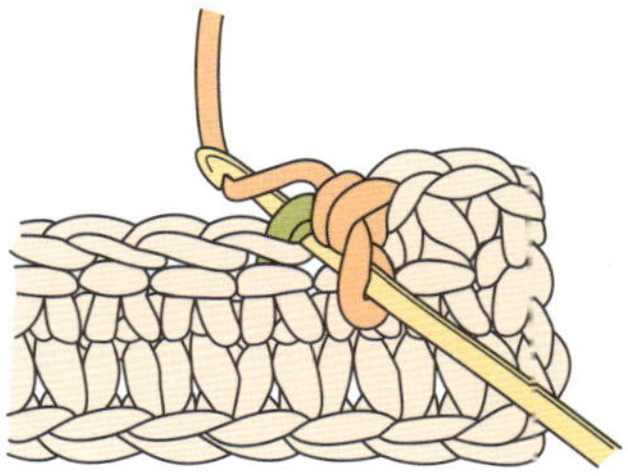

4 针钩住线。

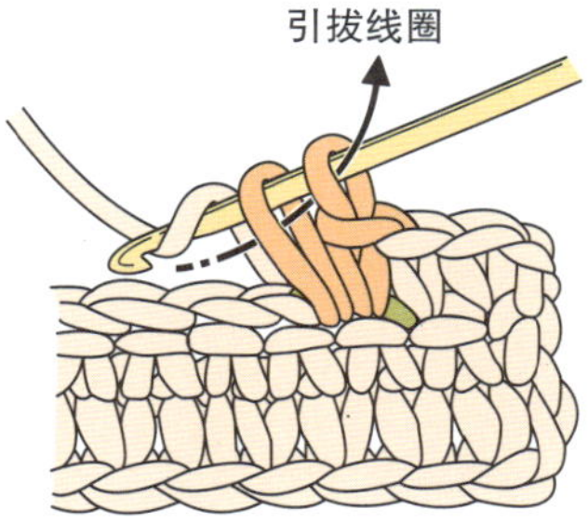

5 拉出线，拉出1针锁针的长度，再次钩住线引拔出。

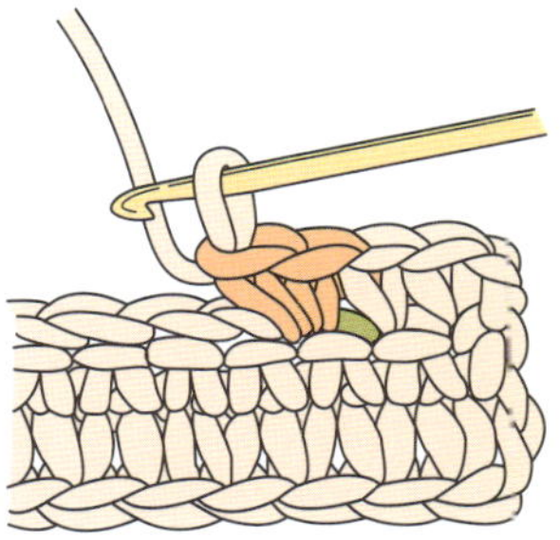

6 在同一针上钩2针短针（加1针）。

长针2针并1针

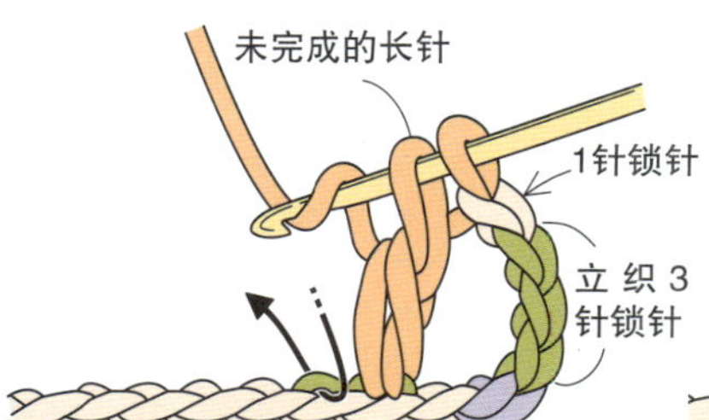

1 织1针未完成的长针，针钩住线，插入下一针中。

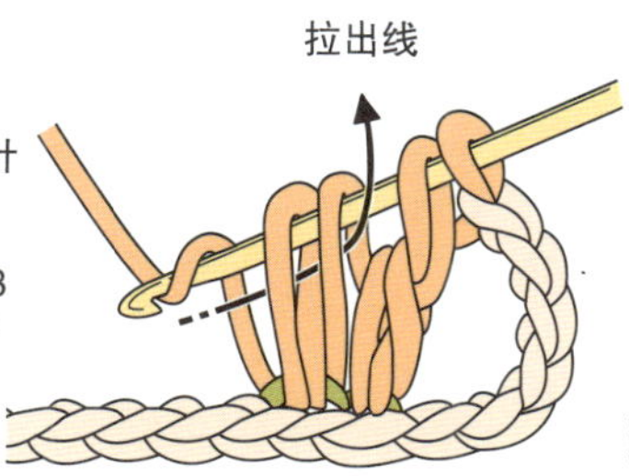

2 在下一针处织第2个未完成的长针。

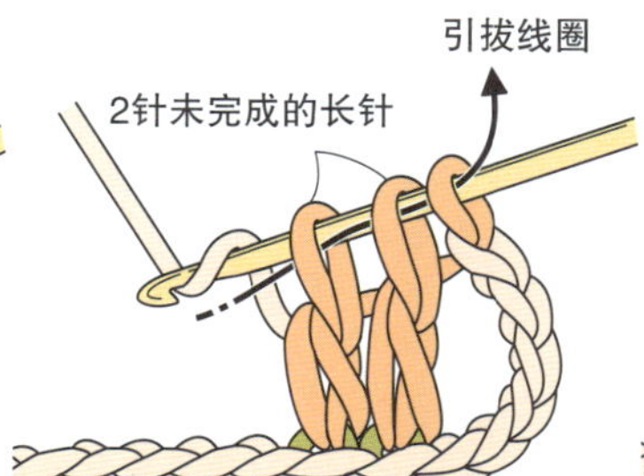

3 针钩住线，从3个圈中一次引拔出（2针并1针）。

4 完成长针2针并1针（减1针）。

长针1针放2针

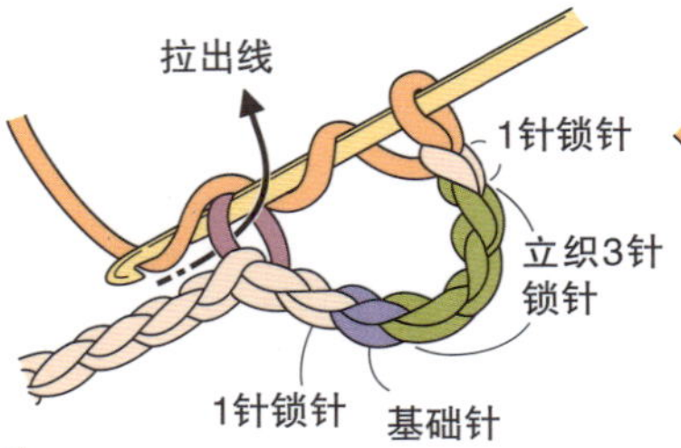

1 针钩住线，将针插入锁针的内侧线中。

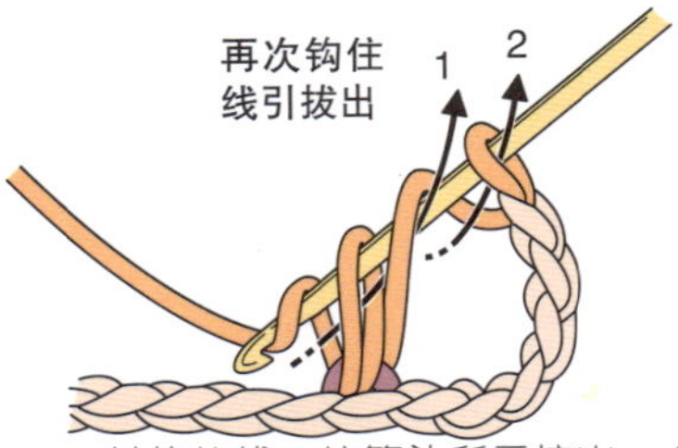

2 针钩住线，按箭头所示拉出线，再钩住线，从针上的2个圈中一次引拔出。

3 再次钩住线，在同一针处插入。

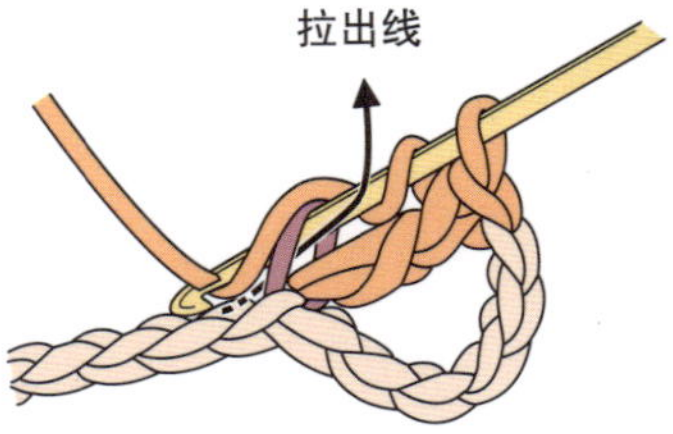

4 针钩住线并拉出。

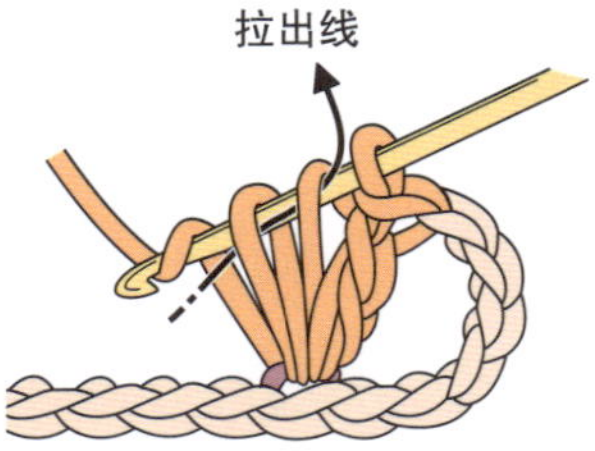

5 针钩住线，按箭头所示拉出。

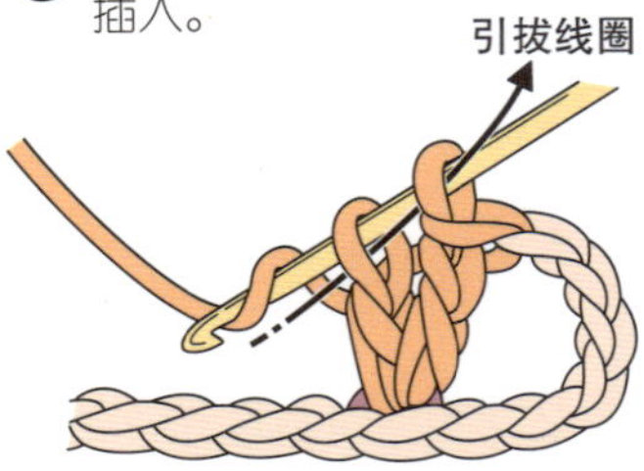

6 针再次钩住线并引拔出。

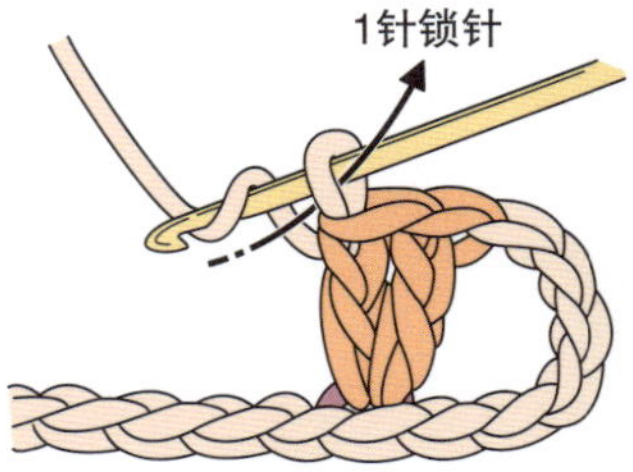

7 在同一针上完成长针1针放2针（加1针）。

长针3针的枣形针（整段挑起）

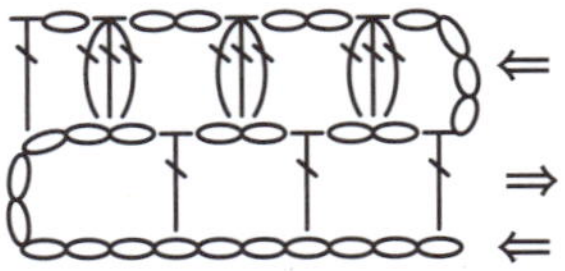

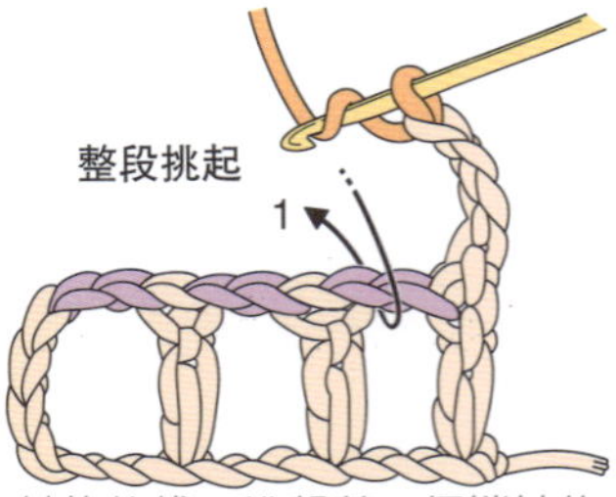

1 针钩住线，挑起前一行锁针的整段（插入锁针下面的空间）。

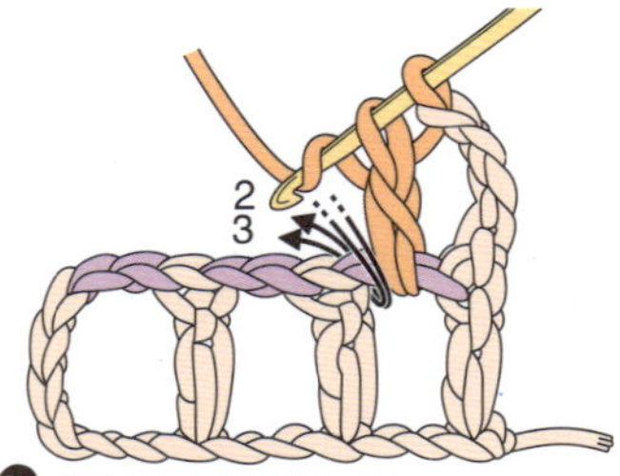

2 织好未完成的长针。

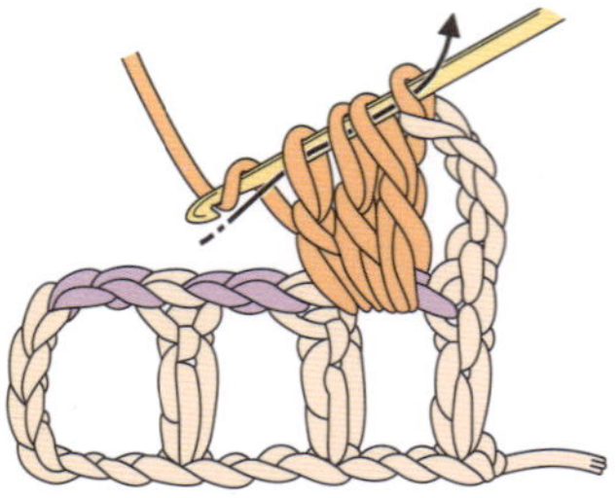

3 织3针未完成的长针，再按箭头所示，从针上的所有圈中一次引拔出。

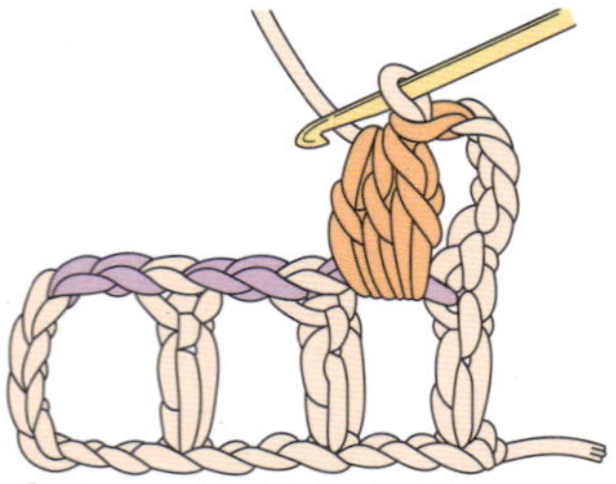

4 完成长针3针的枣形针。

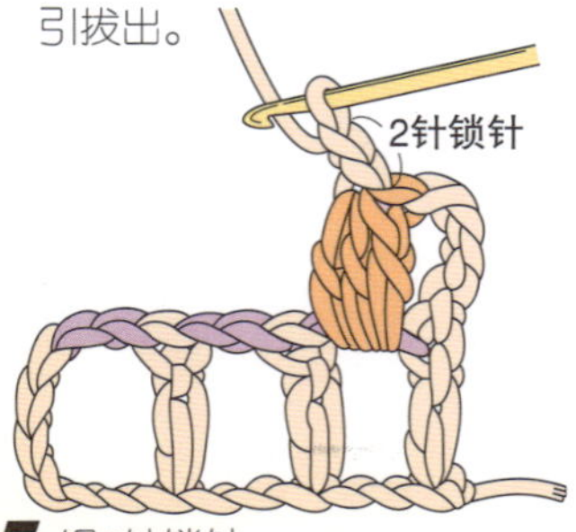

5 织2针锁针。

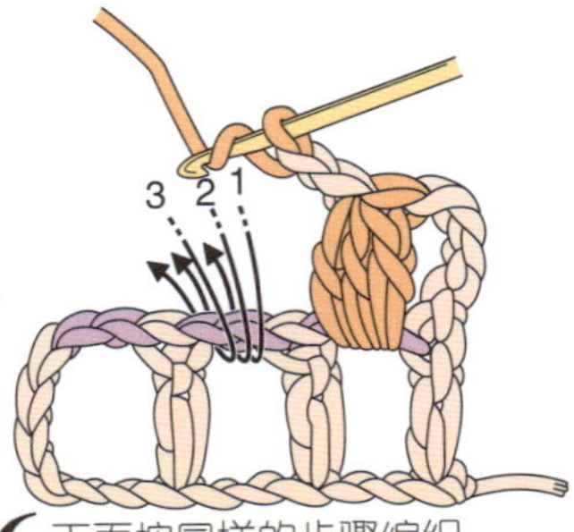

6 下面按同样的步骤编织。

长针3针的枣形针（挑起1针）

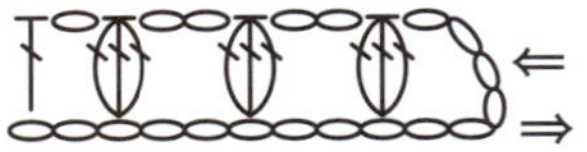

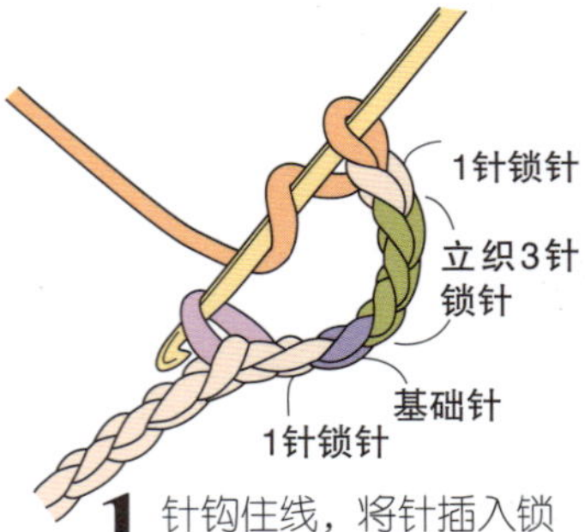

1 针钩住线，将针插入锁针的内侧线中。

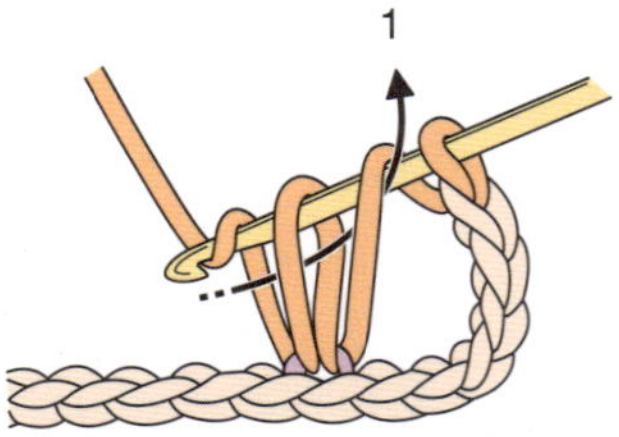

2 以2针锁针的长度，按图所示将线拉出（形成未完成的长针）。

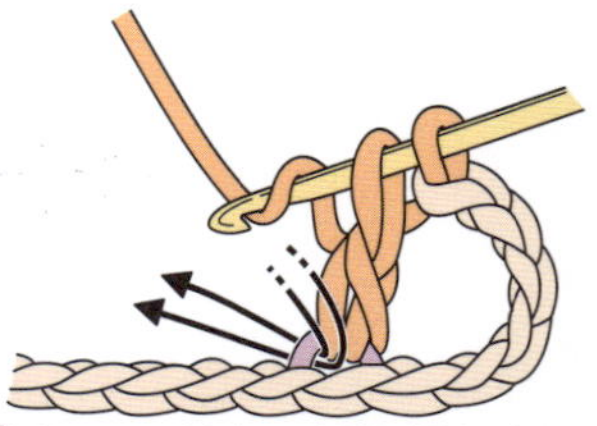

3 第2、3针在同部位织入未完成的长针。

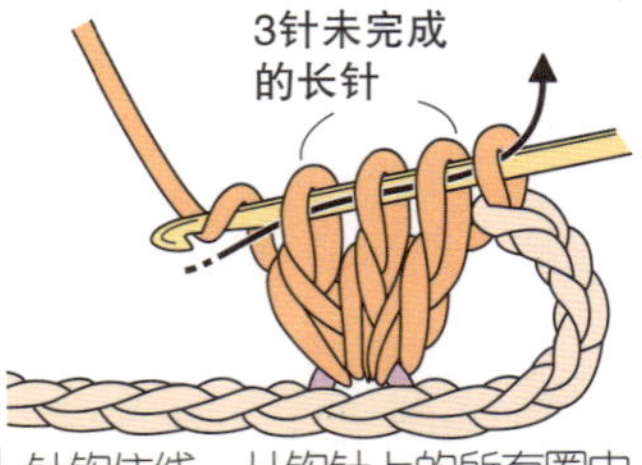

4 针钩住线，从钩针上的所有圈中一次拉出（按图中箭头所示）。

5 完成长针3针的枣形针。

长针1针放3针

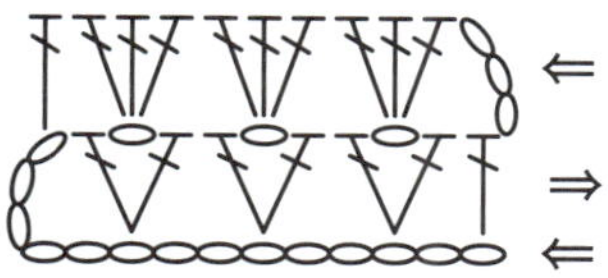

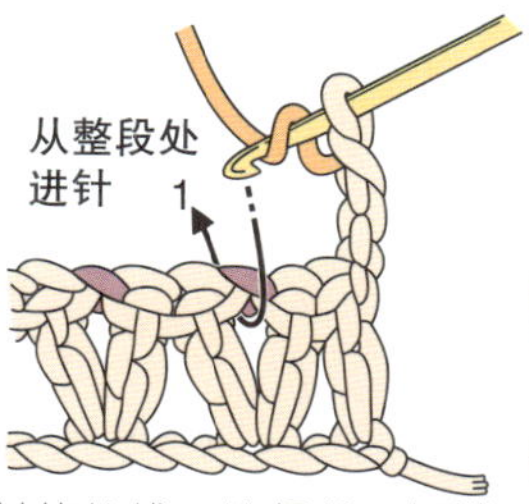

1 针钩住线，挑起前一行锁针的整段（插入锁针下面的空间）。

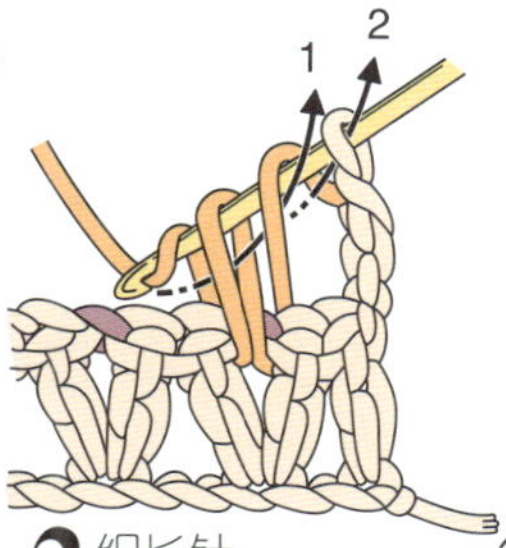

2 织长针。

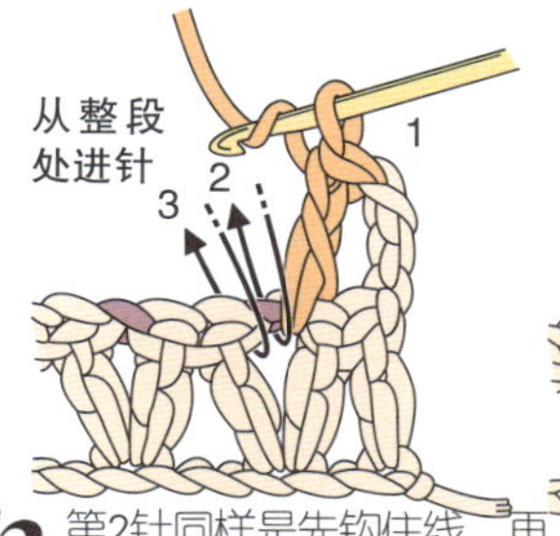

3 第2针同样是先钩住线，再把针插入同一锁针的整段中（插入锁针下面的空间）。

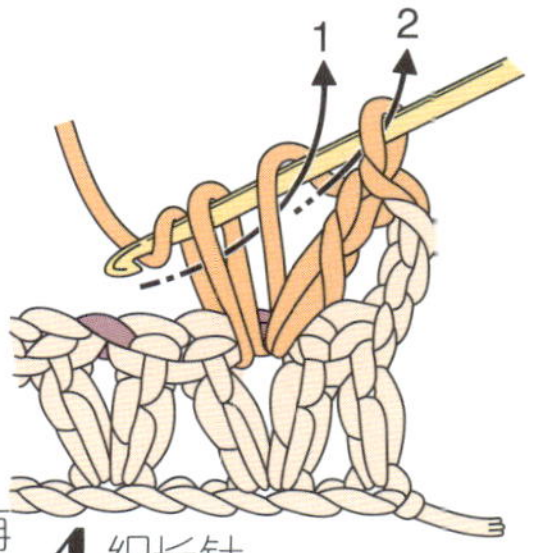

4 织长针。

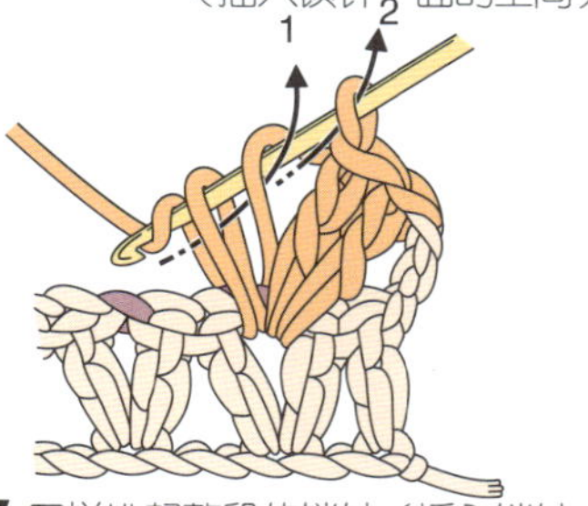

5 同样挑起整段的锁针（插入锁针下面的空间），织第3个长针。

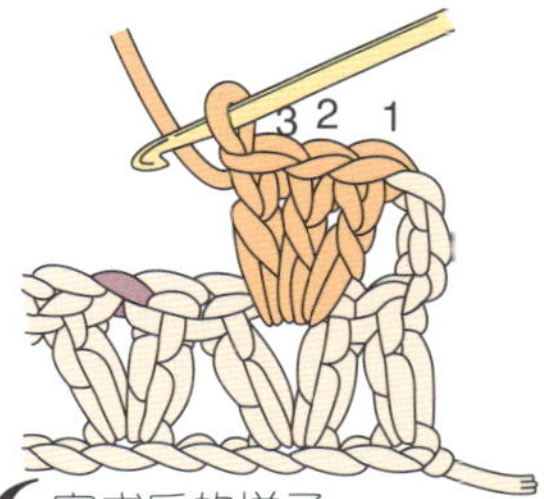

6 完成后的样子。

长针5针的爆米花针（整段挑起）

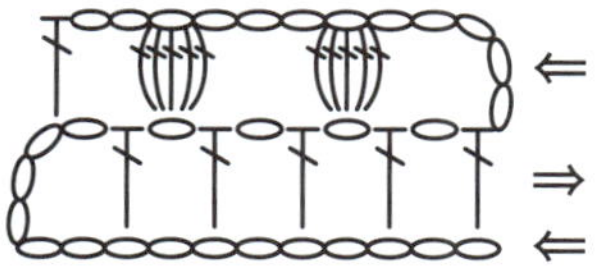

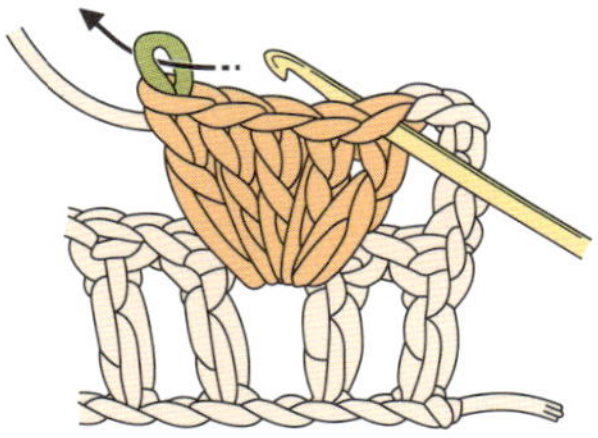

1 将前一行锁针的整段挑起织5针长针。先抽出钩针，再将钩针从前向后插入第1针长针和刚抽出的一针中。

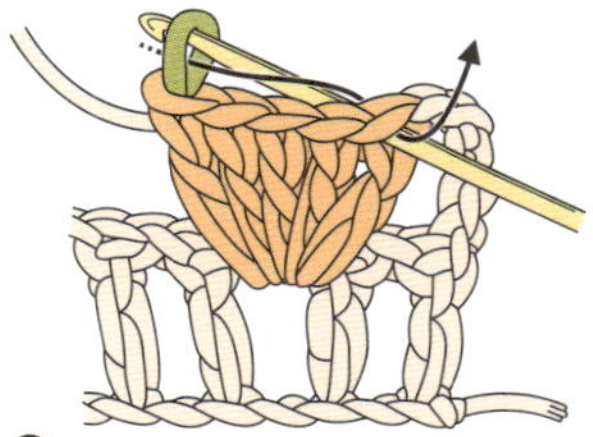

2 按箭头所示引拔出。

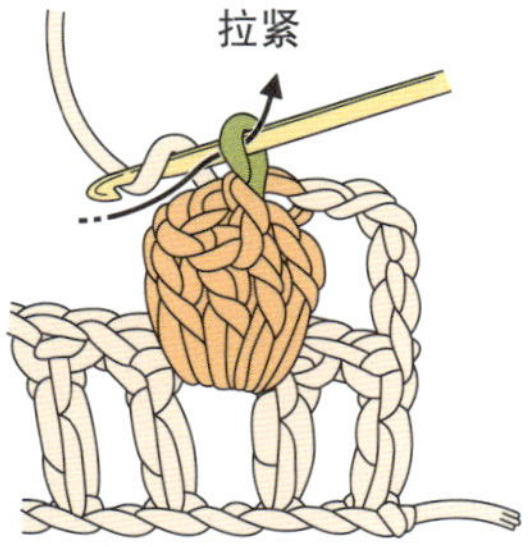

3 织1针锁针，拉紧。

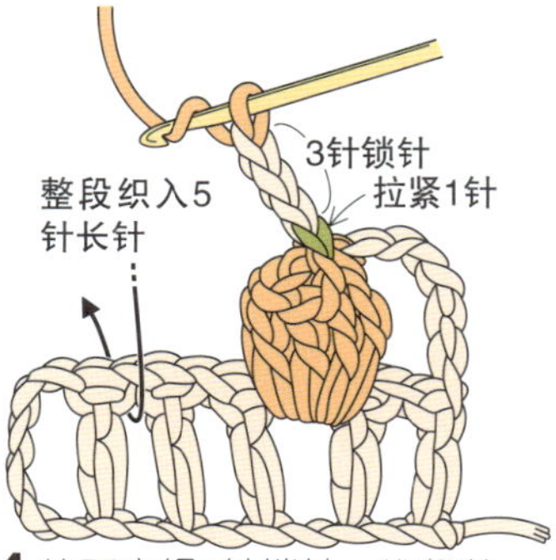

4 接下来织3针锁针，挑起前一行锁针的整段织第2个花样。

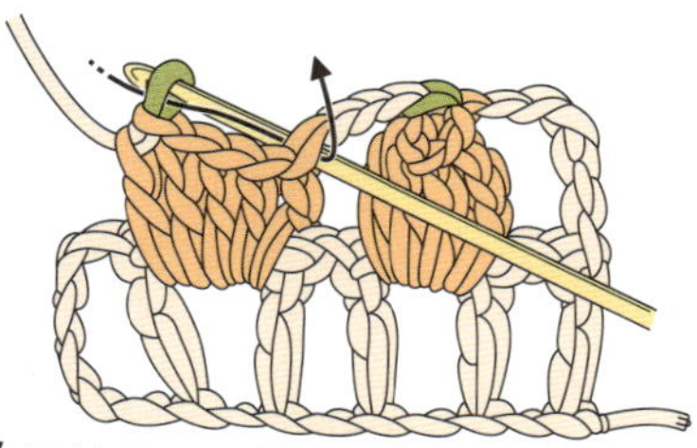

5 把针抽出，然后再插入长针和抽出的一针，按箭头所示引拔出。

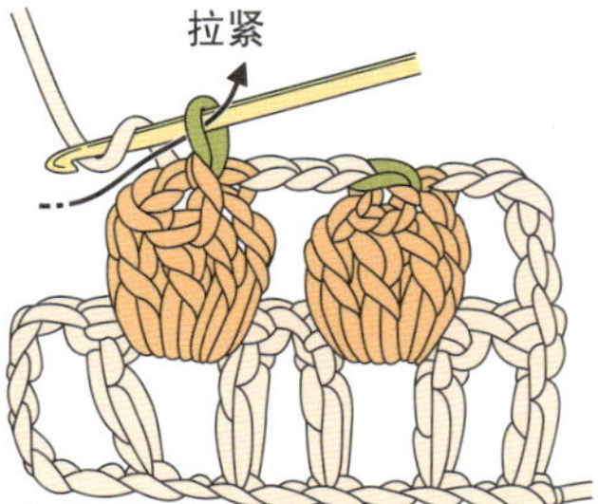

6 织1针锁针，拉紧。

长针5针的爆米花针（分开顶部挑针织）

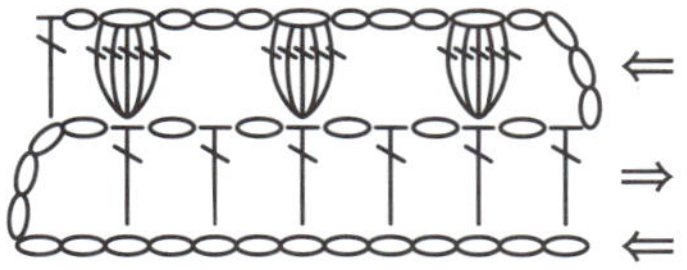

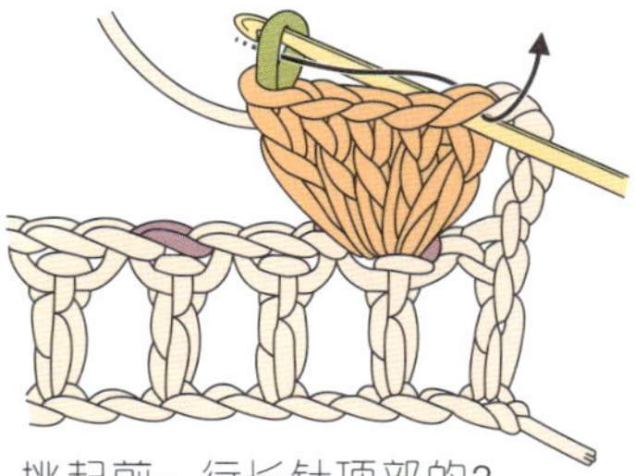

1 挑起前一行长针顶部的2根线，织5针长针，然后将针抽出，再将钩针从前向后插入第1针长针和抽出的1针中引拔出。

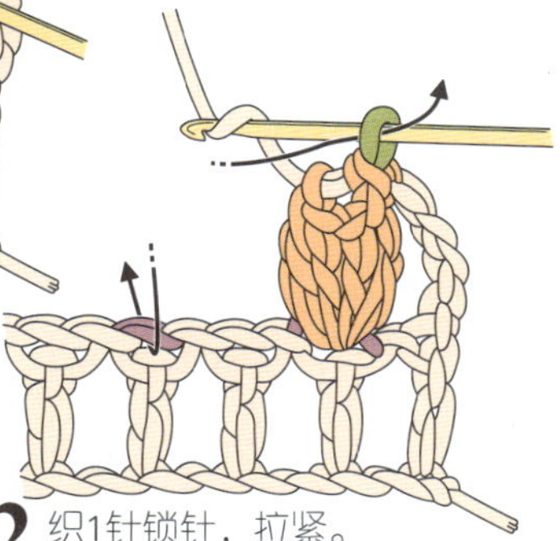

2 织1针锁针，拉紧。

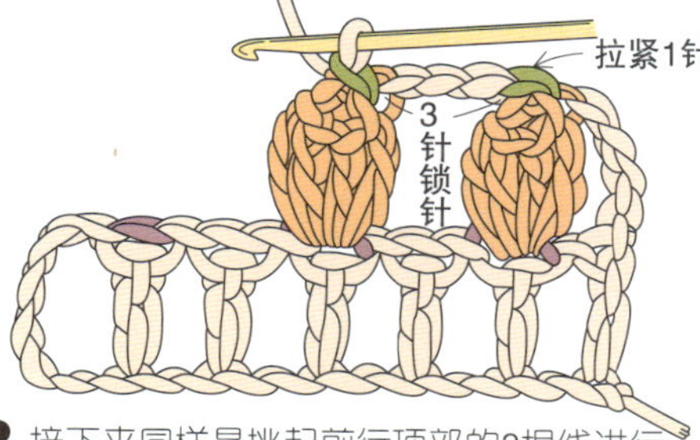

3 接下来同样是挑起前行顶部的2根线进行编织。

长针5针的松叶针（挑1针）

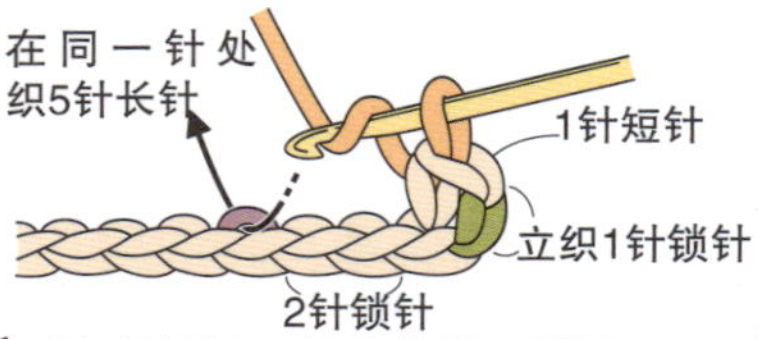

1 织1针短针，针钩住线，将针插入第3针锁针的内侧线中。

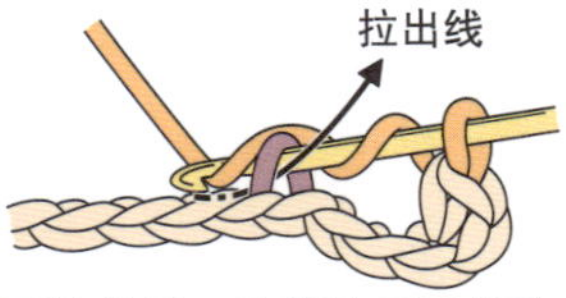

2 再钩住线，按箭头所示转动钩针。

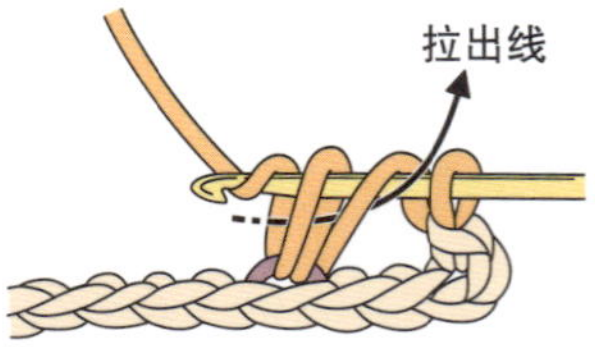

3 拉出2针锁针的长度，再次钩住线，从针上的2个圈中拉出。

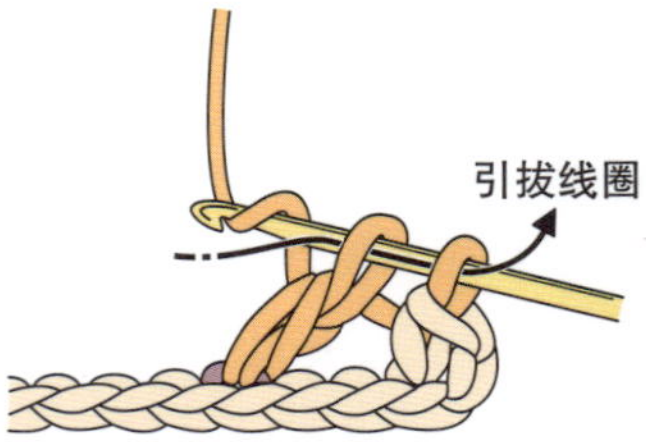

4 再次钩住线，按箭头所示，从针上的2个圈中一次引拔出。

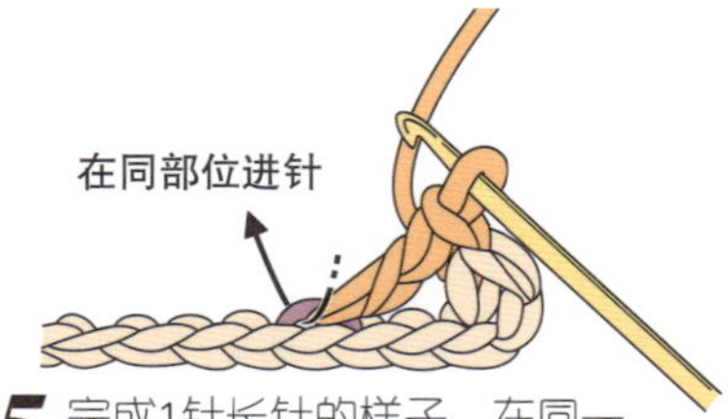

5 完成1针长针的样子。在同一针上织5针长针。

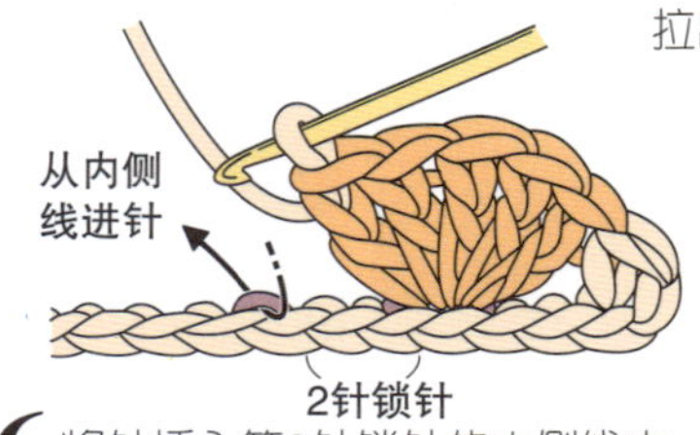

6 将针插入第3针锁针的内侧线中。

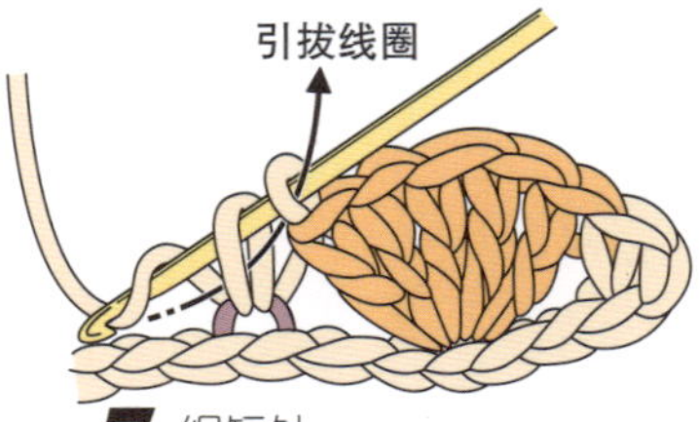

7 织短针。

长针5针的松叶针（整段挑起）

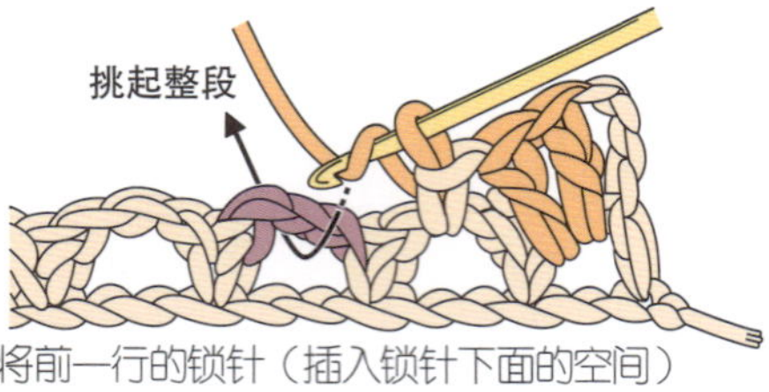

1 将前一行的锁针（插入锁针下面的空间）整段挑起，钩住线，按箭头所示入针。

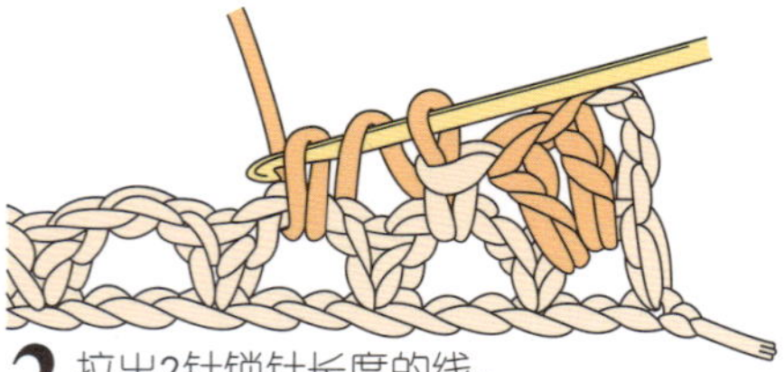

2 拉出2针锁针长度的线。

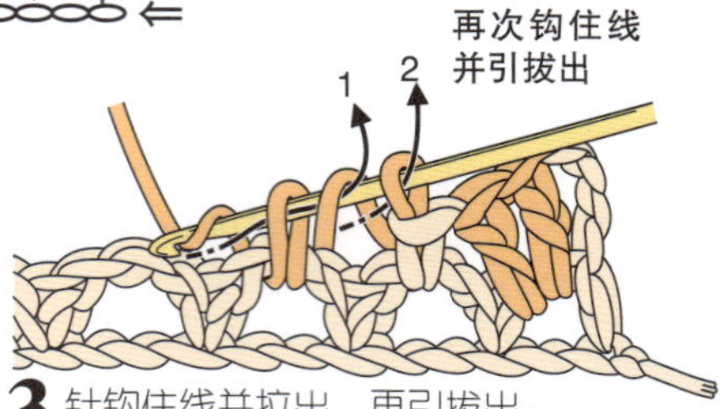

3 针钩住线并拉出，再引拔出。

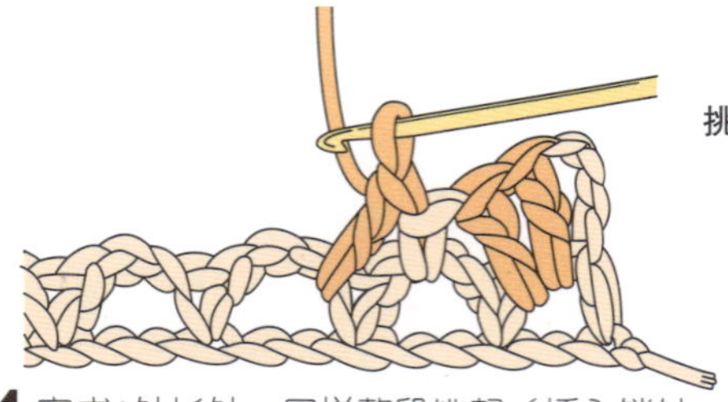

4 完成1针长针。同样整段挑起（插入锁针下面的空间），织入5针长针。

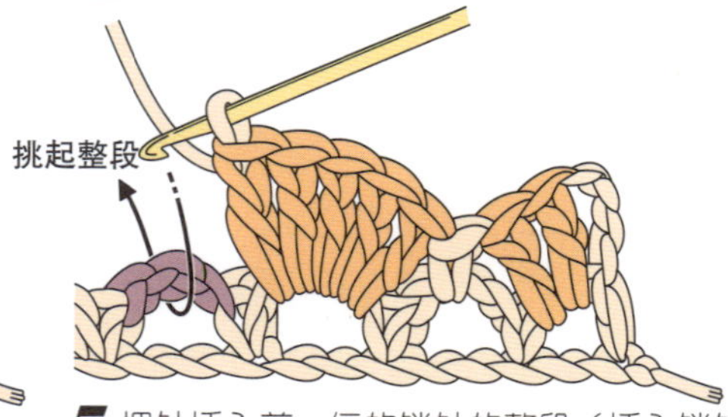

5 把针插入前一行的锁针的整段（插入锁针下面的空间），织短针。

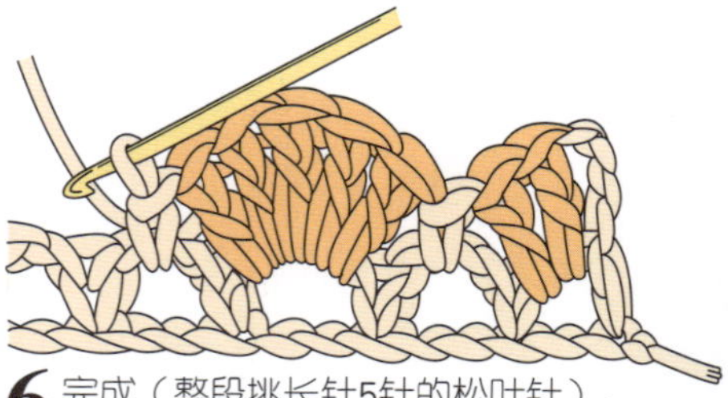

6 完成（整段挑长针5针的松叶针）。

短针的菱形针

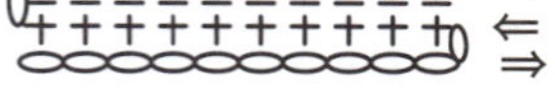

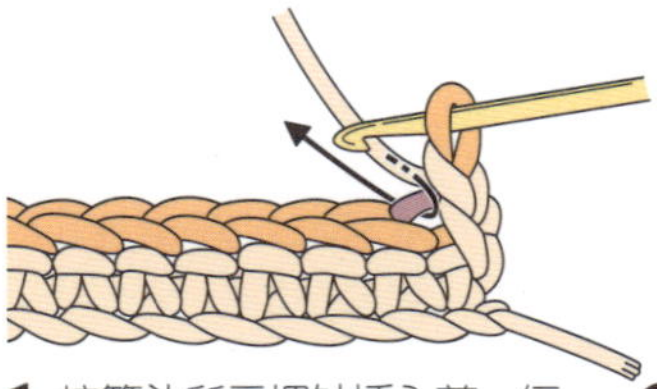

1 按箭头所示把针插入前一行后面的半针，织短针。

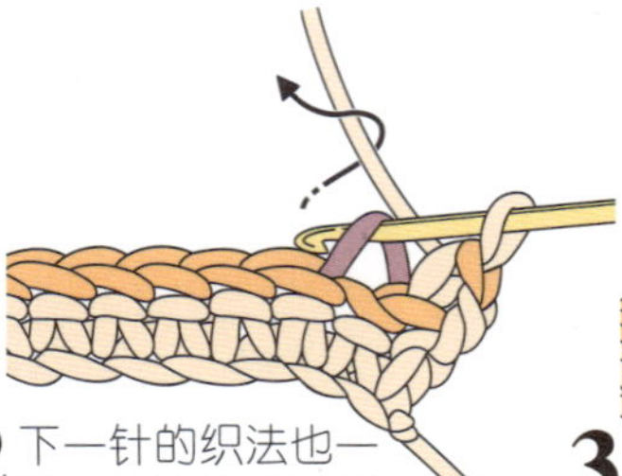

2 下一针的织法也一样，按箭头所示把针插入前一行后面的半针，钩住线并拉出。

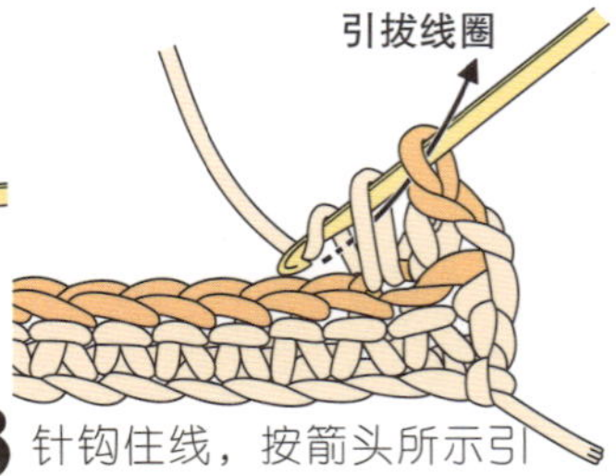

3 针钩住线，按箭头所示引拔线圈。

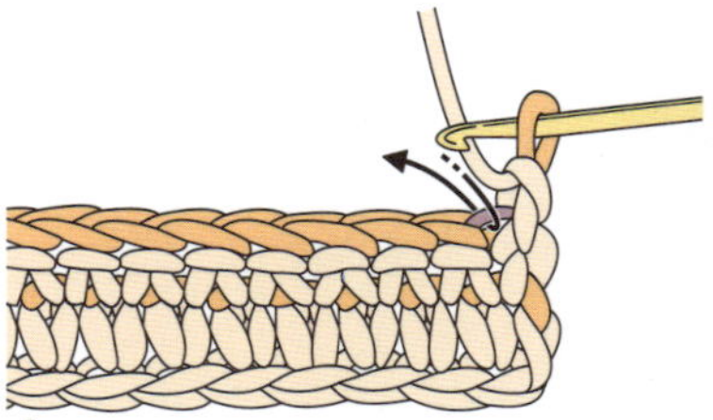

4 第3行的织法相同，按箭头所示将针插入前一行锁针的后面半针进行编织。

长针的正浮针

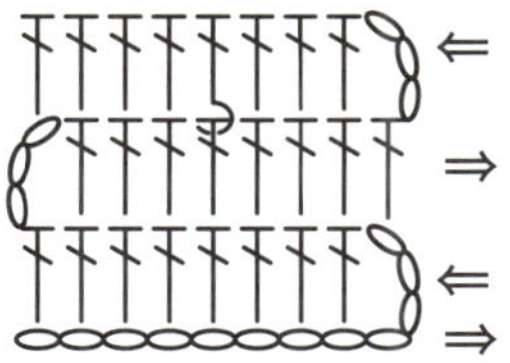

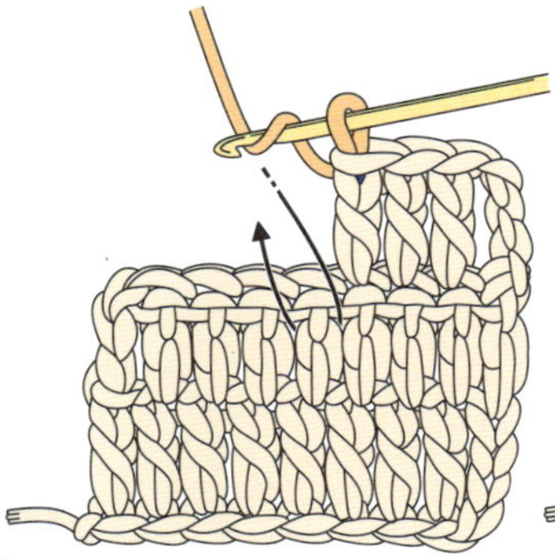

1 针钩住线，从前面进针，挑起整个针目进行编织。

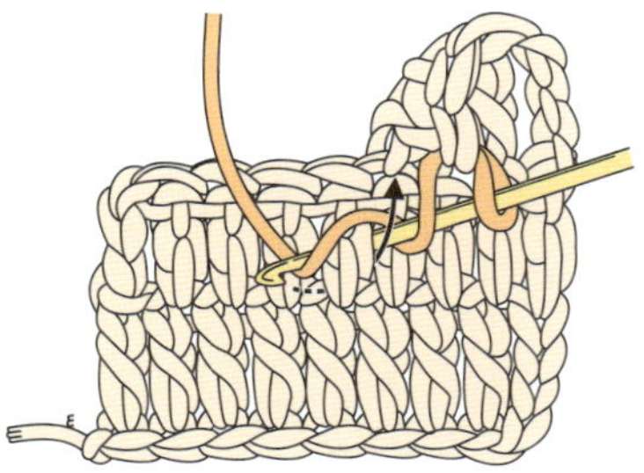

2 针钩住线，按箭头所示转动钩针。

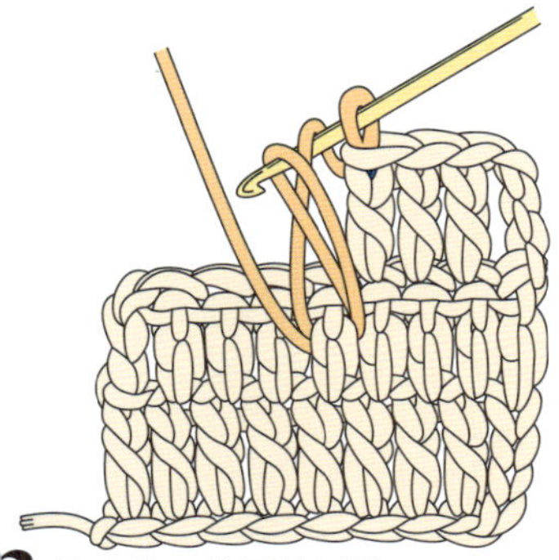

3 拉出线，线要拉长些。

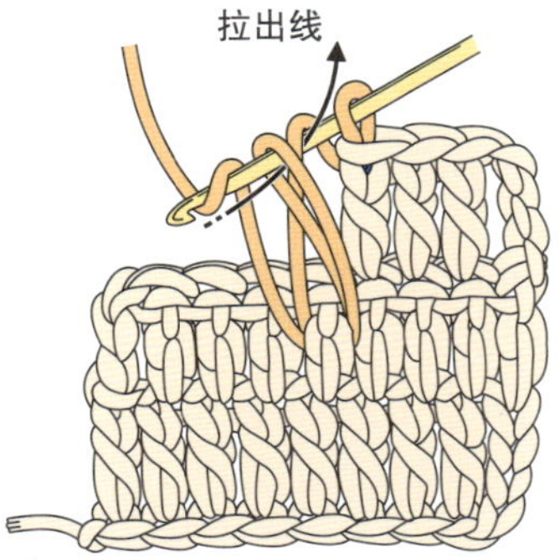

4 针钩住线，从针上的2个圈中一次拉出。

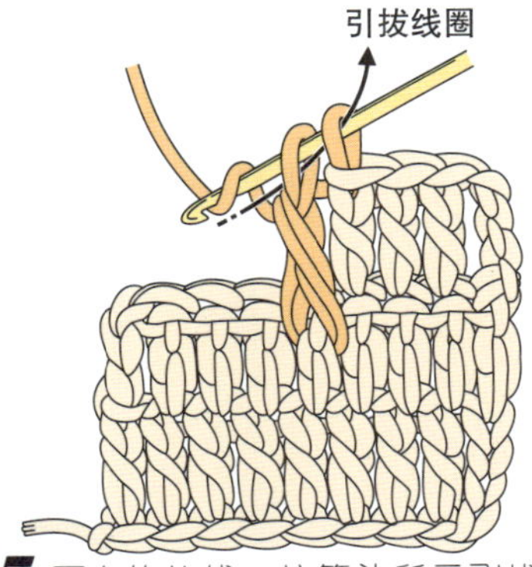

5 再次钩住线，按箭头所示引拔针圈。

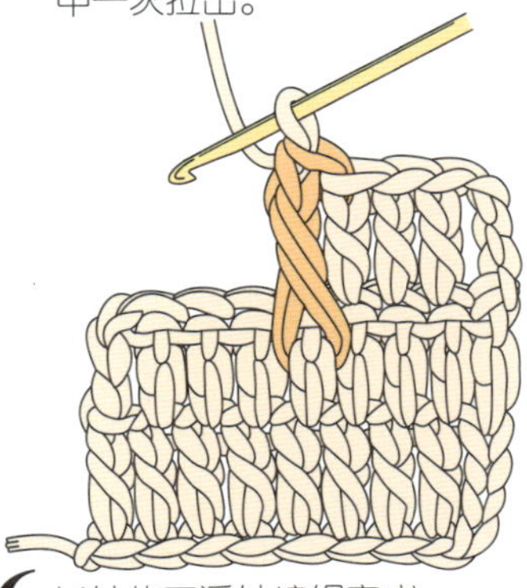

6 长针的正浮针编织完成。

长针的反浮针

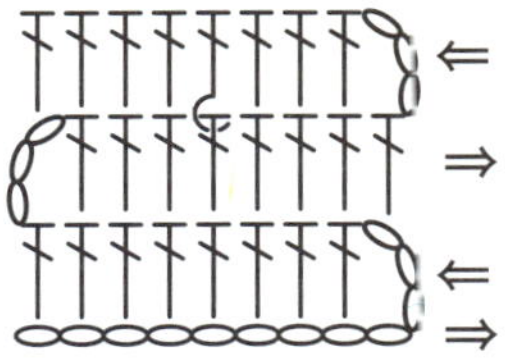

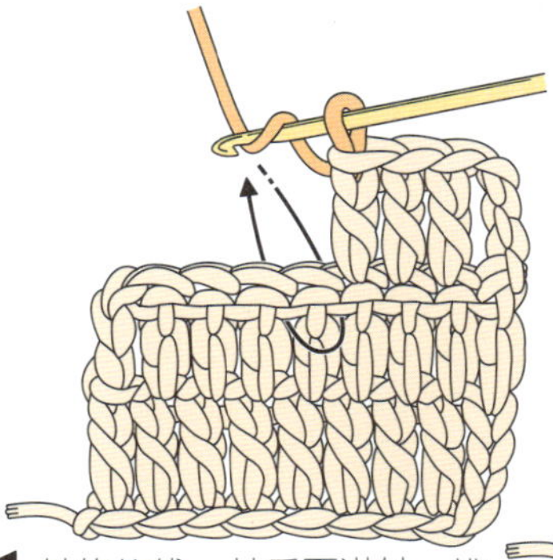

1 针钩住线，从后面进针，挑起整个针目进行编织。

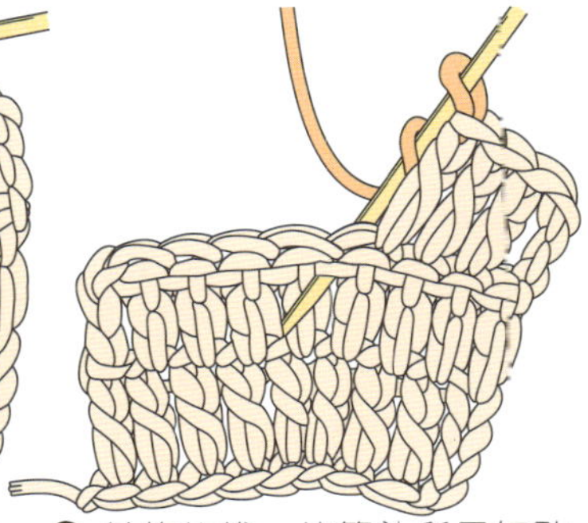

2 针钩住线，按箭头所示转动钩针。

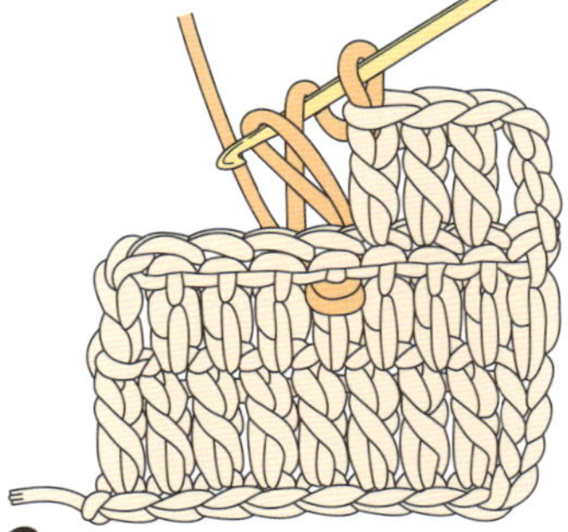

3 拉出线，线要拉长些。

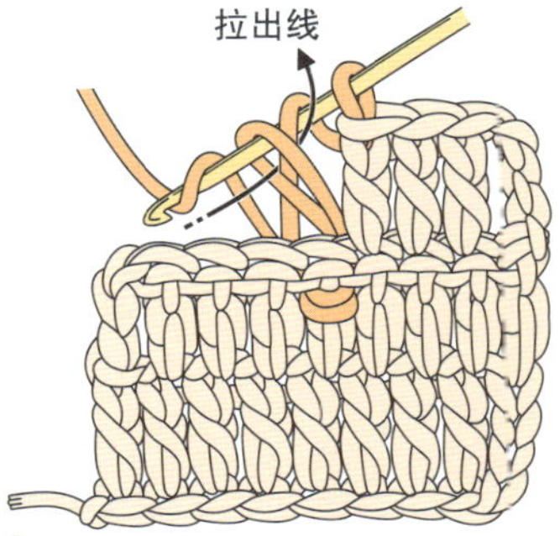

4 针钩住线，从针上的2个圈中一次拉出。

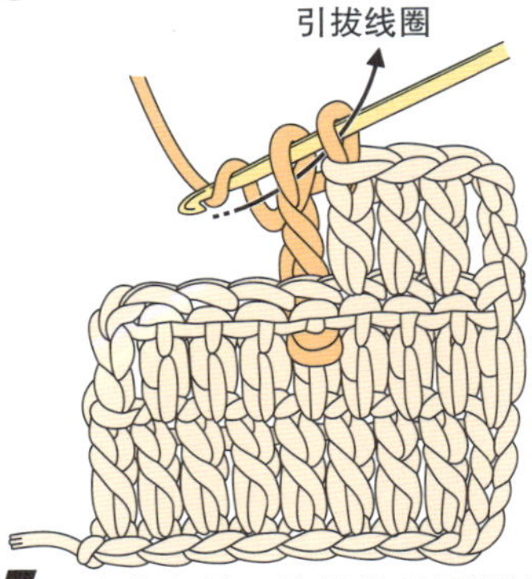

5 再次钩住线，按箭头所示引拔线圈。

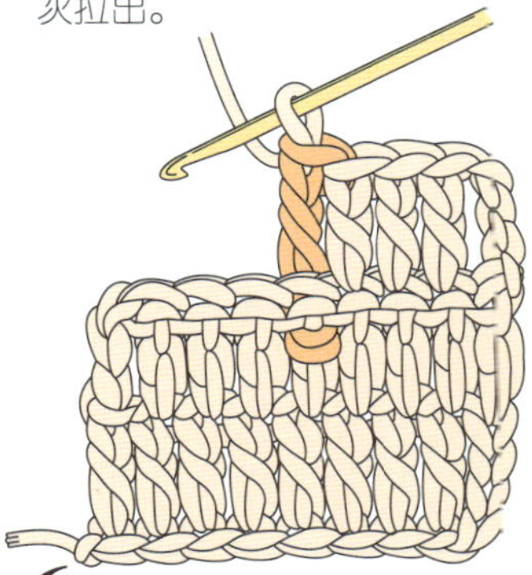

6 长针的反浮针编织完成。

短针的条纹针

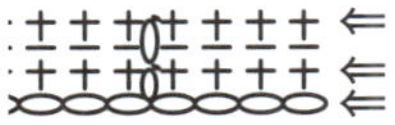

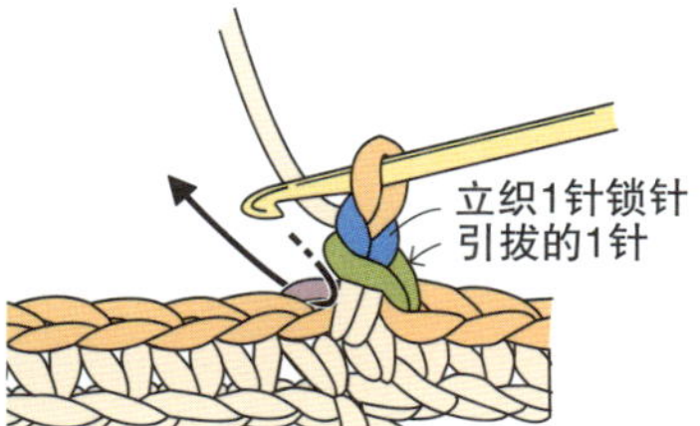

1 立织1针锁针，将针插入前面锁针的后面半针。

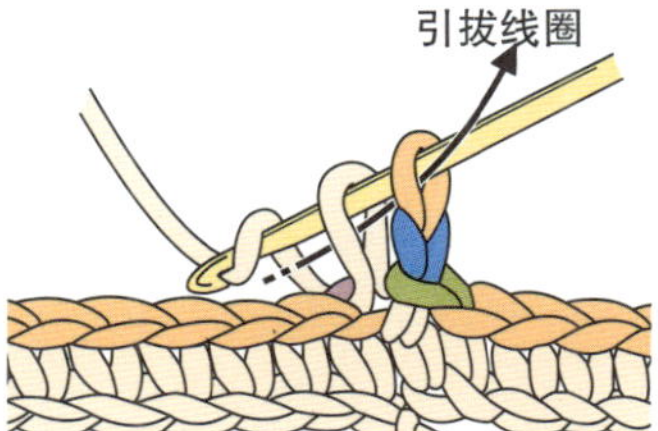

2 针钩住线，织短针。

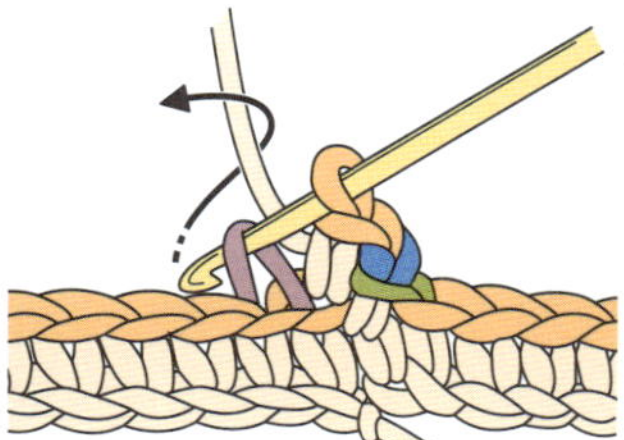

3 下一针以同样方法织短针。

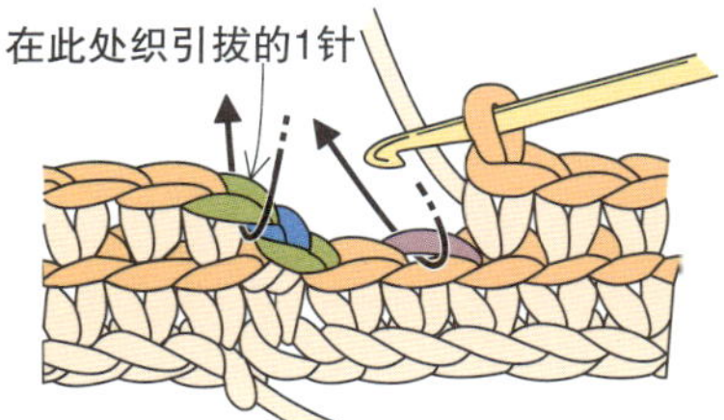

4 第2行的最后，是在第2行起始处的短针顶部的2根锁形线上引拔出。

长针1针交叉

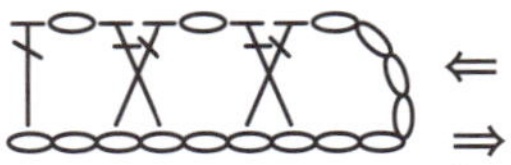

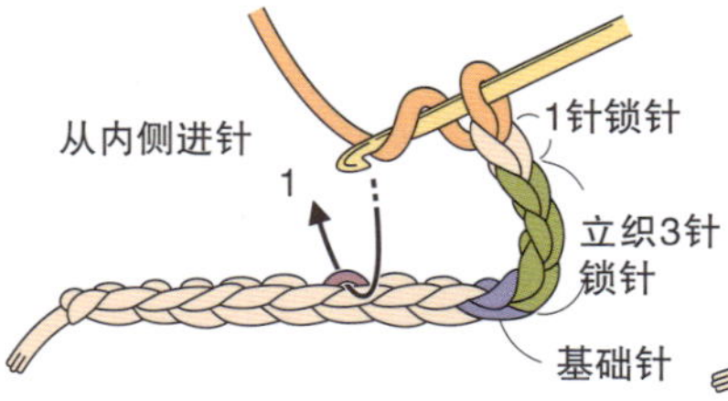

1 针钩住线，将针插入从基础针算起的第3针锁针的内侧线中，织长针。

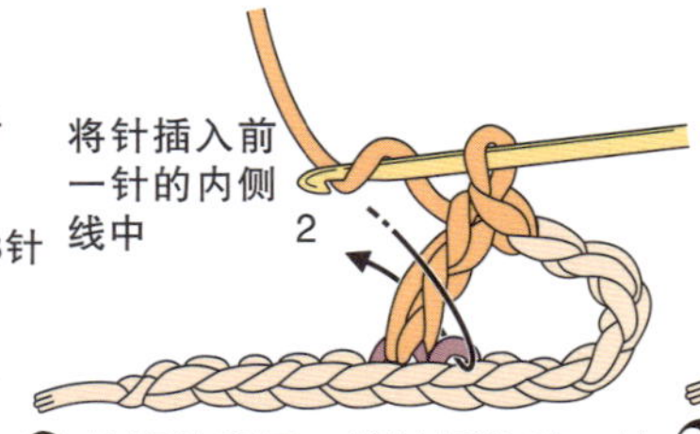

2 按箭头所示，将针插入前一针锁针的内侧线中。

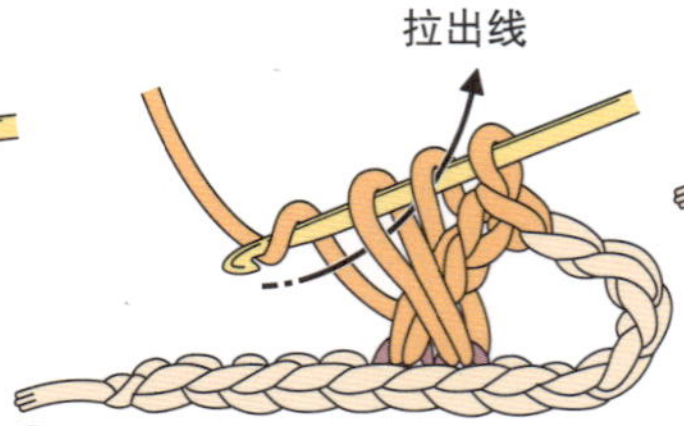

3 包住前一针长针并拉出线。再次钩住线，从针上的2个圈中一次拉出。

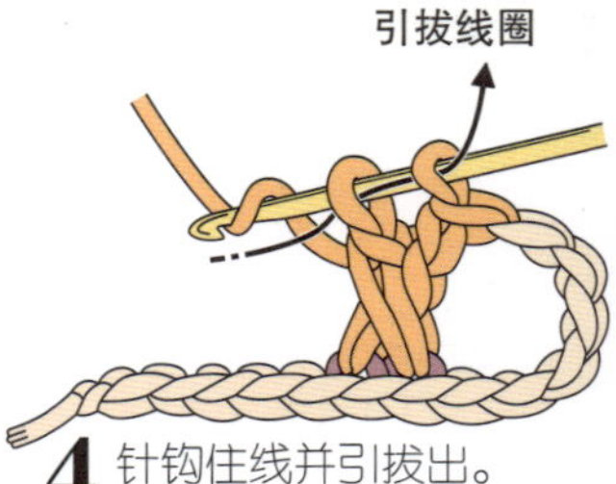

4 针钩住线并引拔出。

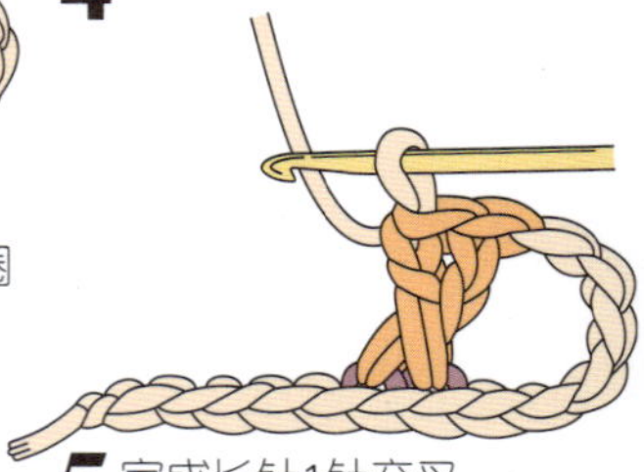

5 完成长针1针交叉。

变形的长针1针交叉（右上）

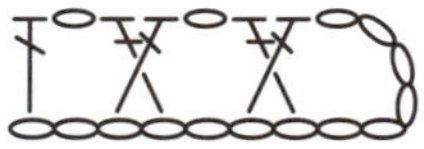

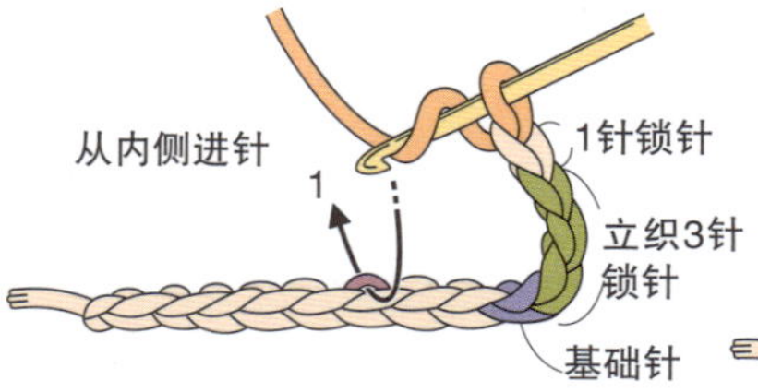

1 按箭头所示，将针插入锁针的内侧线中，织长针。

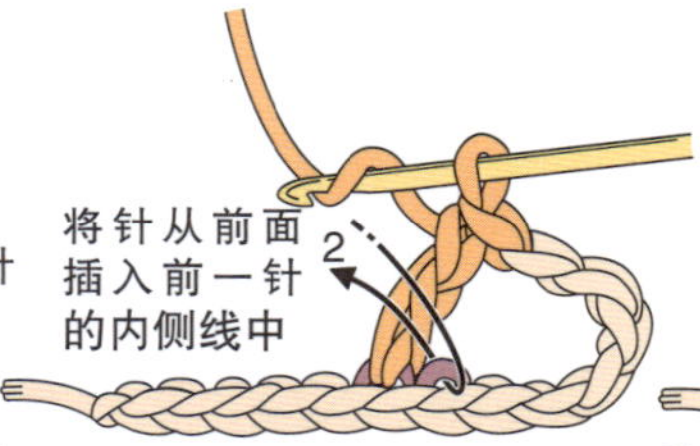

2 按箭头所示，将针从前面插入前一针锁针的内侧线中。

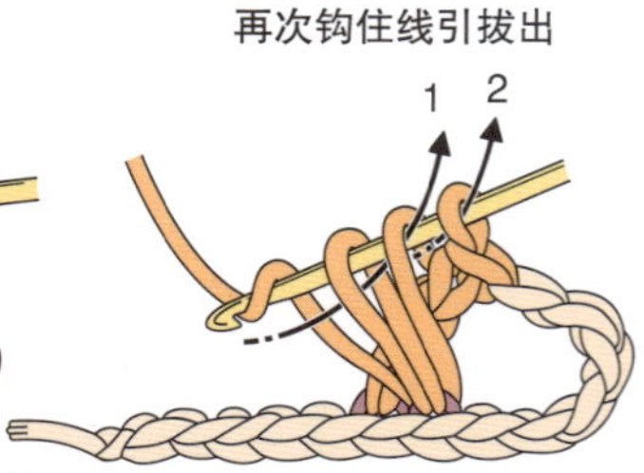

3 针钩住线，拉出2针锁针的长度织长针（不包住交叉的长针，从右上方拉出）。

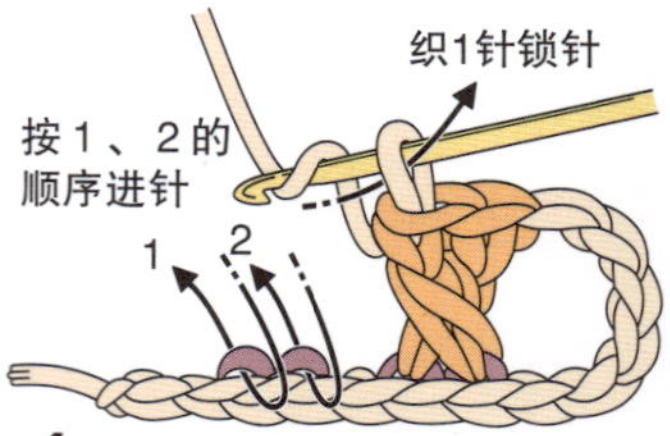

4 接下来重复步骤2、3。

变形的长针1针交叉（左上）

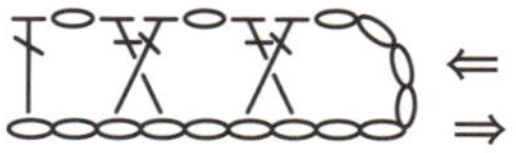

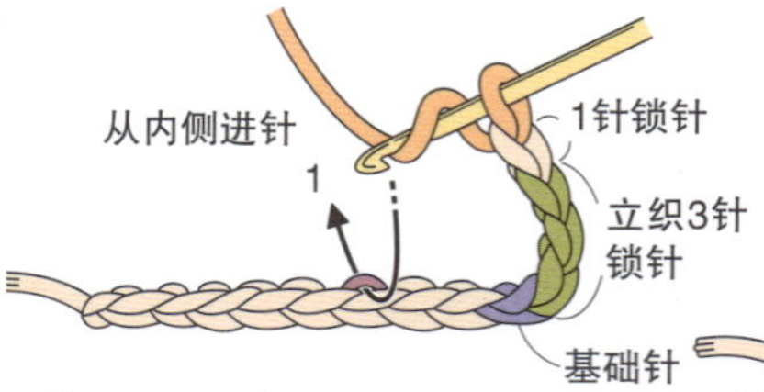

1 按箭头所示，将针插入锁针的内侧线中，织长针。

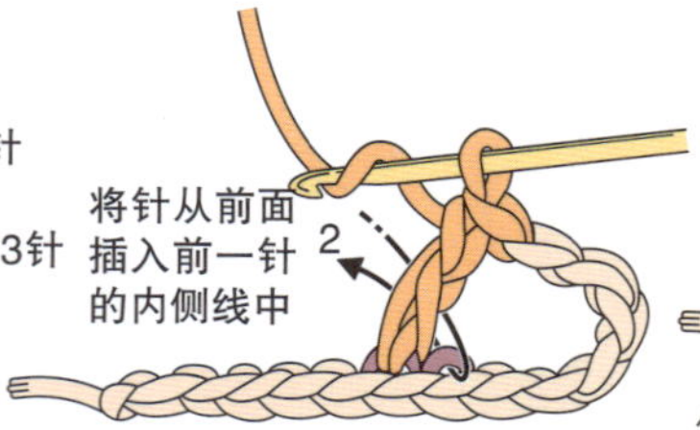

2 按箭头所示，将针从前面插入前一针锁针的内侧线中。

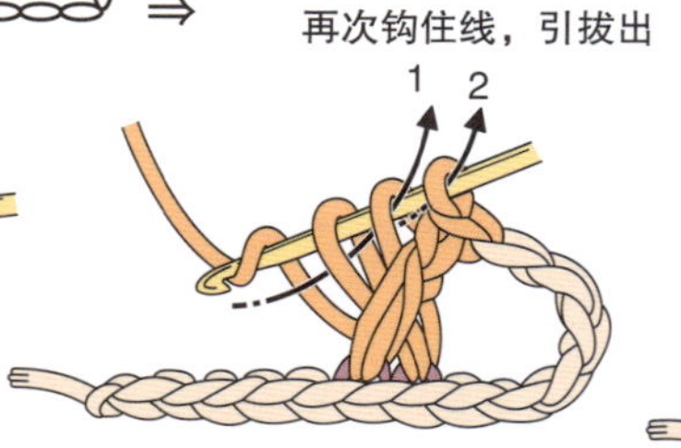

3 针钩住线，拉出2针锁针的长度织长针（不包住交叉的长针从左上方拉出）。

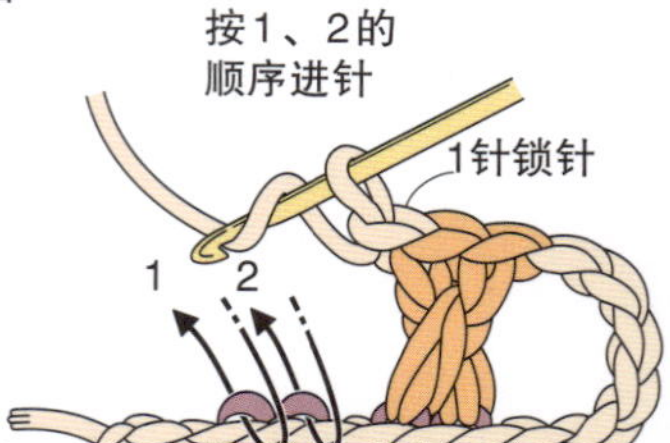

4 接下来重复步骤2、3。

短回针

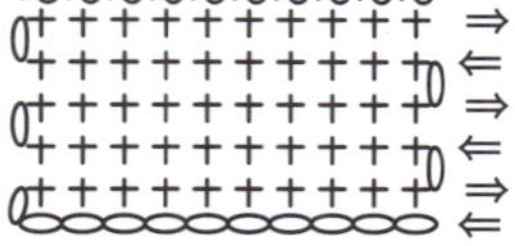

接右页▶

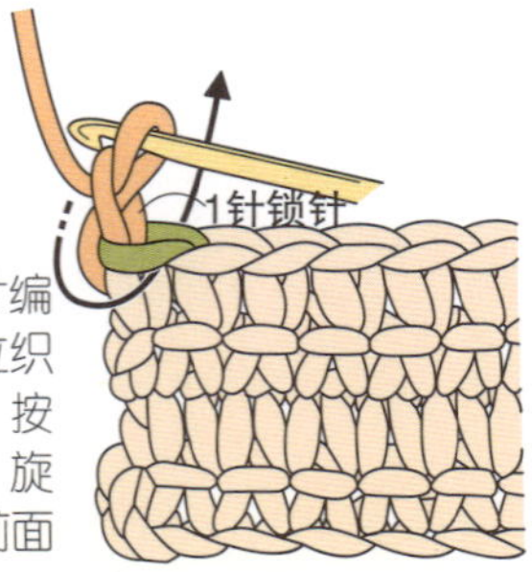

1 不改变织片编织方向，立织1针锁针，按箭头所示，旋转钩针从前面入针。

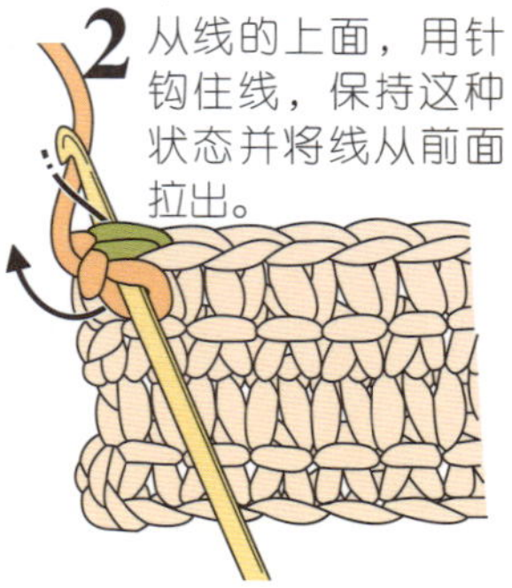

2 从线的上面，用针钩住线，保持这种状态并将线从前面拉出。

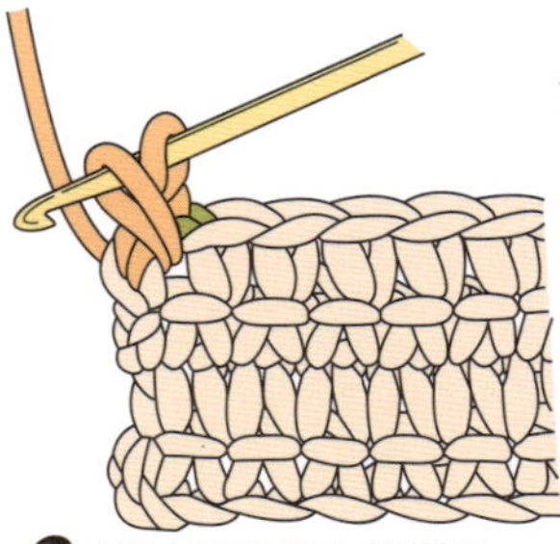

3 线从前面拉出的样子。

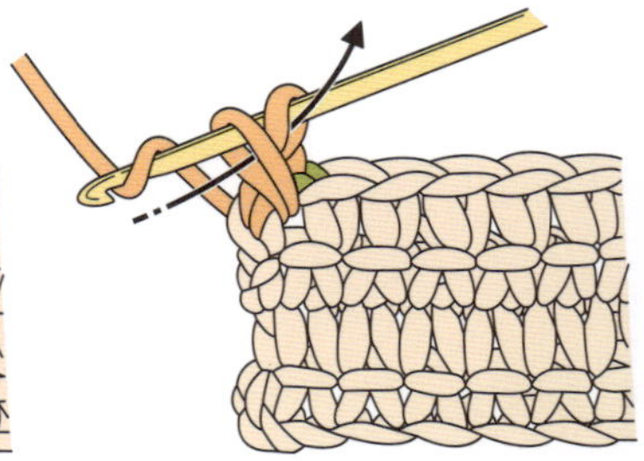

4 针钩住线，按箭头所示，从2个圈中一次引拔出。

3针锁针引拔的狗牙拉针

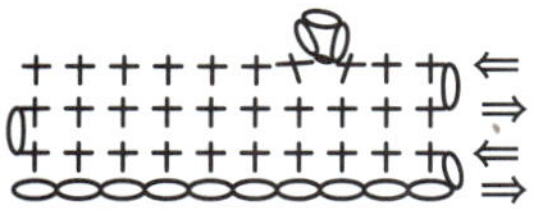

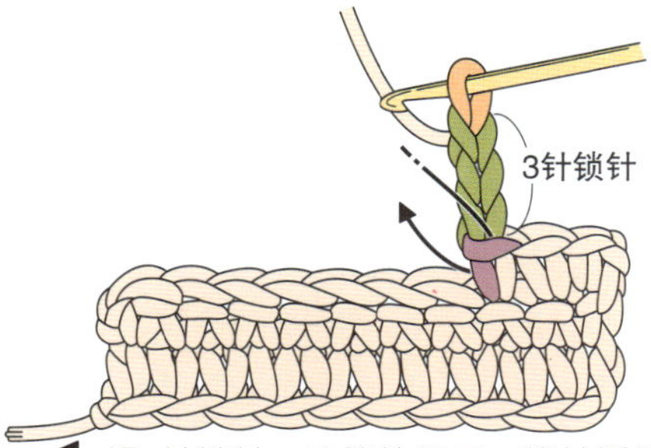

1 织3针锁针，按箭头所示，将针插入短针顶部的半针和下面的1根线中。

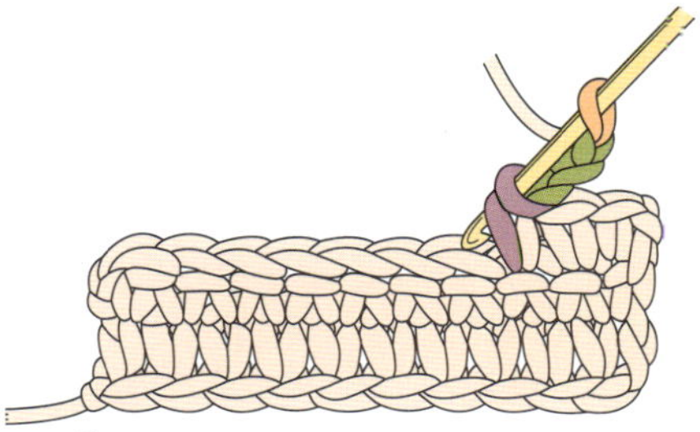

2 进针。

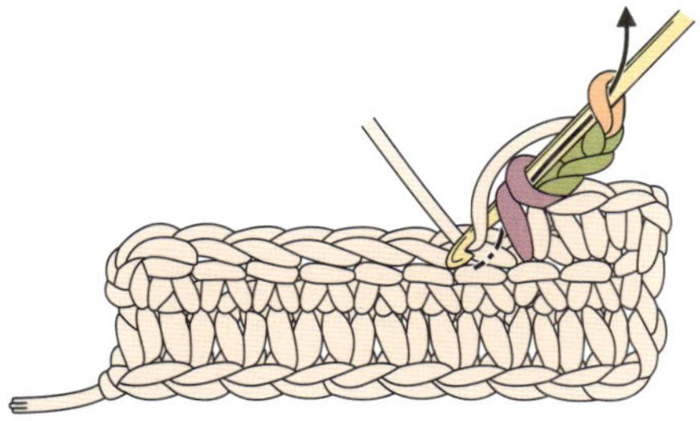

3 针钩住线，按箭头所示一次引拔出。

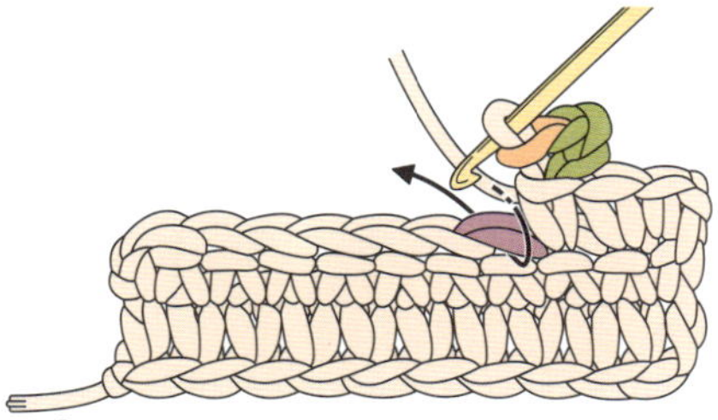

4 织好3针锁针引拔的狗牙拉针的样子。

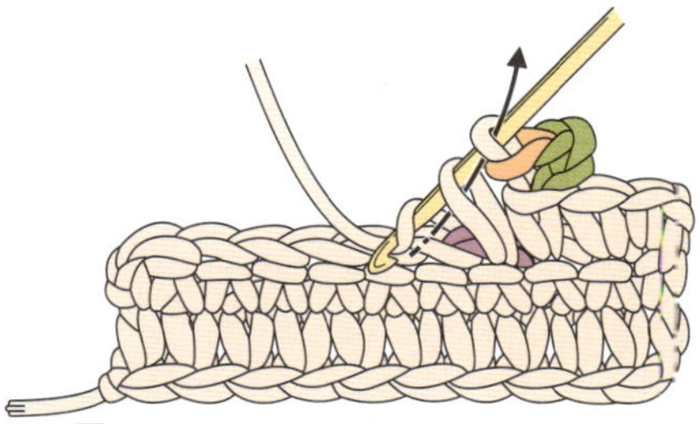

5 接下来织普通的短针。

3针锁针、短针的狗牙针

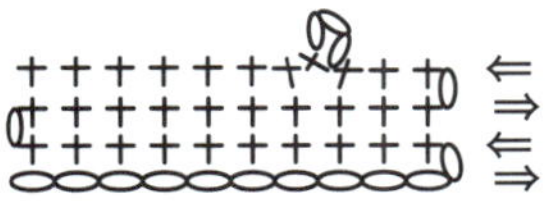

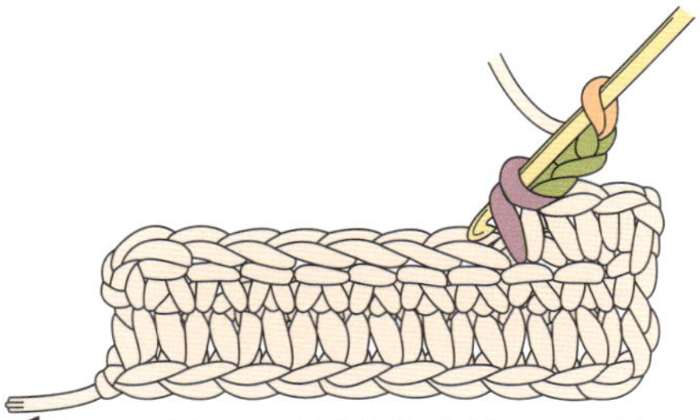

1 插入短针上面的锁针的半针和下面的1根线中。

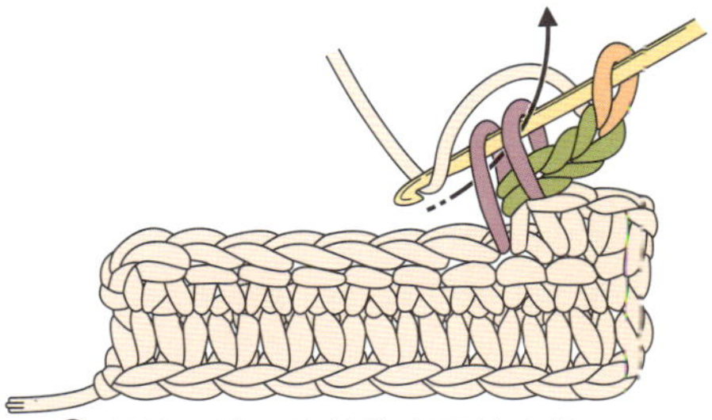

2 针钩住线，按箭头所示拉出线。

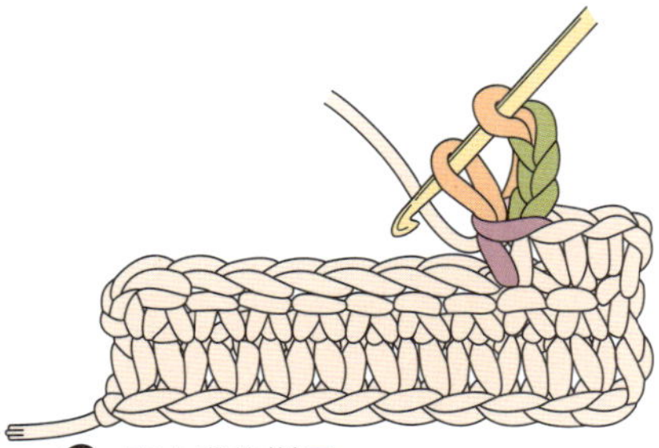

3 拉出线的样子。

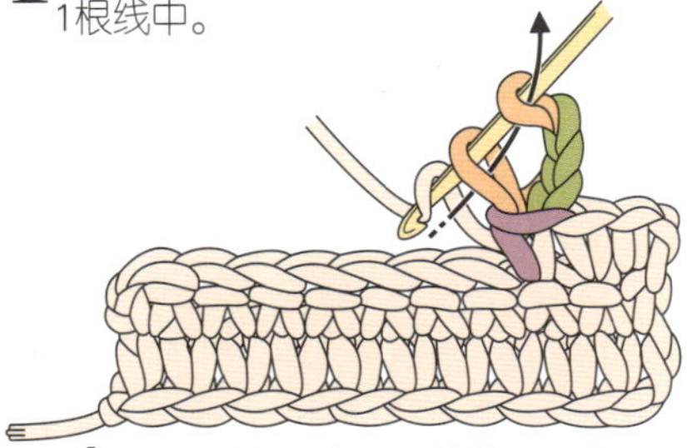

4 针再次钩住线，按箭头所示引拔线圈。

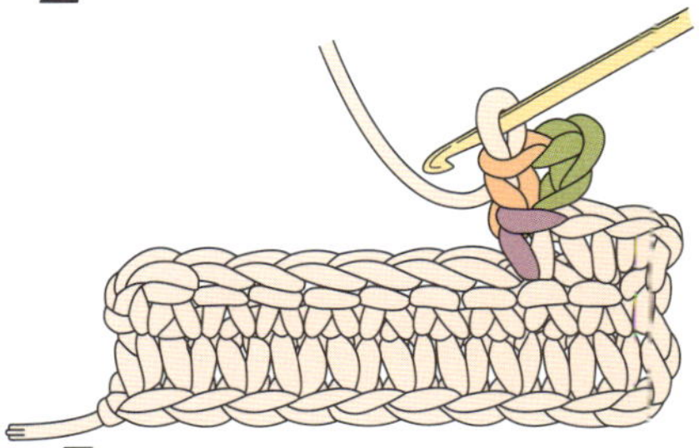

5 织好3针锁针、短针的狗牙针的样子。

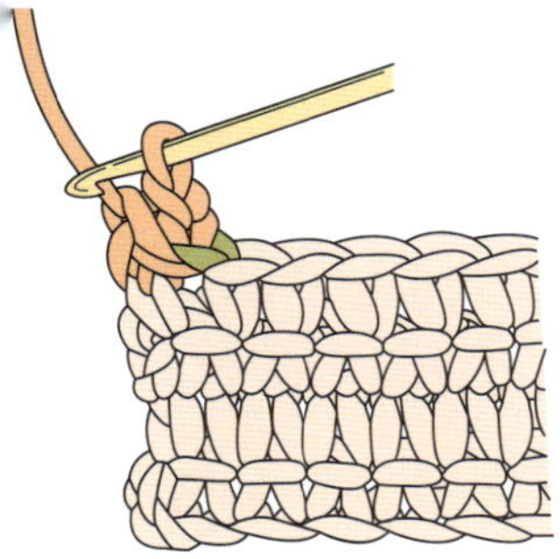

5 完成1针短回针。

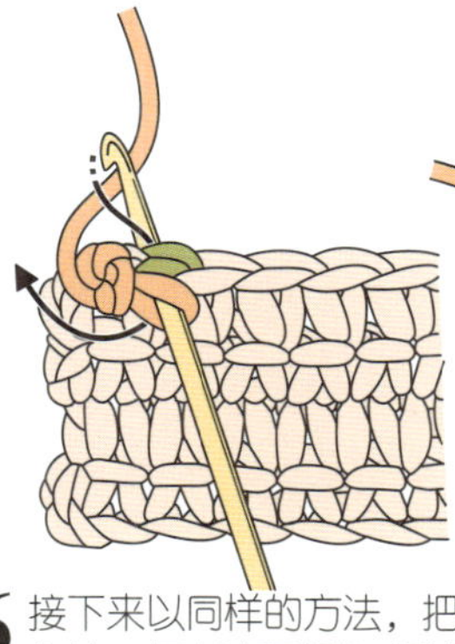

6 接下来以同样的方法，把针插入前一行右边顶部的2根线中，按箭头所示将线从前面拉出。

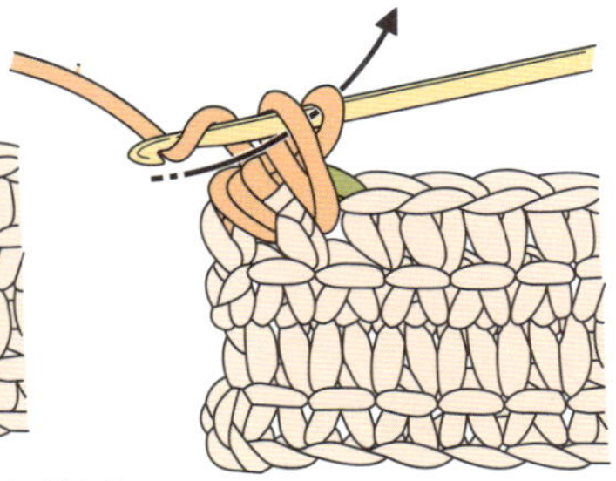

7 针钩住线，从2个圈中一次引拔出。

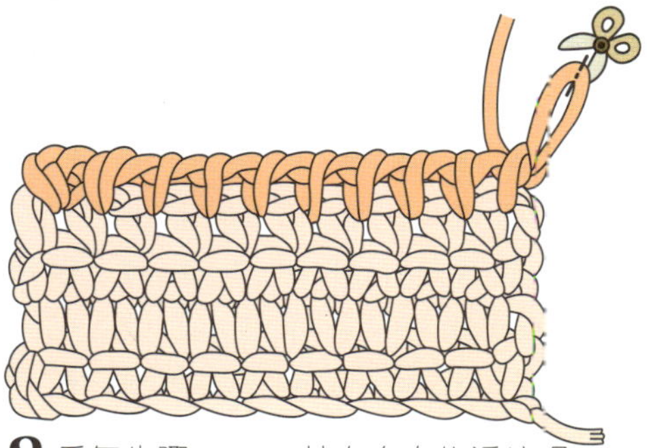

8 重复步骤6、7，从左向右往返编织。最后一针时要将线拉长，再将线圈剪断。

NIHON VOGUE-SHA NO KISO BOOK KAGIBARI AMI NO MOTIF
Supervised by Fumiko lmaizumi

Photographer:HIDETOSHI MAKI.

日本宝库株式会社授权河南科学技术出版社在中国大陆独家出版发行本书中文简体字版本。

著作权合同登记号：图字16—2011—172

图书在版编目（CIP）数据

全图解花片钩织入门/（日）今泉史子主编；梦工房译.—郑州：河南科学技术出版社，2012.1
ISBN 978-7-5349-5353-8

Ⅰ.①全… Ⅱ.①今…②梦… Ⅲ.①钩针—编织—图解 Ⅳ.①TS935.521-64

中国版本图书馆CIP数据核字(2011)第205042号

出版发行：河南科学技术出版社
地址：郑州市经五路66号　邮编：450002
电话：（0371）65737028　65788613
网址：www.hnstp.cn
策划编辑：刘　欣
责任编辑：刘　瑞
责任校对：张　培
封面设计：张　伟
责任印制：张艳芳
印　　刷：北京盛通印刷股份有限公司
经　　销：全国新华书店
幅面尺寸：210 mm × 260 mm　**印张**：6　**字数**：200千字
版　　次：2012年1月第1版　2012年1月第1次印刷
定　　价：32.80元

如发现印、装质量问题，影响阅读，请与出版社联系。